光計測入門

左貝潤一 著

森北出版株式会社

● 本書の補足情報・正誤表を公開する場合があります．当社 Web サイト（下記）
で本書を検索し，書籍ページをご確認ください．
https://www.morikita.co.jp/

● 本書の内容に関するご質問は下記のメールアドレスまでお願いします．なお，
電話でのご質問には応じかねますので，あらかじめご了承ください．
editor@morikita.co.jp

● 本書により得られた情報の使用から生じるいかなる損害については，当社およ
び本書の著者は責任を負わないものとします．

JCOPY〈(一社)出版者著作権管理機構 委託出版物〉
本書の無断複製は，著作権法上での例外を除き禁じられています．複製される
場合は，そのつど事前に上記機構（電話 03-5244-5088, FAX 03-5244-5089,
e-mail: info@jcopy.or.jp）の許諾を得てください．

まえがき

　光計測は遅くとも19世紀中頃（明治維新の前後）には，干渉や回折などを利用して行われていた．これは干渉計測やフーコーテストなどにより，気体の屈折率測定や光学部品の形状計測・精密計測などを始めとして，ずっと使用され続けてきた．

　光計測はこのように古くから存在する技術であるが，レーザの誕生，低損失光ファイバの登場，電子技術の進展に支えられて大きく飛躍し，変貌を遂げている．

　レーザは1960年にルビーレーザが発明されて以来，媒質の種類の増加，性能の高度化が進んだ．とりわけ，1970年に室温で連続発振するようになった半導体レーザは，光計測の応用範囲を広げるうえで有用であった．半導体レーザの技術を活かした発光ダイオード（LED）は高輝度という点で，スーパールミネッセントダイオード（SLD）は低可干渉性という点で，レーザとは異なる視点で光計測に役立っている．

　レーザは良好な可干渉性，高い指向性（非接触性），高い光強度などの優れた性質をもっている．これらの性質を活かして，従来の計測手法の高度化に寄与するとともに，ホログラフィ，光ヘテロダイン干渉法などの干渉計測，スペックル干渉法，レーザドップラ法，光コム計測など，新しい計測手法の発達を促した．

　光ファイバは，実用に耐える低損失値のものが1970年に石英系光ファイバで実現されて以降，低損失化が極限まで進んだ．光ファイバがもつ細径・軽量，低損失，可撓性などの特徴を活かして，干渉計測に寄与するとともに，光ファイバセンサという新分野が開拓された．

　光学像の記録媒体も，銀塩写真フィルムからCCDやCMOSなどの電子的撮像装置に変化し，パソコンでの処理との親和性もよくなっている．

　光計測は科学分野だけでなく，部品の小型化・高性能化に伴う精密計測への要求の増大，高品質な製品の生産（不良品の検出），流体の非接触測定，微小領域の高精度測定などのため，精密工業，電機・電子工業，自動車産業，鉄鋼業，建設業などの工業計測への応用のほか，医療分野への応用も進んでいる．

　光計測は，各種工業での応用に適合するため，多くの光学現象を利用して行われるとともに，新規技術を含んだ形で発展している．そのため，その基本原理・技術や応用範囲が多岐にわたっており，学習する内容も多くの分野にまたがっている．

　光計測に関する書物はすでにいくつか出版されている．その多くは，読者がすでに

ある一定の知識をもっていることを前提としたうえで，光計測の各種技術が紹介されているので，初学者には学習しづらいように思われる．本書は，多様な光計測技術を一定の分量のもとで学習しやすくするため，適用範囲の広い技術を中心として集めている．また，光学の基礎事項も，光学全般を理解するためではなく，光計測を理解するのに必要な項目・内容に絞っている．そのため，分光は本書の対象外としている．

本書の特徴を以下に列記する．

（ⅰ）光計測を網羅的ではなく，適用範囲の広い技術を中心として扱う．
（ⅱ）結果を与えるのではなく，物理的内容と結果を結び付ける説明を心掛ける．
（ⅲ）重要な内容を形式上でもわかりやすくするため，箇条書きで示す．
（ⅳ）似たような用語が出てくるので，各用語の定義を明確にする．
（ⅴ）例題，演習問題を通じて，定量的なイメージがつかめるようにする．

本書の全体の構成は以下のとおりである．1章で光計測全般に関する基礎事項を，光の属性や性質・特性との関連で述べている．2章で光計測を理解するうえで必要な光学の基礎事項を，3章で光学系での結像特性を述べ，光計測の原理を理解するための準備をしている．光計測に使用される各種手法の基本原理を，学習しやすいように便宜上4～6章に分けて説明している．4章はレーザに関係しない従来からの光計測手法を，5章はレーザ出現以前から使用されている干渉計測を，6章はレーザの特性と密接な関係をもつ光計測手法を説明している．7～12章では，光計測の測定対象別に各種手法による測定原理，特徴，応用分野などを説明している．13章は実際に光計測を行う際に必要となる，光学系の構成，光源，光電変換技術，留意点など，光計測に共通的な内容を，とくに初心者に配慮した形で説明している．

最後に，本書を出版するにあたって，終始お世話になった森北出版の関係各位に感謝の意を表する．

2016年5月

左貝潤一

目 次

1章 光計測の基礎　1

1.1 光計測の定義と光の特徴 …………………………………………… 1
　1.1.1 光計測の定義　1
　1.1.2 光計測での光の特徴　1
1.2 光計測に利用される光の属性と測定項目 ………………………… 2
　1.2.1 光の属性　2
　1.2.2 光の特性・属性と測定項目　3
1.3 新規技術の光計測への適用による展開 …………………………… 5
　1.3.1 レーザの特徴と計測における利点　5
　1.3.2 光ファイバの特徴と計測における利点　7
1.4 計測方法と計測性能の表し方 ……………………………………… 8
　1.4.1 偏位法と零位法　8
　1.4.2 計測性能の表し方　8
演習問題 ………………………………………………………………………… 9

2章 光学の基礎事項　10

2.1 光速と屈折率 ………………………………………………………… 10
2.2 光波の表示 …………………………………………………………… 12
2.3 波面・光線と光路長 ………………………………………………… 13
　2.3.1 波面・光線　13
　2.3.2 光路長　14
2.4 屈折と反射 …………………………………………………………… 15
　2.4.1 スネルの法則　15
　2.4.2 振幅透過率と振幅反射率　17
2.5 干　渉 ………………………………………………………………… 18

iv　目　次

   2.5.1　干渉縞の形成　18
   2.5.2　干渉縞における可視度　20
 2.6　回　折 ……………………………………………………………… 21
   2.6.1　開口による回折の分類　21
   2.6.2　単スリットによるフラウンホーファー回折　22
   2.6.3　フレネル回折　25
   2.6.4　凸レンズを用いた光学系での回折　26
 2.7　偏　光 ……………………………………………………………… 27
 演習問題 ………………………………………………………………… 29

3章　光学系での結像特性　　31

 3.1　薄肉レンズでの結像特性 ……………………………………………… 31
 3.2　厚肉レンズでの結像特性 ……………………………………………… 33
   3.2.1　厚肉レンズでの主要点　33
   3.2.2　厚肉レンズでの結像　34
 3.3　球面反射鏡による結像特性 …………………………………………… 35
   3.3.1　球面反射鏡による結像　35
   3.3.2　レンズと球面反射鏡の比較　36
 3.4　レンズの収差 …………………………………………………………… 37
 3.5　レンズとプリズムの位相変換作用 …………………………………… 38
   3.5.1　レンズの位相変換作用　38
   3.5.2　プリズムの位相変換作用　39
 演習問題 ………………………………………………………………… 40

4章　光計測の基本的な手法　　41

 4.1　光計測の基本的な手法の概要 ………………………………………… 41
 4.2　モアレ法 ………………………………………………………………… 42
   4.2.1　モアレ縞の数式表示　43
   4.2.2　モアレ縞の性質　44
   4.2.3　積のモアレ縞　46
 4.3　三角測量法 ……………………………………………………………… 47
 4.4　光てこ …………………………………………………………………… 48

目次　v

4.5	臨界角法 ………………………………………………………………	49
4.6	非点収差法 ………………………………………………………………	50
4.7	共焦点法 ………………………………………………………………	51
4.8	オートコリメータ ………………………………………………………	51
4.9	ナイフエッジ法 …………………………………………………………	52
4.10	シュリーレン法 …………………………………………………………	53
	4.10.1　シュリーレン法の原理　53	
	4.10.2　シュリーレン法の特徴と応用　56	
演習問題	……………………………………………………………………………	56

5章　干渉計測　58

- 5.1　2光束干渉計の基本構成 …………………………………………… 58
- 5.2　可干渉性を考慮した干渉縞 ………………………………………… 60
    - 5.2.1　可干渉性とは　60
    - 5.2.2　可干渉性の干渉縞への影響　61
- 5.3　2光束干渉での干渉縞の特性 ……………………………………… 63
    - 5.3.1　干渉縞の一般形　63
    - 5.3.2　干渉縞から得られる情報　64
- 5.4　各種2光束干渉計の特性 …………………………………………… 66
    - 5.4.1　トワイマン-グリーン干渉計　67
    - 5.4.2　フィゾー干渉計　67
    - 5.4.3　マッハ-ツェンダ干渉計　69
    - 5.4.4　シアリング干渉計　70
    - 5.4.5　2光束干渉計の特徴と応用　71
    - 5.4.6　干渉縞の解析　72
- 5.5　白色干渉計 ……………………………………………………………… 72
- 5.6　干渉計での光ファイバ利用 ………………………………………… 73
- 演習問題 ……………………………………………………………………… 74

6章　レーザ利用の光計測手法　75

- 6.1　ホログラフィ …………………………………………………………… 75
    - 6.1.1　ホログラフィの原理　76

    6.1.2　2光束ホログラフィの概要　77
    6.1.3　2光束ホログラフィの記録段階　78
    6.1.4　2光束ホログラフィの再生段階　81
    6.1.5　ホログラフィの特徴と応用　83
6.2　スペックル法 ……………………………………………… 84
    6.2.1　スペックルの性質　85
    6.2.2　各種スペックル法とその特徴　85
6.3　ホログラフィ・スペックル法・モアレ法の比較 ……… 86
6.4　光ヘテロダイン干渉法 …………………………………… 87
    6.4.1　光ヘテロダイン干渉法の測定原理　87
    6.4.2　光ヘテロダイン干渉法の測定系　89
    6.4.3　光ヘテロダイン干渉法の特徴と応用　90
6.5　レーザドップラ法 ………………………………………… 90
    6.5.1　レーザドップラ法の測定原理　91
    6.5.2　レーザドップラ法の特徴と応用　93
6.6　光コムによる計測 ………………………………………… 94
    6.6.1　光コムの基本的性質　94
    6.6.2　光コムによる干渉計測　95
    6.6.3　光コム干渉計測の特徴と応用　96
演習問題 …………………………………………………………… 97

7章　長さ・距離の計測　　98

7.1　長さ・距離の計測の概要 ………………………………… 98
7.2　光パルス法 ………………………………………………… 100
    7.2.1　光パルス法の測定原理　100
    7.2.2　光パルス法の特徴と応用　101
7.3　光変調法 …………………………………………………… 102
7.4　合致法 ……………………………………………………… 103
    7.4.1　光変調法に対する合致法　103
    7.4.2　干渉縞測定に対する合致法　105
7.5　干渉縞計数法 ……………………………………………… 107
    7.5.1　2光束干渉計における干渉縞計数法　107
    7.5.2　光ヘテロダイン干渉法における干渉縞計数法　108

7.6	モアレ法 ……………………………………………………………	109
7.7	格子法（エンコーダ法）……………………………………………	110
	演習問題 ……………………………………………………………	110

8章　形状・粗さの計測　　112

8.1	形状・粗さの計測の概要 …………………………………………	112
8.2	焦点検出法を用いる計測 …………………………………………	113
	8.2.1　非点収差法　114	
	8.2.2　臨界角法　115	
	8.2.3　ナイフエッジ法　115	
8.3	ステレオ法 …………………………………………………………	116
8.4	光切断法 ……………………………………………………………	117
8.5	モアレトポグラフィ ………………………………………………	118
	8.5.1　格子照射法　118	
	8.5.2　格子投影法　121	
	8.5.3　モアレトポグラフィの特徴と応用　122	
8.6	ホログラフィ干渉法 ………………………………………………	123
	8.6.1　二波長法　124	
	8.6.2　液浸法（二屈折率法）　125	
8.7	オートコリメーション法 …………………………………………	126
	演習問題 ……………………………………………………………	126

9章　変位・変形・振動の計測　　128

9.1	変位・変形・振動の計測の概要 …………………………………	128
9.2	変位・変形に伴う位相変化の定式化 ……………………………	129
9.3	ホログラフィ干渉法 ………………………………………………	130
	9.3.1　ホログラフィ干渉法の原理　131	
	9.3.2　二重露光法と実時間法　132	
	9.3.3　ホログラフィ干渉法の特徴と応用　132	
9.4	スペックル干渉法 …………………………………………………	133
	9.4.1　スペックル干渉法の原理　133	
	9.4.2　電子式スペックル干渉法　135	

viii　目次

　　　9.4.3　スペックル干渉法の特徴と応用　135
9.5　モアレ法 …………………………………………………………… 136
9.6　角度変位の計測 …………………………………………………… 137
9.7　振動計測 …………………………………………………………… 138
　　　9.7.1　時間平均法　138
　　　9.7.2　時間平均法による振動計測　140
　　　9.7.3　ストロボ法　141
　　　9.7.4　ドップラ効果を利用した振動計測　142
演習問題 …………………………………………………………………… 143

10章　速度・回転速度の計測　145

10.1　レーザドップラ速度測定法 …………………………………… 145
　　　10.1.1　速度の測定原理　146
　　　10.1.2　レーザドップラ速度測定法の構成　146
　　　10.1.3　周波数偏移法　148
　　　10.1.4　位相ドップラ法　149
　　　10.1.5　レーザドップラ速度測定法の特徴と応用　150
10.2　相関法 …………………………………………………………… 150
10.3　回転速度測定法：光ジャイロ ………………………………… 151
　　　10.3.1　サニャック効果による回転速度の測定原理　151
　　　10.3.2　光ファイバジャイロ　153
演習問題 …………………………………………………………………… 154

11章　光ファイバ応用計測　156

11.1　光ファイバ特性と光計測の関係 ……………………………… 156
11.2　光ファイバの基礎 ……………………………………………… 158
　　　11.2.1　光ファイバ特性の記述法　159
　　　11.2.2　光計測用の各種光ファイバの特性　160
11.3　光ファイバ自体をセンサとした計測 ………………………… 161
　　　11.3.1　光ファイバにおける位相変化　162
　　　11.3.2　干渉計による位相測定　163
　　　11.3.3　光ファイバ自体をセンサとした計測の具体例　164

11.4　光ファイバを導光路とした計測 ……………………………………… 166
　　　　11.4.1　光ファイバを信号の導光路とした計測方式　166
　　　　11.4.2　光ファイバを導光路とした計測の具体例　167
　　演習問題 ………………………………………………………………………… 169

12章　光イメージング　170

　　12.1　光コヒーレンストモグラフィ ……………………………………… 170
　　　　12.1.1　光コヒーレンストモグラフィの測定原理　170
　　　　12.1.2　各種の光コヒーレンストモグラフィ　171
　　　　12.1.3　光コヒーレンストモグラフィの特徴と応用　174
　　12.2　共焦点レーザ顕微鏡 ………………………………………………… 175
　　　　12.2.1　共焦点レーザ顕微鏡の原理　175
　　　　12.2.2　共焦点レーザ顕微鏡の構成要素　176
　　　　12.2.3　共焦点レーザ顕微鏡の特徴と応用　177
　　12.3　シュリーレン法による可視化 ……………………………………… 177
　　演習問題 ………………………………………………………………………… 178

13章　光計測の周辺技術　179

　　13.1　光学系の構成 ………………………………………………………… 179
　　13.2　光学系の構成要素と調整原理 ……………………………………… 180
　　　　13.2.1　光学系の構成要素　180
　　　　13.2.2　アッベの原理　183
　　13.3　光　源 ………………………………………………………………… 184
　　　　13.3.1　光源の概要　184
　　　　13.3.2　可干渉距離（コヒーレンス長）　186
　　　　13.3.3　ゼーマンレーザ　186
　　　　13.3.4　周波数シフタ　187
　　13.4　光電変換技術 ………………………………………………………… 187
　　　　13.4.1　時系列データの光電変換　187
　　　　13.4.2　撮像装置　188
　　　　13.4.3　画像記録媒体の解像度　188
　　演習問題 ………………………………………………………………………… 189

付　録　190

A.1　2光束ホログラフィにおける再生像（散乱光）の結像位置の計算 …　190
A.2　偏光に対する干渉縞の検出と可視度 ………………………………　191
A.3　光コムに対応する光電界の表式 (6.33a) の導出 …………………　191
A.4　振動計測における式 (9.15) の導出 …………………………………　192

演習問題解答 …………………………………………………………………　193
参考書および参考文献 ………………………………………………………　203
索　引 …………………………………………………………………………　207

大きさを表す SI 接頭語

名　称	記　号	大きさ	名　称	記　号	大きさ
エクサ exa	E	10^{18}	デシ deci	d	10^{-1}
ペタ peta	P	10^{15}	センチ centi	c	10^{-2}
テラ tera	T	10^{12}	ミリ milli	m	10^{-3}
ギガ giga	G	10^{9}	マイクロ micro	μ	10^{-6}
メガ mega	M	10^{6}	ナノ nano	n	10^{-9}
キロ kilo	k	10^{3}	ピコ pico	p	10^{-12}
ヘクト hecto	h	10^{2}	フェムト femto	f	10^{-15}
デカ deca	da	10	アト atto	a	10^{-18}

1章 光計測の基礎

　光計測は光を手段あるいは基準値として，物体の長さ，変位，速度などを定量的に示すものであり，非接触測定，高精度測定，遠隔測定などを可能とする．そのため，光計測は科学・技術分野だけでなく，製造現場や工業計測にも利用されるようになっており，工業製品の品質向上に寄与している．

　本章では，まず，光計測の定義と光計測で利用される光の特徴を示す．次に，光計測に利用する光の属性を説明し，光の属性と物理現象，応用分野との関係を明確にしたうえで，光計測での測定項目を述べる．その後，旧来の光計測に新しい局面をもたらす新規技術として，レーザと光ファイバの特徴と計測における利点を示す．最後に，計測全般に関係する，計測方法と計測性能の表し方を述べる．

1.1　光計測の定義と光の特徴

1.1.1　光計測の定義

　計測には，光計測以外に電気計測や機械計測などがある．日本工業規格（JIS）によると，**計測**とは特定の目的をもって，事物を量的に捉えるための方法・手段を考究・実施し，その結果を用いて所期の目的を達成させることとある．また，**測定**とは，ある量を，基準として用いる量と比較し，数値または符号を用いて表すこととある．計測と測定に対応する英語はいずれも measurement であり，本書では，計測と測定を同義語として捉え，とくに区別しないものとする．

　JIS の定義を言い換えると，**光計測**（optical measurement）とは，光を手段あるいは基準値として用い，距離，変位，速度，振動などの物理量やガス濃度などの化学量を定量的に表す技術であるといえる．

1.1.2　光計測での光の特徴

　光計測では，光を手段あるいは基準値として用いる．光計測で利用される光の特徴を次に列挙する．

　（ⅰ）**光速不変**：真空中の光速は基礎定数 c として定義されており，伝搬方向，観測系によらず不変である．そのため，この値は長さの基準など各種測定に利用で

きる．

(ii) 光の直進性：光は一様媒質中では直進するので，遮蔽物がなければ遠距離まで到達し，遠隔測定が可能となる．レーザは指向性がよいので，この用途に適する．

(iii) 光の非接触性：光を用いると非接触測定ができるので，ほかの計測法で接触測定していたものが，光計測では測定対象に影響を及ぼすことなく測定できる．

(iv) 光の波長：光は色に応じた波長が確定しており，波長は長さの基準など定量的処理に適する．レーザは波長の長時間安定性に優れている．

(v) 光の短波長性：光，とくに可視光は電波に比べて波長が短いので，干渉など波長が関係する場合に使用すると，波長オーダの高精度測定ができる．

(vi) 光の高速性：光は世の中でもっとも高速である．そのため，短時間測定が可能となり，また，ほかの移動物体の速度が実質的に無視して扱える場合がある．

(vii) 光のクリーン性：光はクリーンなので，環境破壊を起こさない．

1.2 光計測に利用される光の属性と測定項目

1.2.1 光の属性

光は電磁波の一種であり，一様媒質中ではその波形が

$$u = A\sin\left[2\pi\left(\nu t \mp \frac{z}{\lambda}\right)\right] = A\sin(\omega t \mp kz) \tag{1.1}$$

で記述される．ただし，A は振幅，ν は周波数，$\omega = 2\pi\nu$ は角周波数，$\lambda = \lambda_0/n$ は媒質中の波長，λ_0 は真空中の波長，n は媒質の屈折率，$k = 2\pi/\lambda$ は媒質中の波数，z は光の伝搬方向，三角関数の括弧内は位相 ϕ を表す．複号の上（下）側は進行（後退）波を表している．

式 (1.1) を用いて，光計測で利用される属性を説明する．光の周波数は非常に高いので（波長 500 nm で 600 THz $= 6 \times 10^{14}$ Hz），光検出器の応答時間がその変化に追随できない．そのため，振幅を直接測定することができず，可測量は $n|u|^2$ に相当する光強度である．周波数 ν は単独で使用されることは少なく，複数の光波の混合で使用される．波長は計測標準として利用される．屈折率は，光学分野では媒質を特性づける重要なパラメータであり，よく利用される．また，光の位相 ϕ は様々な現象や効果により変化する．これには空間と時間に依存する項があり，いずれも直接測定することができない．光の属性に関係する光の性質は，次のように書ける．

(i) 光の周波数 ν や角周波数 ω は，静止系では真空中でも媒質中でも不変である．

(ii) 屈折率 n の一様媒質中での光速 v は，$v = c/n$ で表される．

光計測で光を手段とする場合，光を被測定物に照射した場合の光の特性や属性の変化を用いる．光の属性の変化は，反射・屈折，干渉，回折，散乱，偏光などの光学現象を通して測定され，長さ，速度，圧力，温度などの物理量や濃度などの化学量を計測する．光計測といっても，実際の測定系では，光学技術だけでなく，測定値検出やデータ保存・処理では電気的手段も利用することが多い．

1.2.2 光の特性・属性と測定項目

光計測では，光強度，周波数，波長，位相などの光の属性だけでなく，光の特性や幾何学的関係，光学系での結像特性も利用されている．**表 1.1** に，これらと実際に使用される測定項目および応用例を示す．以下では個別の内容を説明する．

表 1.1 光の特性・属性と計測項目

光の特性・属性	計測対象	光学現象，手法名	応用例
光速	長さ・距離	反射・散乱（光パルス法）	測距装置，水深計
光強度	長さ・距離	散乱（光パルス法）	レーザレーダ
	形状	臨界角法，ナイフエッジ法	光部品の検査
	変位・変形	スペックル法	流速分布
周波数	物質同定	ラマン散乱	レーザレーダ
	長さ・速度・振動	光ヘテロダイン干渉法	各種計測
	速度	ドップラ効果	レーザドップラ速度計，流速計
波長	長さ（厚さ）	干渉	光部品の検査，精密加工品，測距
	形状	ホログラフィ干渉法	小型部品の測定
位相	長さ・距離	光変調法（合致法）	測距装置
	長さ（厚さ）	干渉縞計数法	光部品の検査，精密加工品
	形状	ホログラフィ干渉法	小型部品の測定
	変位・変形・振動	ホログラフィ干渉法	音響装置
	加速度	サニャック効果	光ファイバジャイロ
	温度	光路長変化	光ファイバセンサ
	圧力・音響	光路長変化（光弾性効果）	光ファイバセンサ
偏光	電界	ポッケルス効果	電界測定，光ファイバセンサ
	磁界	ファラデー効果	電流計，光ファイバセンサ
幾何学的関係	長さ・距離	三角測量法	自動焦点カメラ
	形状	光切断法	工業部品の測定
		モアレ法	人体の立体計測
		モアレトポグラフィ	工業製品の測定
	変形	モアレ法	歪測定
	変位・角度	光てこ	ガルバノメータ，オプチメータ
結像特性	形状	光触針法	光ディスクの焦点検出
		オートコリメーション法	真直度測定
	粗さ	光触針法	小型部品の表面粗さ測定

(a) 光速の利用

　長さの単位である 1 m は光速を基準にして定義されている．光速は [m/s] の次元をもち，一様媒質中では不変である．したがって，被測定物までの時間を正確に測定することにより，距離や長さが高精度で測定できる．しかし，光は速いので，この方法では比較的中・長距離の測定にしか使えない．

(b) 光強度の利用

　光強度は，表 1.1 に示したように，屈折・反射，吸収，散乱に関係している．光を被測定物に照射したときの光強度変化や光強度分布の変化を検出・利用する．

(c) 周波数の利用

　周波数変化は，ドップラ効果やラマン散乱などによって生じる．この変化量は微小なので，光ヘテロダイン干渉法などを併用して測定する．

(d) 波長の利用

　波長は干渉や回折に関係している．干渉計測やホログラフィ干渉法では位相差が重要であるが，位相差は波長を基準として測定されるので，使用波長の短いことが高精度計測に役立っている．長さや形状を μm 以下まで測定することができ，感度も高い．しかし，これらの手法は長さが短い場合にしか使えない．

(e) 屈折率の利用

　屈折率は，屈折・反射，干渉，散乱などに関係している．屈折率が光計測の手法に直接関係することは少ないが，光路長が屈折率と伝搬長の積なので，屈折率は光路長あるいは位相を介して測定値に関係する．また，屈折率は物質を特性づける重要な値なので，測定値が被測定物や周辺媒質の屈折率にも依存する．

(f) 位相の利用

　位相は様々な要因で変化するので，長さ，形状，加速度，温度など多くの測定対象で使用されている．光波の位相は，既述のように，独立に測定することができない．そのため，空間的位相差を測定するには，測定光と基準となる光（参照光または参照波とよぶ）とを重ね合わせて干渉縞を作り，光強度変化に変換した後，参照光との位相差を測る．時間的位相差を測定するには，わずかに周波数が異なる 2 光波をヘテロダイン干渉させ，生じたビート周波数を電気的手段で測定して高精度計測を行う．

(g) 幾何学的関係の利用

　幾何学的関係は長さや形状，変形など寸法に関係した測定対象が多く，比較的古くから使用されている．これに関係する計測手法の多くは 4 章で説明している．

(h) 結像特性の利用

結像特性は形状や粗さと関係しており，これも比較的古くから利用されている．これに関係する計測手法も4章で説明している．

1.3 新規技術の光計測への適用による展開

光計測は，前述したように，光を基準としたり光学現象を利用したりする計測技術であり，レーザ誕生以前から存在していた．レーザや光ファイバなどの新規技術の出現により，従来技術を超える測定精度の向上や，新規測定方法の確立などがもたらされている．**表1.2**に，レーザ・光ファイバの特徴と光計測での応用との関係を示す．本節では，レーザと光ファイバの特徴を述べた後，これらを光計測に利用したときの利点を説明する．

表1.2 レーザ・光ファイバの特徴と光計測との関係

(a) レーザ

特　徴	応　用
可干渉性	干渉計測，ホログラフィ，距離や速度の高精度計測
	粗面計測，ホログラフィ干渉法，スペックル干渉法，光ジャイロ
周波数安定性	光ヘテロダイン干渉法
指向性・非接触性	距離測定，レーザドップラ速度計，レーザレーダ
高光出力	高いSN比測定
光パルス	長距離測定，超高速現象の観測

(b) 光ファイバ

特　徴	応　用
低損失	干渉計測や遠隔測定での導光路，各種センサでの導光路
可撓性	スペースをとらない装置構成
無誘導性	安定した計測が可能，大電力施設内での利用
各種物理量による位相変化	各種光ファイバセンサ
細径・軽量	生体，移動物体内への装置搭載
エバネッセント成分の利用	濃度センサ

1.3.1 レーザの特徴と計測における利点

レーザは，光と物質の相互作用を利用して，発生・増幅させられた光波であり，レーザ出現以前から計測に利用されていた光や自然光とは本質的に異なる性質をもつ．レーザは可干渉性をもつコヒーレント光であり，レーザの誕生によって初めて，同じ電磁波の仲間である電波と同じように扱える光を手にしたことになる．

レーザの特徴は，①可干渉性，②単色性，③高い光出力，④指向性と非接触性，⑤パルス動作，⑥高エネルギー密度と高輝度などである．⑦周波数が安定化されたレーザもある．これらの特徴は独立であるわけでなく，相互に密接に関連している．①と②で，スペクトル幅が狭いことと，可干渉距離が長いことは等価である．また，②と

③で，光出力が大きくなることと，スペクトル幅が狭くなることは等価である．

レーザの光計測への応用という観点からは，とりわけ可干渉性や非接触性が重要である．以下にレーザの光計測における意義を説明する．

(ⅰ) 可干渉性は，干渉計測や干渉を利用したホログラフィに有用である．レーザは可干渉距離（コヒーレンス長）が長いので，干渉計の形成が容易になり，不等光路干渉計が利用できるようになった．干渉縞は波長オーダの距離差で変化するので，波長オーダの高精度計測が可能となり，距離や速度の測定精度の向上に寄与している．

　　また，可干渉性がよいため，粗面物体からの散乱光でも干渉するようになった．このことにより，測定対象が鏡面だけでなく粗面にも広がった．ホログラフィ干渉法やスペックル干渉法はその例である．

(ⅱ) 周波数が長時間安定しているので，光の周波数や位相が情報を得る手段として使えるようになった．一例として，同一光源から出た光を周波数の異なる2周波で合波しても干渉するようになる．これは，波長の長いマイクロ波領域で，可干渉性を前提として利用されていた技術，たとえばヘテロダイン検出が，波長の短い光波領域でもできることを意味する．これは光ヘテロダイン干渉法に利用されている．

(ⅲ) 指向性は直進性と関係し，レーザを光ビームとして扱えることを意味し，非接触での測定を可能とする．そのため，非接触での物体への光照射，正確な照準，微小箇所への集光ができるようになる．例として，トンネルでの距離測定（測距）やレーザドップラ速度計などがある．光の波長がマイクロ波に比べて短いために，ビーム広がりが少ない．そのため，マイクロ波と類似の手法が使える場合でも，遠方への伝搬に適し，レーザレーダや宇宙での利用もされている．

(ⅳ) 単色性は，スペクトル幅が極度に狭いことであり，波長または長さの基準として使用できる．これは狭い周波数幅に高エネルギーが集中することを意味し，光と物質の相互作用に寄与する．分光分析ではスペクトル領域での分解能が向上する．

(ⅴ) 高光出力は，長距離での光の送信を可能とし，長距離での計測，高いSN比での測定などにつながる．

(ⅵ) 光短パルスを利用すると，ピークパワが上昇して，長距離測定が可能となる．また，超高速現象の観測が可能となり，高い時間分解能での分光分析に有用となる．

レーザの光計測への応用では，物理，化学などに関する科学計測で新しい知見を得ている．また，産業への応用では，計測での精度向上，光ヘテロダイン計測の導入，

新分野への適用などにより，工業生産に直接結び付いた工業計測が可能となり，機械産業，エネルギー関連産業などで活用されている．医療関係では，レーザは無侵襲あるいは非破壊生体計測，光 CT など，導入が広がっている．

1.3.2　光ファイバの特徴と計測における利点

　光ファイバとして従来型光ファイバとフォトニック結晶ファイバがある（11.2.2 項参照）．従来型光ファイバの特徴は，①細径・軽量，②低損失，③電磁誘導の影響を受けにくい，④絶縁性，耐酸性などの材料安定性，⑤可撓性，⑥長い相互作用長と高いパワ密度，⑦偏波光ファイバにおける偏光保持，などである．細径なので高い光パワ密度が実現できる．可撓性のため曲げることが容易なので，長尺の光ファイバが利用しやすい．光ファイバの特徴的な応用は，導光路とセンサの機能を同時に担える点である．フォトニック結晶ファイバの特徴は上記と共通であり，それに付加される内容を本項の最後に述べる．光ファイバは光ファイバセンサとしても利用されている．

　従来型光ファイバを光計測に導入する意義は，次のようにまとめられる．

（ⅰ）石英系光ファイバは低損失であるため，光路を長くとっても光量の減衰が少ないので，長距離での導光が可能となる．そのため，干渉計測や遠隔測定での導光路，各種センサでの導光路に適する．

（ⅱ）光が光ファイバに沿って伝搬するので，可撓性の光路をもつ測定装置が構成できる．従来，光路の変更にプリズムや鏡を利用していたことを考えれば，この点は測定系の構成がはるかに楽になることにつながる．また，光ファイバを束ねて使用するとスペースをあまりとらないで済む．

（ⅲ）光路長は長さと屈折率の積で表せる．光ファイバの屈折率は波長だけでなく，温度や外力など多くの物理量により変化する．たとえ温度や外力による屈折率変化が微小であっても，光ファイバを長くすることにより，光路長の変化は検出できる程度の大きさとなる．また，光ファイバの特性が温度，圧力，電界，磁界などに依存する．これらの性質を利用して，光ファイバ自体を各種センサとして利用できる．

（ⅳ）電磁誘導の影響を受けにくいので，ほかの装置と併存しても安定な計測が可能となる．とくに大電力を利用する施設での計測に有効である．

（ⅴ）細径という特徴は生体への応用で有用である．軽量なので，自動車，列車や飛行機などの移動物体内部への計測装置の搭載に適する．

（ⅵ）石英系光ファイバの屈折率は約 1.5 なので，これを利用すると，空気中よりも約 5 割増しの光路長をとることができる．

（ⅶ）偏波光ファイバ（偏波保持光ファイバ）は，偏光を利用する計測に役立つ．

フォトニック結晶ファイバを光計測に導入する意義を次に示す．
（ⅰ）空孔をもつフォトニック結晶ファイバでは，ここに気体や液体，液晶を充填することができる．
（ⅱ）クラッドに空孔をもつフォトニック結晶ファイバでは，電磁界の一部がエバネッセント成分として空孔に漏れており，充填した媒質とエバネッセント成分との相互作用が利用しやすい．

1.4 計測方法と計測性能の表し方

　光計測も計測の一部なので，本節では計測全般にあてはまる共通事項として，計測方法と計測性能の表し方を説明する．

1.4.1 偏位法と零位法

　計測方法全般を分類すると，偏位法と零位法が用いられることが多い．**偏位法**（deflection method）とは，ばね秤のように，測定量（重さ）に応じて変化（一般には比例）する別の物理量の変化量（ばねの伸びに応じた目盛）から，測定量を知る方式である．これは計測時間が短いので，光計測のみならず計測一般によく用いられているが，零位法より確度が劣る．

　零位法（null method, zero method）とは，天秤のように，零点近傍の目盛だけをもち，測定量を既知の基準量（分銅など）とつり合わせることにより，均衡させた基準量から測定量を決定する方式である．これは，基準量の正確さで精度が決まり，一般に高精度な測定法となる．広い意味での零位法は，目盛がゼロでなくても，平衡値からのずれでもよい．

1.4.2 計測性能の表し方

　測定機器を使用する際には，使用器具を性能に基づいて判断する必要がある．そこで本項では，判断材料として，測定機器や測定手法の性能に関する定義を説明する．対象とする性能は，検出限界と測定範囲，精度，分解能，感度である．

（a）検出限界と測定範囲

　光計測では光を測定の手段としており，光の属性の一つが入力となる．測定対象の物理的特性に応じて変化した光の属性が出力となり，入・出力での属性が同じとは限らない．測定には雑音が付随し，変化量が小さすぎると雑音に埋もれて出力値に信頼性がなくなる．測定可能な最低入力を検出限界（検出下限）とよぶ．

検出下限以上の入力値に対しては，出力が入力に比例する領域があり，このように比例することを直線性（linearity）という．入力が増加しすぎると，一般には出力が飽和する傾向があり，この領域になると直線性が成立せず，測定に適さない．測定が可能な範囲は直線性を示す領域とは限らず，その関係さえ明確になっていればよい．測定可能な最低入力と最大入力の範囲を測定範囲とよぶ．

測定器が動的変化に応答できる，信号の最大入力と最小入力の比はダイナミックレンジ（dynamic range）とよばれ，dB で表示されることが多い．

(b) 精　度

測定機器では，雑音や温度変動などにより測定値に誤差が含まれる．そのため，機器が示す値は必ずしも正確ではなく，真値からずれている．測定値がどの程度正確かを表すのが精度（accuracy）であり，有効数字と関係する．たとえば，1.0 mm は 0.1 mm までの値を保証し，1.000 mm は 1 μm まで正確なことを保証している．この場合，前者（後者）の精度を 0.1 mm（1 μm）といってよい．

(c) 分解能

分解能（resolution）とは，測定に際して 2 測定値が二つと認識できる最小値のことで，解像度または解像力ともいう．これは測定対象によって単位が異なる．空間分解能は空間の 2 点を判別できる最小距離であり，時間分解能は時間に依存する出力を判別できる最小時間差であり，分光での分解能は判別できる周波数の最小値である．

(d) 感　度

感度（sensitivity）とは，測定入力の静的変化量に対する出力の変化量で表す．入・出力値に直線性が成立しているとき，感度は傾きから求められる．

演習問題

1.1　次の問いに答えよ．
　　(1) 光の属性とは何か．
　　(2) 光の属性がどのようにして光計測に利用されているか，その関係をまとめよ．

2章 光学の基礎事項

　光計測では様々な光学現象が利用されている．本章では，光計測の原理や測定系を理解するのに必要な，光学現象の基礎的内容について，おもに波動的な考え方を説明する．対象は，屈折率，屈折と反射，干渉，回折，偏光などである．

2.1 光速と屈折率

　光は世の中で一番速い．光速は伝搬する媒質によって異なり，真空中が一番速い．真空中の光速 c は実測値を基にして，電磁気学では次の値で定義されている．

$$c = \frac{1}{\sqrt{\varepsilon_0 \mu_0}} = 2.99792458 \times 10^8 \,\mathrm{m/s} \fallingdotseq 3.0 \times 10^8 \,\mathrm{m/s} \tag{2.1}$$

ただし，ε_0 は真空の誘電率，μ_0 は真空の透磁率である．

　媒質の性質を特徴づけるパラメータは様々あるが，光学分野では屈折率が重要であり，これは通常 n で表される．屈折率は用語のとおり，屈折現象と密接な関係がある．金魚鉢を上からのぞくと，浅く見える．これは光が水面で屈折した結果，眼が金魚鉢の本当の底ではなく，光の延長線上にある見かけ上の底を認識するためである（演習問題 2.3 参照）．屈折が関係する現象は，虹や蜃気楼などの自然現象，虫眼鏡による観察，プリズムでの光の分解などでも経験できる．

　光が媒質 1 から異なる媒質 2 に入射すると，境界面で屈折や反射する（図 2.1）．このとき，光の入射角 θ_i と屈折角 θ_t を，境界面の法線に対する値で定義する．屈折に際して，これらの角度の正弦値の比は，媒質 1 と 2 だけで決まる．この比を

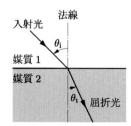

図 2.1　屈折率の定義

$$n = \frac{\sin\theta_\mathrm{i}}{\sin\theta_\mathrm{t}} \tag{2.2}$$

とおき，入射側を真空にしたときの n を絶対屈折率とよぶ．通常，**屈折率**（refractive index）といえばこれを指し，$n \geqq 1$ である．空気中の屈折率は $n = 1.00028$ であり，これは真空中での値 $n = 1$ に非常に近いので，厳密な議論をしない場合，空気に対する値を屈折率とよんでも差し支えない．ガラスでは $n = 1.45 \sim 1.80$，水では $n = 1.33$ 程度である．

屈折率 n はまた，媒質中の光速 v が，真空中の光速 c よりも遅いことと関係しており，これは両光速の比

$$n = \frac{c}{v} \tag{2.3}$$

を用いても表せる．

光計測を精密に行う場合，屈折率の温度，気圧などに対する変化を無視することができず，補正する必要がある．工業の標準状態を基準とした空気の屈折率 n は，エドレン（Edlén）の式

$$\begin{aligned}(n-1)\times 10^6 =& 272.03 + 1.593(\sigma^2 - 3) + 0.015(\sigma^2 - 3)^2 \\&- [0.932 + 0.006(\sigma^2 - 3)][(t-20) - 0.385(p_\mathrm{H} - 760)] \\&- 0.056(f_\mathrm{H} - 10) + 1.5(k - 0.03)\end{aligned} \tag{2.4}$$

で与えられる[2-1]．ただし，$\sigma = 1/\lambda$ は分光学で使用される波数 [μm^{-1}]，t は温度 [℃]，p_H は大気圧 [mmHg]，f_H は水蒸気圧 [mmHg]，k は炭酸ガスの含有率 [%] である．圧力の単位は，原著論文のとおり [mmHg] で表示している．現在常用されている単位に変換するには，$1\,\mathrm{mmHg} = 133.322\,\mathrm{Pa}$（Pa = N/m^2）を用いればよい．この場合，式 (2.4) における $0.385(p_\mathrm{H} - 760)$ と $0.056(f_\mathrm{H} - 10)$ をそれぞれ $0.289(p - 1013)$ と $0.042(f - 13.3)$ に置換し，p [hPa]，f [hPa] とする．

工業での標準状態とは，温度が 20℃，大気圧が 1 気圧（760 mmHg = 1013.25 hPa），水蒸気圧が 10 mmHg（13.3 hPa）の状態をいう．標準状態から大きくずれた場合は，上記補正式でも誤差を生じる（演習問題 2.1 参照）．

例題 2.1 空気の屈折率 n は，次のような場合，どの程度補正が必要になるか求めよ．ただし，光の波数と水蒸気圧が不変とせよ．
　(1) 大気圧が 1 hPa 上昇するとき　　(2) 温度が 1℃ 上昇するとき

解 (1) 式 (2.4) で，大気圧を p [hPa]，屈折率の変化量を Δn として，変化する部分だ

けに着目すると，$\Delta n = 0.932[0.289(p - 1013)] \times 10^{-6} = 0.269(p - 1013) \times 10^{-6}$ となる．これより，1 hPa 上昇すると，空気の屈折率が約 0.27×10^{-6} 大きくなる．(2) 温度を t [℃] とすると，同様にして $\Delta n = -0.932(t - 20) \times 10^{-6}$ より，1℃ 上昇すると空気の屈折率が約 0.93×10^{-6} 小さくなる．

2.2 光波の表示

光は電磁波の一種であり，波動として記述できる．光の波動性を強調するとき，光を**光波**（optical wave）とよび，光波で扱う学問分野を波動光学という．光波での振幅の例を**図 2.2** に示す．時間 t を固定するとき，隣接した山の間の距離，つまり振動の 1 周期ぶんの距離を**波長**（wavelength）とよび，通常 λ で表す．媒質中での波長 λ は，真空中での波長 λ_0 よりも屈折率ぶんだけ短くなり，次式で関係づけられる．

$$\lambda = \frac{\lambda_0}{n} \tag{2.5}$$

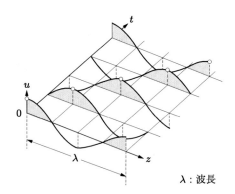

λ：波長

図 2.2 波動の伝搬の様子
図中の白丸は同一位相点の時空点における変化を示す．

本書では，真空中と媒質中の値を区別する必要があるときには，真空中の値に添字 0 を付すことにする．

単位距離あたりに含まれる波の数を，**波数**（wavenumber）と定義する．媒質中の波数を k，真空中の波数を k_0 で表すと，これらは次式で書ける．

$$k = \frac{2\pi}{\lambda} = nk_0, \quad k_0 = \frac{2\pi}{\lambda_0} \tag{2.6}$$

光が単位時間あたりに繰り返す振動数を**周波数**（frequency）とよび，ν で表す（f で記述されることもある）．本書では，変調などの操作を加えた場合の周波数に対して

f を用いることとする．周波数は静止系では媒質中でも真空中の値と同じであり，真空中の光速 c と媒質中での光速 v は，式 (2.3)，(2.5) を用いて，次式で表せる．

$$c = \nu\lambda_0, \quad v = \nu\lambda \tag{2.7}$$

光波の振る舞いを式で表すことを考える．光波が，自由空間において周波数 ν で正弦波状に振動し，z 軸方向に伝搬しているとする．この場合，マクスウェル方程式を解いて，光波の波形は次式で記述できる．

$$u = A\sin\left[2\pi\left(\nu t \mp \frac{z}{\lambda}\right)\right] = A\sin(\omega t \mp kz) \tag{2.8a}$$

ここで，A は振幅，$\omega = 2\pi\nu$ は**角周波数**（angular frequency），$k = 2\pi/\lambda$ は波数である．式 (2.8a) での括弧内を**位相**（phase）とよび，ここでは光波伝搬による位相変化を表す．複号 $\mp$ で，マイナス（プラス）は進行（後退）波に対応する．一般の伝搬方向に対する光波では，複素振幅

$$u = A\exp[i(\omega t \mp \boldsymbol{k} \cdot \boldsymbol{r})] \tag{2.8b}$$

が使われることも多い．ただし，$\boldsymbol{k}$ は波数ベクトル，$\boldsymbol{r}$ は位置ベクトルである．

光領域における複素振幅に関して重要な点は，光は電波に比べると周波数が非常に高いということである．そのため，観測時間に比べて光の周期が極端に短いので，複素振幅つまり光電界を直接観測することができない．光領域で観測・記録できるのは，光強度の時間平均だけである．光を扱う際には，この点につねに留意する必要がある．

2.3　波面・光線と光路長

本節では光線の定義と，光線の伝搬時間に関係した光路長の概念を説明する．光路長は光計測で頻繁に出てくる量である．

2.3.1　波面・光線

光波では波動が正弦波状に振動しているとして扱える（図 2.2，式 (2.8) 参照）．伝搬方向が近いところでは波動の山なら山というふうに，位相がそろった部分がある．等しい位相部分を連ねた面を**波面**（wave front）または**等位相面**という（図 2.3）．波面の形状が平面をなしているものを平面波，球面をなしているものを球面波とよぶ．実際の応用では，平面波がよく使用される．

光を波動として扱わないで，あたかも線のように扱うと，取り扱いが比較的簡単

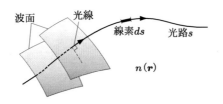

図 2.3 波面と光線の関係

で，かつ物理現象を理解しやすい場合がある．このように，光を線で扱う概念を**光線**（ray）という．光線は波面に垂直にとり，光線の向きを光が伝搬する向きにとる．

光線はその振る舞いを幾何学的に扱えるので，光線を用いて光学を扱う学問分野を幾何光学または光線光学という．光線の概念は，理論的には波長が無限小の極限（$\lambda \to 0$）で成立するが，実際には，波長が対象とする空間の大きさよりも十分小さいときに使える．電波を線で扱うことはできないが，光は電波に比べて波長が短いので，光学における光線の適用範囲は広い．

幾何光学が適用できない領域，つまり波動光学で対処すべき領域は以下のとおりである．

（ⅰ）干渉や回折など，光の波動性が本質的な役割を果たす場合
（ⅱ）波長が，対象とする空間の大きさよりも大きいときや，同程度のとき
（ⅲ）光の振幅や位相が空間的に激しく変動する場所，たとえば，焦点近傍や光の当たる部分と影の境界部分

2.3.2 光路長

空間で屈折率 $n(\boldsymbol{r})$ が不均一なとき，屈折率 n の位置では光の伝搬速度が真空中よりも屈折率ぶんだけ遅くなるから（式 (2.3) 参照），位置による伝搬時間の違いを考慮するのは大変である．そこで，図 2.4 に示すように，光線が屈折率 $n(\boldsymbol{r})$ の媒質中の 2 点 A，B 間を伝搬するのと同じ時間で，光線が真空中を伝搬する距離 $\overline{\mathrm{A'B'}}$ を定義しておくと，すべての光線の経路（光路）を真空中で考えることができて便利である．このような距離を**光路長**（optical path length）または光学距離とよび，

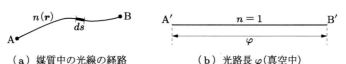

（a）媒質中の光線の経路　　　　（b）光路長 φ（真空中）

$n(\boldsymbol{r})$：媒質中の屈折率，ds：光路に沿った微小距離（線素）

図 2.4 光路長

$$\varphi \equiv \int n(\boldsymbol{r}) ds \tag{2.9}$$

で定義する．ただし，ds は光線の経路に沿って測った幾何学的な微小距離（線素）である．式 (2.9) は，屈折率 n の媒質では，位置に依存した屈折率ぶんだけ，真空中では長い距離を伝搬するのと同じである．

光路長は光計測の様々な場面で重要となる．光路長の定義により，伝搬に伴う位相変化 ϕ は，光路長 φ と真空中の波数 k_0 を用いて，

$$\phi = \varphi k_0 \tag{2.10}$$

で求められる．

例題 2.2 Na の D 線（真空中での波長 589 nm）について，次の諸量を求めよ．
(1) 周波数　　(2) 屈折率 $n = 1.5$ の媒質中での波長
(3) 屈折率 $n = 1.5$ の媒質中での波数
(4) 厚さ $d = 2.0\,\mu\text{m}$，屈折率 $n = 1.5$ の媒質を通過するときの光路長
(5) 前記の媒質を通過するときの位相変化
....
解　(1) 式 (2.7) より，周波数は $\nu = c/\lambda_0 = 3.0 \times 10^8/(589 \times 10^{-9}) = 5.09 \times 10^{14}$ Hz $= 509$ THz となる．(2) 式 (2.5) より，媒質中での波長は $\lambda = \lambda_0/n = 589 \times 10^{-9}/1.5 = 393 \times 10^{-9}$ m $= 393$ nm となる．(3) 式 (2.6) より，媒質中での波数は $k = 2\pi/\lambda = 2\pi/(393 \times 10^{-9}) = 1.60 \times 10^7$ m^{-1} $= 1.60 \times 10^5$ cm^{-1} となる．(4) 式 (2.9) より，光路長は $\varphi = 1.5 \cdot 2.0 = 3.0\,\mu\text{m}$ となる．(5) 式 (2.10) より，位相変化は $\phi = 3.0 \times 10^{-6} \cdot 2\pi/(589 \times 10^{-9}) = 32$ rad となる．

2.4　屈折と反射

光が屈折率の異なる境界面に入射すると，屈折や反射を生じる．本節では，このときの光の振る舞いを，屈折率や角度，位相などの観点から調べる．

2.4.1　スネルの法則

光の境界面での屈折や反射の様子を**図 2.5** に示す．図 (a) に示すように，入射側（媒質 1）の屈折率を n_1，屈折側（媒質 2）の屈折率を n_2 で表す．また，入射・屈折・反射光（これらを平面波で表す）が境界面の法線となす角度を，それぞれ θ_i, θ_t, θ_r で表す．このとき，式 (2.2) を拡張すると，屈折光と入射光の関係は

$$n_1 \sin\theta_\text{i} = n_2 \sin\theta_\text{t} \tag{2.11}$$

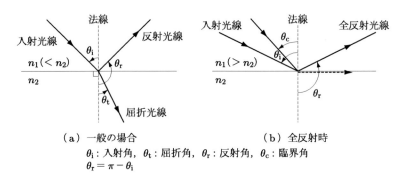

図 2.5 光の屈折と反射

で表せる.これは**屈折の法則**(law of refraction)とよばれる.式 (2.11) の両辺に真空中の波数 k_0 を掛けると,これは媒質中の波数の接線成分が,屈折時にも境界面で保存されることを意味する.この解釈を利用すると,多数の平行平板からなる媒質での屈折の様子が,各層に対して屈折の法則を適用することなく,最外層の媒質における屈折率と角度を考慮するだけでよいことがわかる.

反射光では,式 (2.11) 右辺における n_2 を n_1 に置換すると,反射角 θ_r が次式で表せる.

$$\theta_r = \pi - \theta_i \tag{2.12}$$

式 (2.12) は**反射の法則**(law of reflection)とよばれ,入射光と反射光が境界面の法線に関して対称となることを表す.屈折・反射の法則をまとめて**スネルの法則**(Snell's law)とよぶ.これは光の振る舞いを記述するうえでの基本法則であり,光を光線として扱っても成立する.

光が屈折率の高い媒質から低い媒質に入射する場合(図 (b) 参照),入射光がすべて境界面に対し入射側に反射する現象を**全反射**(total reflection)という.全反射が起こるぎりぎりの入射角度 θ_c を**臨界角**(critical angle)という.式 (2.11) を用いて,臨界角は

$$\theta_c = \sin^{-1}\left(\frac{n_2}{n_1}\right) \tag{2.13}$$

で表される.全反射は,屈折率が $n_1 > n_2$,入射角が $\theta_i > \theta_c$ をともに満たすときに生じる.

全反射時に,厳密には入射電磁界の一部が低屈折率側にも浸み出しており,この成分をエバネッセント成分という.エバネッセント成分は光ファイバのように,全反射

を多数回繰り返す場合に重要となり,光ファイバを用いた濃度計測などに利用されている(11.3.3項(d)参照).

例題 2.3 光が空気中からガラスへ角度 45° で入射するとき,屈折角を求めよ.また,光がガラス内から空気中へ伝搬するときの臨界角を求めよ.ただし,ガラスの屈折率を $n = 1.5$ とする.

解 式 (2.11) を用いて,屈折角 θ_t は $\sin\theta_t = (1.0/1.5)\sin 45°$ より $\theta_t = 28.1°$ となる.臨界角は,式 (2.13) を用いて $\theta_c = \sin^{-1}(1.0/1.5) = 41.8°$ で得られる.したがって,これより大きい角度,たとえば 45° で光を入射させると,ガラス内で全反射する.これは,頂角 45° の直角プリズムを用いて,光線の向きを変えるのに利用されている(13.2.1項(b)参照).

2.4.2 振幅透過率と振幅反射率

屈折率が異なる媒質間で生じる屈折と反射での光の振る舞いを,光波で扱う.入射光の電界振幅 A_i と屈折光の電界振幅 A_t の比を**振幅透過率**,入射光と反射光の電界振幅 A_r の比を**振幅反射率**とよぶ.光波が入射角 θ_i で媒質 1 側(屈折率 n_1)から入射し,媒質 2 側(屈折率 n_2)では屈折角 θ_t で屈折する場合(**図 2.6**(a)),振幅透過率は

$$t_P \equiv \frac{A_{tP}}{A_{iP}} = \frac{2\sin\theta_t \cos\theta_i}{\sin(\theta_i + \theta_t)\cos(\theta_i - \theta_t)} = \frac{2n_1 \cos\theta_i}{n_2 \cos\theta_i + n_1 \cos\theta_t} \tag{2.14a}$$

$$t_S \equiv \frac{A_{tS}}{A_{iS}} = \frac{2\sin\theta_t \cos\theta_i}{\sin(\theta_i + \theta_t)} = \frac{2n_1 \cos\theta_i}{n_1 \cos\theta_i + n_2 \cos\theta_t} \tag{2.14b}$$

で,振幅反射率は次式で表される.

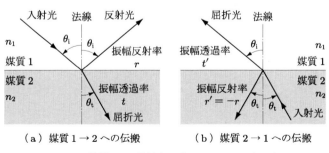

(a) 媒質 1 → 2 への伝搬 　　(b) 媒質 2 → 1 への伝搬

n_1, n_2:媒質 1, 2 の屈折率, $r' = -r = r\exp(\pm i\pi)$

図 2.6 振幅透過率 t と振幅反射率 r の定義

$$r_{\mathrm{P}} \equiv \frac{A_{\mathrm{rP}}}{A_{\mathrm{iP}}} = \frac{\tan(\theta_{\mathrm{i}} - \theta_{\mathrm{t}})}{\tan(\theta_{\mathrm{i}} + \theta_{\mathrm{t}})} = \frac{n_2 \cos\theta_{\mathrm{i}} - n_1 \cos\theta_{\mathrm{t}}}{n_2 \cos\theta_{\mathrm{i}} + n_1 \cos\theta_{\mathrm{t}}} \tag{2.15a}$$

$$r_{\mathrm{S}} \equiv \frac{A_{\mathrm{rS}}}{A_{\mathrm{iS}}} = -\frac{\sin(\theta_{\mathrm{i}} - \theta_{\mathrm{t}})}{\sin(\theta_{\mathrm{i}} + \theta_{\mathrm{t}})} = \frac{n_1 \cos\theta_{\mathrm{i}} - n_2 \cos\theta_{\mathrm{t}}}{n_1 \cos\theta_{\mathrm{i}} + n_2 \cos\theta_{\mathrm{t}}} \tag{2.15b}$$

ただし，添字 P（S）は電界が入射面（図では紙面）に平行（垂直）な方向に振動する P 波（S 波）に対する値を表す．式 (2.14) と式 (2.15) を**フレネルの公式**といい，これらは，振幅透過率や振幅反射率が入射角 θ_{i} や偏光に依存することを示す．

次に，光波が媒質 2 側から，上記屈折角と同じ角度 θ_{t} で入射する場合，光は伝搬方向に関して逆進性をもつから，このときの屈折角が θ_{i} となる（図 (b) 参照）．したがって，今度の振幅反射率（$'$ を付して表す）は，式 (2.15) を利用して，

$$r'_{\mathrm{P}} = \frac{\tan(\theta_{\mathrm{t}} - \theta_{\mathrm{i}})}{\tan(\theta_{\mathrm{i}} + \theta_{\mathrm{t}})} = -r_{\mathrm{P}}, \quad r'_{\mathrm{S}} = -\frac{\sin(\theta_{\mathrm{t}} - \theta_{\mathrm{i}})}{\sin(\theta_{\mathrm{i}} + \theta_{\mathrm{t}})} = -r_{\mathrm{S}} \tag{2.16}$$

で表せる．式 (2.16) は**ストークスの関係式**とよばれる．これは，境界面で逆進性を満たす光波の間では，任意の入射角について両者の振幅反射率の符号が反転していること（$-1 = \exp(\pm i\pi)$），つまり，反射に伴う位相変化が，入射の向きによって π だけ異なることを意味している．

光強度透過率は，式 (2.14) を用いて，$T_{\mathrm{j}} = |t_{\mathrm{j}}|^2 (n_2 \cos\theta_{\mathrm{t}})/(n_1 \cos\theta_{\mathrm{i}})$ で，光強度反射率は，式 (2.15) を用いて，$R_{\mathrm{j}} = |r_{\mathrm{j}}|^2$ (j = P, S) で求められる．

2.5 干　渉

シャボン玉に太陽光が当たると色づいて見える．これは，太陽光が含む様々な波長の光が，シャボン玉を形成する石けん薄膜の両面で反射するとき，強め合った特定の波長の光が眼に見えるからである．このように，同一光源から出た光波が，分岐されて異なる光路を伝搬した後に別の位置で合波されるとき，そこでの光強度がもとの光波よりも強め合ったり弱め合ったりする現象を**干渉**（interference）といい，これは波動固有の現象である．

2.5.1 干渉縞の形成

干渉には，光源からの光束が 2 光路に分岐された後に干渉する **2 光波干渉**と，光源からの光束が 3 光路以上に分岐された後に干渉する**多光波干渉**がある．2 光波干渉は，5 章その他で紹介するように，光計測でよく用いられる．多光波干渉には，多重スリットによる干渉や多重反射によるファブリ - ペロー干渉計などがある．

2.5 干渉

光源 S からの光がビームスプリッタで 2 光路に分岐され，反射鏡で反射された光が再び合波され，光検出器 D で観測する 2 光波干渉を考える（**図 2.7**）．両光路の観測点での光電界を

$$u_j = \sqrt{2}A_j(x)\cos(\omega t + \phi_j), \quad \phi_j = -kL_j \quad (j = 1, 2) \tag{2.17}$$

または，複素数表示して

$$u_j = A_j(x)\exp[i(\omega t + \phi_j)] \quad (j = 1, 2) \tag{2.18}$$

で表す．ただし，$A_j(x)$ は観測点での振幅，x は光路に垂直な観測面内での座標，ω は角周波数，ϕ_j は光波伝搬に伴う位相変化，L_j は各光路に沿って測った光源から観測点までの伝搬距離，$k = 2\pi/\lambda$ は伝搬光路中の波数，λ は光路中の波長を表す．

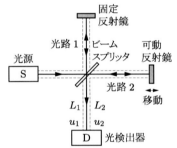

L_1, L_2：光路1, 2のSからDまでの伝搬距離
u_1, u_2：光路1, 2の光検出器Dでの光の複素振幅

図 2.7　2 光波干渉での干渉縞観測

合波された光波の観測点での観測量を時間平均 $\langle \ \rangle$ で表すと，式 (2.17) の表現を用いて，光強度分布が次式で書ける．

$$\begin{aligned}
I(r) &= \langle (u_1 + u_2)^2 \rangle \\
&= A_1^2\{1 + \langle\cos[2(\omega t + \phi_1)]\rangle\} + A_2^2\{1 + \langle\cos[2(\omega t + \phi_2)]\rangle\} \\
&\quad + 2A_1 A_2[\langle\cos(2\omega t + \phi_1 + \phi_2)\rangle + \cos(\phi_1 - \phi_2)] \\
&\fallingdotseq A_1^2 + A_2^2 + 2A_1 A_2 \cos\left[\frac{2\pi}{\lambda}(L_1 - L_2)\right] \\
&= I_1 + I_2 + 2\sqrt{I_1 I_2}\cos\left[\frac{2\pi}{\lambda}(L_1 - L_2)\right]
\end{aligned} \tag{2.19a}$$

$$I_j = A_j^2(x) \quad (j = 1, 2) \tag{2.19b}$$

ここで，I_j は一方の光路のみを通過した光波による光強度を表す．光領域では角周波数が非常に高くて光検出器が応答できないため，式 (2.19a) の中段の式で時間を含む項は平均化されて，ゼロとなる．ところで，光波の計算では，いちいち平均化操作を行わないで，次に示すように，式 (2.18) の複素数表現を用いても同じ結果が得られ，通常この表現法が用いられる．

観測点で合波された 2 光波による光強度分布を，式 (2.18) の表現を用いると，次式で記述できる．

$$I(r) = |u_1 + u_2|^2 = I_1 + I_2 + 2\sqrt{I_1 I_2} \cos\left[\frac{2\pi}{\lambda}(L_1 - L_2)\right] \quad (2.20\text{a})$$

$$I_j = |A_j(x)|^2 \quad (j = 1, 2), \quad \sqrt{I_1 I_2} = \text{Re}\{A_1(x) A_2^*(x)\} \quad (2.20\text{b})$$

ただし，Re は { } 内の実部を，* は複素共役を表す．式 (2.20a) で，第 1, 2 項は別の光路を通った光波が単独で存在したことによる光強度である．第 3 項は干渉項を表し，一般に濃淡の縞を形成する．この縞は**干渉縞**（interference fringes）とよばれ，その例を図 2.8 に示す．干渉縞は 2 光路の光源からの相対距離差 $L_1 - L_2$ と波長 λ の比に依存する．これは，干渉縞が波長程度の空間距離，あるいは微小な波長変化で激しく変化することを意味している．

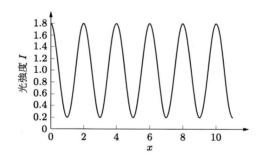

図 2.8 干渉縞の一例
図は式 (2.20a) で $I_1 = 0.8$，$I_2 = 0.2$，$x = 2\pi(L_1 - L_2)/\lambda$

2.5.2 干渉縞における可視度

干渉縞の鮮明さを定量的に表すため，コントラストを利用する．干渉縞における光強度の最大値を $I_{\max}$，最小値を $I_{\min}$ とするとき，コントラストは

$$V = \frac{I_{\max} - I_{\min}}{I_{\max} + I_{\min}} \quad (2.21)$$

で定義される．この V を**可視度**（visibility）または**鮮明度**という．式 (2.21) の分母

は平均光強度に対応している．可視度は $0 \leq V \leq 1$ を満たしており，可視度が大きいほど干渉縞が観測しやすくなる．図 2.8 の例では，$I_{\max} = 1.8$，$I_{\min} = 0.2$ で可視度が $V = 0.8$ となる．

ちなみに，式 (2.20a) で表される干渉縞の場合，可視度は

$$V = \frac{2\sqrt{I_1 I_2}}{I_1 + I_2} \tag{2.22}$$

で表される．$V = 1$ となるのは，$I_1 = I_2$ のときである．I_1 が I_2 の数 % 程度でも，干渉縞がかなりはっきりと観測される．

干渉には，2.5.1 項で説明した①空間位相による干渉以外に，②異なる周波数の光波を用いた時間的位相による干渉がある．干渉は光計測でよく利用されるので，本節では基本的な内容に留め，①に対する干渉計測の詳しい内容を改めて 5 章で，②に対する干渉を 6.4 節で扱う．

2.6 回 折

電磁波の仲間である光波と電波において，ビルの陰で光が影となっても，ラジオ（波長の長い電波）が聞こえることがある．これは，相対的に波長の長い波動の方が，幾何学的には影となる部分まで回り込みやすいことで生じる現象で，**回折**（diffraction）といわれる．回折も波動固有の現象であり，これには波長と対象物体との相対的な大きさが重要な役割を果たしている．

2.6.1 開口による回折の分類

光学系において，一部の光だけを通過させるように開けた孔を**開口**（aperture）という．光軸に平行な光束が開口に入射すると，開口後方では光の波動性に基づいて，光が広がりをもつようになる．これを**回折光**（diffracted light）という．この回折光強度分布は，開口から観測位置までの距離 L に応じて，次のように分類できる（図 2.9）．

(I) **ニアフィールド回折**：開口の後方，数波長以内の距離で観測される回折である．このときに得られる像は近視野像（near field pattern）とよばれ，開口部だけで成分をもつ平面波である．

(II) **フラウンホーファー回折**：開口から十分遠方の $L \gg D^2/\lambda$ （D：開口の大きさ，λ：波長）の距離で観測される回折である．このときの像は遠視野像（far field

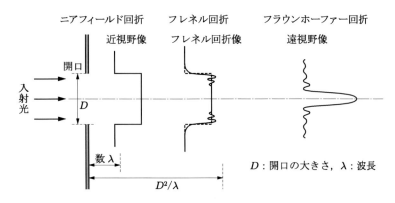

図 2.9 開口からの回折光による光強度分布の概略

pattern）とよばれ，回折広がりが λ/D に比例するのが特徴である．この特徴は開口の形状によらず成立するもので，重要である．遠視野像は，開口での振幅透過率をフーリエ変換して求められる．

ちなみに，光軸に垂直な面内で原点を光軸にとり，開口面あるいは物体の複素振幅透過率を $u_0(\xi,\eta)$ とおくと，これの光学的フーリエ変換は次式で与えられる．

$$\tilde{u}_0(\mu,\nu) \equiv \iint_{-\infty}^{\infty} u_0(\xi,\eta) \exp[i2\pi(\mu\xi+\nu\eta)]d\xi d\eta \tag{2.23}$$

ただし，μ,ν は**空間周波数**（spatial frequency）とよばれ，単位距離あたりに含まれる明暗の縞の対数である．μ,ν の具体的表現は，各応用によって異なる．

(III) **フレネル回折**：これは上記 (I) と (II) の中間領域に該当する，もっとも一般的な回折である．回折像は開口の縁の影響を受ける．

以下では，フラウンホーファー回折とフレネル回折について説明する．

2.6.2 単スリットによるフラウンホーファー回折

まず，スリット状開口（幅 D）に，波長 λ の平面波が開口に垂直入射したときのフラウンホーファー回折像を考える（**図 2.10**）．開口面の座標を (ξ,η) として，スリット状開口での透過率を

$$u_0(\xi,\eta) = \begin{cases} 1 & (|\xi| \leqq D/2) \\ 0 & (その他) \end{cases} \tag{2.24}$$

で表す．開口の後方，距離 L にある遠視野像の像面座標を (x,y) とおくと，いまの場

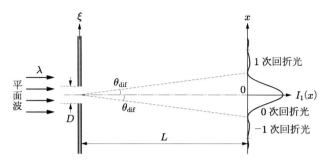

D：スリット幅，θ_{dif}：回折角，L：開口と観測面の距離

図 2.10 スリット状開口に平面波が垂直入射したときのフラウンホーファー回折

合，式 (2.23) で $\mu = x/\lambda L$ とおける．

式 (2.24) を式 (2.23) に代入すると，像面位置 x での複素振幅 u_1 と回折光強度分布 I_1 は，次式で得られる．

$$u_1(x) = \int_{-D/2}^{D/2} \exp\left(\frac{ikx\xi}{L}\right) d\xi = D\operatorname{sinc}(DX) \tag{2.25a}$$

$$I_1(x) = |u_1(x)|^2 = D^2 \operatorname{sinc}^2(DX) \tag{2.25b}$$

$$\operatorname{sinc}\zeta \equiv \frac{\sin\pi\zeta}{\pi\zeta}, \quad X \equiv \frac{x}{\lambda L} \tag{2.25c}$$

ここで，$k = 2\pi/\lambda$ は波数である．また，$\operatorname{sinc}\zeta$ は sinc 関数とよばれ，$\zeta = 0$ で最大値 1 をとり，最初のゼロ点は $|\zeta| = 1$ であり，$|\zeta|$ の増加とともに振動しながら急激に減衰する（**図 2.11**）．sinc 関数は，回折現象でしばしば出てくる関数である．

遠視野像の回折光強度分布 I_1 は，$x = 0$ で最大値 D^2 をとり，ほぼ $\pi D x_{\mathrm{M}}/\lambda L \fallingdotseq (m-1)\pi + \pi/2$，つまり，

$$x_{\mathrm{M}} \fallingdotseq \left(m - \frac{1}{2}\right)\frac{\lambda L}{D} \quad (m：整数) \tag{2.26}$$

で極大値が得られる．また，I_1 がゼロとなるのは，$x_{\mathrm{d}} \fallingdotseq m'\lambda L/D$ (m'：0 以外の整数) のときであり，この位置に暗線ができる．

遠視野像の回折光強度分布の特徴は，次のようにまとめられる．

（ⅰ）回折光の大部分は光軸（$x = 0$）近傍に集中する．この中心部のピークを **0 次回折光** または **0 次回折波** とよび，これは開口から光軸に沿って直進してきた成分に相当する．

（ⅱ）中心の周辺にある明るい（光強度極大）部分を，中心から順に **±m 次回折光**

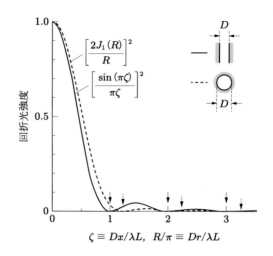

図 2.11　各種開口からのフラウンホーファー回折光強度分布
矢印は各開口での回折光強度のゼロ点位置

または **±m 次回折波** とよぶ．第 1 番目の副極大である，±1 次回折光強度は中央値の約 4% である．次数 m が形式的に無限にとれるのは，開口が高周波成分までを含んでいるためである．

開口中心から第 1 暗線までを結んだ線と光軸がなす角度を，**回折角**（diffraction angle）とよぶ．回折角を θ_{dif} で表すと（図 2.10 参照），これは

$$\tan \theta_{\mathrm{dif}} = \frac{\lambda}{D} \tag{2.27}$$

を満たす．式 (2.27) で θ_{dif} が微小なとき，$\tan \theta_{\mathrm{dif}} \fallingdotseq \theta_{\mathrm{dif}} = \lambda/D$ が使える．

式 (2.27) は次のことを意味している．
（ⅰ）光波の広がり角が，波長 λ に比例し，開口幅 D に逆比例する．よって，開口が小さくなるほど，回折広がりが大きくなる．
（ⅱ）これは，光波を利用する場合，最低限，式 (2.27) で示す広がりが必然的に伴うことを示しており，**回折限界**（diffraction limit）とよばれる．光波の広がりを小さくするには，短い波長を使用する必要がある．
（ⅲ）回折広がりが λ/D に比例することは回折現象に共通であり，開口の形状によって係数だけが異なる．

例題 2.4　幅 2.0 mm のスリット状開口に波長 633 nm の光を垂直入射させるとき，次の問いに答えよ．
(1) 回折角を求めよ．

(2) 0次回折光と1次回折光を像面で0.5 mm分離するには，開口後の距離Lをいくらにとればよいか．

解 (1) 式(2.27)に$D = 2.0$ mm，$\lambda = 633$ nmを代入して，$\tan\theta_{\rm dif} = 633 \times 10^{-6}/2.0 = 3.17 \times 10^{-4}$より回折角は$\theta_{\rm dif} = 0.018° = 1.1'$となる．(2) 像面での分離距離を$x$とすると，$x = L\tan\theta_{\rm dif}$が成立する．よって，$L = x/\tan\theta_{\rm dif} = 0.5/(3.17\times 10^{-4})$ mm $= 1.58$ mを得る．一般に，回折角は非常に小さい値なので，0次回折光と1次回折光を分離するには，開口後の距離を十分長くとる必要がある．

2.6.3 フレネル回折

点光源Sから出た波長λの光波が，有限幅の開口で回折されて，開口の後方にある観測面上の点Qに到達するものとする（**図2.12**）．点光源と開口面の距離をL_0，開口面と観測面の距離をLとする．開口面を基準とした座標を(ξ, η, ζ)，観測面の座標を(x, y, z)として，光軸を$\zeta \cdot z$軸にとる．点Qに形成される光波の複素振幅を求めるのに，次の二つの仮定をする．①開口の大きさが波長λに比べて十分大きく，開口を通過する光束が開口の大きさに比例する．②開口から点S，Qまでの距離がともに開口の大きさよりも十分大きい．これをキルヒホッフ近似という．

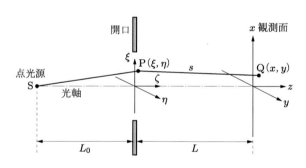

図2.12 フレネル回折

平面波が開口面に垂直に入射する場合，Lが十分大きいとして光軸近傍の波面だけを考慮する．このとき，開口面上の波面の点Pと観測点Qとの距離sは，3次以上の高次項を無視して，

$$s = \sqrt{(\xi-x)^2 + (\eta-y)^2 + L^2} \simeq L + \frac{(\xi-x)^2 + (\eta-y)^2}{2L}$$

で近似できる．上記sをキルヒホッフの近似式に代入して，比例項を省略すると，観測点Qでの光波の複素振幅が，

$$u(Q) \propto \iint u_0(\xi,\eta) \exp\left\{-i\frac{k}{2L}\left[(\xi-x)^2 + (\eta-y)^2\right]\right\} d\xi d\eta \tag{2.28}$$

で書ける．ただし，$u_0(\xi,\eta)$ は開口面の複素振幅透過率，$k = 2\pi/\lambda$ は開口面と観測面の間での媒質の波数である．式 (2.28) のように，被積分項で ξ, η に関する 2 次項までを含む回折領域を，**フレネル回折**（Fresnel diffraction）という．

2.6.4 凸レンズを用いた光学系での回折

本項では，凸レンズを用いた光学系における有用な性質を説明する．

(a) 凸レンズを用いた光学的フーリエ変換

2.6.1 項で述べたように，光学的フーリエ変換をフラウンホーファー回折で行うことができるが，光学系が長くなるという欠点がある．これをもっと短い距離で実現するためには，次に示す凸レンズを用いた光学系が利用できる．

収差（3.4 節参照）のない凸レンズ（焦点距離 f）の前側焦点面に置いた物体を，波長 λ の平面波で光軸に平行に照射し，像面を後側焦点面にとる（図 2.13）．物面座標を (ξ,η)，像面座標を (x,y) として，物体の複素振幅透過率を $u_0(\xi,\eta)$ で表す．このとき，像面上の点 $Q(x,y)$ における複素振幅は，フレネル回折を利用して，

$$u(x,y) = \frac{i}{\lambda f} \exp(-i2kf)\, \tilde{u}_0(\mu,\nu) \tag{2.29a}$$

$$\mu = \frac{x}{\lambda f}, \quad \nu = \frac{y}{\lambda f} \tag{2.29b}$$

で表される．ただし，μ と ν は空間周波数，$\tilde{u}_0(\mu,\nu)$ は式 (2.23) で定義した $u_0(\xi,\eta)$ のフーリエ変換，$k = 2\pi/\lambda$ は入射光の波数である．

式 (2.29a) から次のことがわかる．

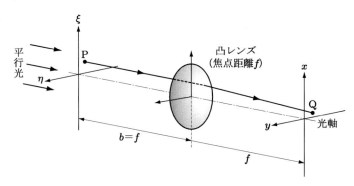

図 2.13　レンズによる光学的フーリエ変換

（ⅰ）レンズの前側焦点面に置いた物体を，光軸に平行な光束で照射すると，レンズの前・後焦点面で，物体の複素振幅透過率 $u_0(\xi,\eta)$ と像面の複素振幅 $u(x,y)$ は，定数項を除いて，フーリエ変換の関係を満たす．

（ⅱ）高周波成分ほど，像面において光軸から離れた位置に像を結ぶ．

　光学的にフーリエ変換を行えるレンズ系をフーリエ変換レンズといい，これは市販されている．

(b) 凸レンズ使用時の回折光と回折限界

　直前の説明で，凸レンズの前・後焦点面での複素振幅が，フーリエ変換で関係づけられることがわかった．このことを利用すると，波長 λ の平行光が凸レンズ（焦点距離 f，開口直径 D）に垂直入射するとき，後側焦点面での光強度分布が

$$I = \left(\frac{\pi D^2}{4}\right)^2 \left[\frac{2J_1(R)}{R}\right]^2 \tag{2.30}$$

で表される．ここで，$R \equiv \pi Dr/\lambda f$，$r$ は像面での光軸からの距離，J_1 は 1 次ベッセル関数である．式 (2.30) は，円形開口（直径 D）で開口の後方距離 L での回折光強度分布において，L を焦点距離 f に置換したものと形式的に同じである．参考までに，関数 $[2J_1(R)/R]^2$ を図 2.11 に示した．

　像面でのスポット半径 r_s を第 1 暗線で評価すると，$Dr_s/\lambda f = 3.83/\pi = 1.22$（注：3.83 は $J_1(R)$ の最初の零点）より，これは

$$r_s = 1.22\frac{\lambda f}{D} \tag{2.31}$$

で表される．式 (2.31) から，次のことがわかる．

（ⅰ）光の波動性を考慮すると，r_s より小さいスポットに光を絞れないことを意味し，これは円形開口での回折限界を示している．これに対して，3 章で扱う幾何光学の範囲内では無限小に絞れることになる．

（ⅱ）小さいスポット半径を得るには，焦点距離 f の短い凸レンズが必要である．

（ⅲ）スリット状開口での回折と同じく，回折広がりが λ/D に比例する．

2.7　偏　光

　光での電界が，一定方向に振動しているものや，円など規則的な軌跡を描く光波を**偏光**（polarized light），振動方向が不規則なものを**非偏光**（unpolarized light）という．各種特性が偏光に依存することがあるので，偏光は光波の精密計測や各種偏光

素子などに利用される．偏光は波動に関係する概念である．

偏光を記述するため，デカルト座標で光波の伝搬方向を z 軸にとり，断面内に x-y 軸をとる．光波が屈折率 n の等方性媒質中を伝搬しているとして，その電界の各成分を次のようにおく．

$$E_x = A_{x0} \cos(\omega t - nk_0 z + \Delta_{x0}) \tag{2.32a}$$

$$E_y = A_{y0} \cos(\omega t - nk_0 z + \Delta_{y0}) \tag{2.32b}$$

$$E_z = 0 \tag{2.32c}$$

ただし，A_{j0} $(j = x,y)$ は j 方向成分の振幅，Δ_{j0} は j 方向成分の初期位相，ω は角周波数，k_0 は真空中の波数を表す．

リサージュ図形のように，式 (2.32) から時間と位置に関する項を消去すると，次式が得られる．

$$\left(\frac{E_x}{A_{x0}}\right)^2 + \left(\frac{E_y}{A_{y0}}\right)^2 - 2\frac{E_x}{A_{x0}}\frac{E_y}{A_{y0}}\cos\Delta_0 = \sin^2\Delta_0 \tag{2.33}$$

$$\Delta_0 = \Delta_{y0} - \Delta_{x0} \tag{2.34}$$

ここで，Δ_0 は x, y 成分間の相対位相差である．式 (2.33) は偏光の一般的な状態を表しており，偏光の形状が，直交する電界 2 成分の絶対位相ではなく，相対位相差 Δ_0 で決まることを示している．

式 (2.33) において，相対位相差が $\Delta_0 = m\pi$ (m：整数) を満たすとき，

$$\frac{E_y}{E_x} = (-1)^m \frac{A_{y0}}{A_{x0}} \tag{2.35}$$

が得られる．これは電界の端点の軌跡が直線となるので，**直線偏光** (linearly polarized light) とよばれる．**図 2.14** に偏光の概略を示す．

相対位相差が $\Delta_0 = (2m' + 1)\pi/2$ (m'：整数) で，かつ x, y 成分が等振幅 ($A_0 \equiv A_{x0} = A_{y0}$) であるとき，式 (2.33) より

$$E_x^2 + E_y^2 = A_0^2 \tag{2.36}$$

が得られる．これは軌跡が円を描くので，**円偏光** (circularly polarized light) とよばれる (図 (b) 参照)．$\sin\Delta_0 > 0$ (< 0) のときを右 (左) 回りの円偏光という．左右の区別は，光の領域では観測者から光を見た向きで行う．

式 (2.33) は，一般的な楕円を表し，この状態を**楕円偏光** (elliptically polarized light) という (図 (c) 参照)．楕円の主軸 (E_ξ) が E_x 軸となす角度を主軸方位角 ψ

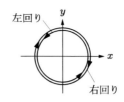

（b）円偏光

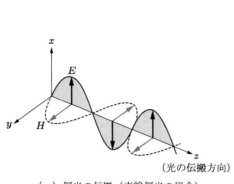

（a）偏光の伝搬（直線偏光の場合）

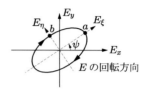

（c）楕円偏光（右回りの場合）

図 2.14 偏光の形状と伝搬の様子

といい，これは次式から求められる．

$$\tan 2\psi = \frac{2A_{x0}A_{y0}}{A_{x0}^2 - A_{y0}^2}\cos\Delta_0 \tag{2.37}$$

楕円の主軸（E_ξ）と短軸（E_η）方向の長さを a, b とすると，楕円の主軸に対する表示が

$$\left(\frac{E_\xi}{a}\right)^2 + \left(\frac{E_\eta}{b}\right)^2 = 1 \tag{2.38a}$$

$$a^2 = A_{x0}^2\cos^2\psi + A_{y0}^2\sin^2\psi + A_{x0}A_{y0}\sin 2\psi\cos\Delta_0 \tag{2.38b}$$

$$b^2 = A_{x0}^2\sin^2\psi + A_{y0}^2\cos^2\psi - A_{x0}A_{y0}\sin 2\psi\cos\Delta_0 \tag{2.38c}$$

で得られる．ここで，$a^2 + b^2 = A_{x0}^2 + A_{y0}^2$ が成立している．

演習問題

2.1 波長が 589 nm，温度が 30°C，大気圧が 1013 hPa であるとき，空気中の屈折率の標準状態からのずれを求めよ．

2.2 緑色（真空中の波長 $\lambda_0 = 515$ nm）の光について，次の各場合の光路長と位相変化を求めよ．

　　（1）空気中で長さ $L = 1.0$ m　　（2）屈折率 $n = 1.46$ の媒質中で長さ $L = 70$ cm

2.3 空気中に置かれた，厚さ $d = 10$ mm の BK7 ガラス（屈折率 $n = 1.52$）を真上から見るとき，見かけ上の厚さを求めよ．

2.4 シャボン玉での色づきは，次のようにして説明できる．石けん水の薄膜（厚さ $d = 4.0 \times 10^{-4}$ mm，屈折率 $n = 1.33$）に白色光が入射すると，表面反射光と裏面反射光による干渉の結果，強められた光が眼に見えて色づく．垂直入射時に薄膜での反射光強度が，可視域で極大となる波長を位相計算で求めよ．ただし，可視域の波長を $380\,\mathrm{nm} \leq \lambda_0 \leq 780\,\mathrm{nm}$ とし，屈折率は波長によって変わらないものとする．

2.5 幅 $2.0\,\mathrm{mm}$ のスリット状開口に赤色光（真空中の波長 $633\,\mathrm{nm}$）を垂直入射させて，開口の後方，距離 L で回折像を観測する．これがフラウンホーファー回折として，理論的にフーリエ変換で扱えるための L に対する目安の距離を求めよ．

2.6 開口直径 $D = 5.0\,\mathrm{mm}$ の凸レンズに波長 $\lambda = 650\,\mathrm{nm}$ の光を光軸に平行に入射させるとき，後側焦点面でスポット直径 $1.0\,\mathrm{\mu m}$ を得るには，凸レンズの焦点距離 f をいくらにすればよいか．

3章 光学系での結像特性

結像素子として，古くからレンズや球面反射鏡が使われてきた．光計測を行うため，これらの素子を用いた光学系を利用する必要があり，その結像特性の基礎事項を知っておくことが不可欠である．

本章では，主として光線の概念を用いて，基本となる球面レンズでの結像作用を，薄肉レンズと厚肉レンズに対して説明する．また，レンズと同じ機能をもつ球面反射鏡での結像作用も述べる．像の乱れにかかわる収差も，光計測に関係する部分に絞って説明する．最後に，レンズとプリズムの機能を位相因子として捉える見方を紹介する．最後の節以外は，幾何光学の範囲内での議論である．

3.1 薄肉レンズでの結像特性

通常使用されるレンズは，その表面が球面の一部をなすもので，**球面レンズ**とよばれ，レンズの回転中心軸を**光軸**という（図 3.1）．レンズが十分薄いと仮定して，レンズの厚さを無視して扱う場合を，**薄肉レンズ**（thin lens）とよぶ．光軸に平行に入射した光線が，凸レンズ透過後に集まる点 F を**焦点**（focus），レンズと焦点 F との距離を**焦点距離**（focal length）とよび，通常 f で表す．

球面レンズの屈折率が n_L，両面の曲率半径が R_1, R_2（添字 1 を入射側にとる）とする．曲率半径の符号は，曲率中心が球面より右（左）側にあるときを正（負）と約

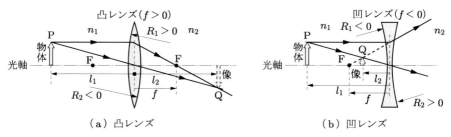

f：焦点距離，R_1, R_2：第 1・2 球面の曲率半径，F：焦点
R_j の符号は曲率中心が球面より右(左)側にあるときを正(負)にとる．

図 3.1 球面レンズによる結像（薄肉レンズ近似）

束する．薄肉レンズ近似で，球面レンズの焦点距離 f は

$$\frac{1}{f} = (n_{\text{L}} - 1)\left(\frac{1}{R_1} - \frac{1}{R_2}\right) \tag{3.1}$$

で求められる．レンズ前後の焦点を前（後）側焦点とよぶ．レンズの種類は f の符号で判別し，$f > 0$ の場合を凸（正）レンズ，$f < 0$ の場合を凹（負）レンズという．

レンズ（焦点距離 f）の前方 l_1 にある物体 P が，レンズの後方 l_2 に像 Q を結ぶとき，レンズより左（右）側の媒質の屈折率を n_1（n_2）とする（図 3.1 参照）．光は左から右に伝搬すると約束し，距離はレンズより右側を正と定義する．このとき，**レンズの結像式**は次式で得られる．

$$-\frac{n_1}{l_1} + \frac{n_2}{l_2} = \frac{n_2}{f} \tag{3.2}$$

物体と像の大きさの比を**横倍率**といい，上記での横倍率は次式で表せる．

$$M = \frac{n_1 l_2}{n_2 l_1} = \frac{f - l_2}{f} \tag{3.3}$$

横倍率の符号は，物体と像が光軸に対して同じ（反対）側にあるときを，$M > 0$（$M < 0$）とし，それぞれを正立（倒立）像という．

空気中にある凸レンズの前側焦点に点光源を置くと，レンズ透過後の光は光軸に平行に進む．このことは，式 (3.2) で $n_1 = n_2 = 1.0$，$l_1 = -f$ とおくと，$l_2 = \infty$ となることから確認できる．このとき，式 (3.3) より，横倍率が $M = \infty$ となる．ちなみに，光を平行光にすることをコリメートする（collimate）という．

像点位置に紙などを置いたときに見える像を実像，レンズを介して見える像を虚像という．言い換えれば，光線が実際に像点で交わってできる像が実像，光線を伝搬方向とは逆にたどったときに交わる像が虚像といえる．

物体位置を**物点**，像の位置を**像点**といい，物体の像を形成することを**結像**（imaging）という．結像関係を満たす一対の物点 P と像点 Q は，その役割を交換しても結像関係を満たす．このような 2 点は互いに**光学的に共役**，あるいは単に**共役**（conjugate）であるという．点 P と Q を**共役点**，共役点を通り光軸に垂直な面を**共役面**とよぶ．

薄肉レンズ近似の下で，光線は次のような性質をもつ．
（ⅰ）無限遠から光軸に平行に入射した光線は，凸レンズ透過後，焦点を通過する．
（ⅱ）焦点から出た光線は，凸レンズ透過後，光軸に平行に進む．
（ⅲ）レンズ中心に入射した光線は，レンズ透過後もそのまま直進する．

これらの性質を利用して，結像位置を作図できる．

例題 3.1 空気中にある凹レンズに関する次の問いに答えよ．
(1) 正立虚像がつねに得られることを示せ．
(2) 横倍率が $0 < M < 1$ となることを示せ．

....

解 (1) 空気中なので式 (3.2), (3.3) で $n_1 = n_2 = 1.0$ とおける．式 (3.2) より
$$\frac{fl_1}{l_2} = f + l_1 \quad \cdots ①$$
を得る．式①で，凹レンズなので $f < 0$ を用いると右辺が負となる．このとき式①の左辺は $fl_1/l_2 < 0$ を満たす．これに $f < 0$ を適用すると $l_1/l_2 > 0$ となり，これを式 (3.3) に代入して $M > 0$，また $l_1 < 0$ を適用して $l_2 < 0$，つまり正立虚像が得られる．
(2) 式 (3.2) より $l_2/l_1 = f/(f+l_1)$ を得る．この左辺は横倍率に相当し，$M = f/(f+l_1)$ と書ける．この式の分母の絶対値は，$l_1 < 0$，$f < 0$ であるから，分子のそれよりつねに大きく，$0 < M < 1$ となる．

3.2 厚肉レンズでの結像特性

実際に使用されるレンズで，レンズの厚さも考慮する場合を**厚肉レンズ**（thick lens）という．本節では厚肉レンズでの結像特性を説明する．

3.2.1 厚肉レンズでの主要点

本項では，厚肉レンズを薄肉レンズの拡張として扱うため，焦点に加えて，主点と節点という概念を導入する．これら 3 点を主要点とよぶ．

主点（principal point）を，横倍率が $M = +1$ を満たす共役点で定義し，前・後主点を H_1，H_2 で表す（**図 3.2**）．主点を通り，光軸に垂直な面を主平面とよぶ．主平面は横倍率 $+1$ の共役面であるから，前側主平面で光軸から一定の高さ（H_1'）にある入射光線は，後側主平面に正立した同じ高さ（H_2'）の出射（透過）光線として出ていく．主平面は，レンズ内部にあるとは限らない．

厚肉レンズの場合，**前（後）側焦点距離**を前（後）側主平面と前（後）側焦点との距離で定義し，本書では f_1（f_2）で表す．前・後焦点距離が f，f' で表示されている本もある．焦点距離は主平面より右側を正と定義する．厚肉レンズの凹凸の区別は，後側焦点距離 f_2 を薄肉レンズでの f に対応させて行う．とくに前後を区別しないとき，焦点距離といえば，後側焦点距離を指す．

節点を定義するため，まず入射・透過光線が光軸と時計回りになす角度を ζ_{ob}，ζ_{im} として，**角倍率** γ を次式で定義する（図 3.2(b) 参照）．

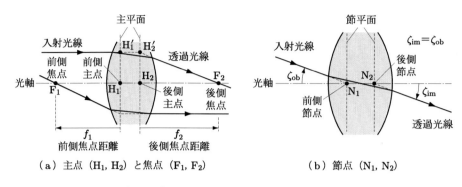

図 3.2　厚肉レンズにおける 3 主要点と光線伝搬則（凸レンズの場合）

$$\gamma \equiv \frac{\tan \zeta_{\mathrm{im}}}{\tan \zeta_{\mathrm{ob}}} \tag{3.4}$$

節点（nodal point）を角倍率が $\gamma = +1$ を満たす共役点で定義し，前・後節点を N_1，N_2 で表す．節点を通り，光軸に垂直な面を節平面とよぶ．節点が角倍率 $+1$ ということは，前側節点 N_1 に入射した光線が，レンズ透過後，後側節点 N_2 から光軸と同じ角度をなして出射されることを意味する．言い換えれば，二つの節平面を貼り合わせれば，薄肉レンズと同じように，レンズ中心に入射した光線は，そのまま直進することと等価である．

レンズ両側の媒質が等しいという，日常よく体験する条件の下では，主点と節点の位置が一致する．また，レンズの前・後焦点距離の絶対値が一致する．

3.2.2　厚肉レンズでの結像

レンズ系における結像特性で，物体の 1 点からあらゆる方向に発した光線が，すべて像側の 1 点に集束されるとき，これを理想光学系という．理想結像は，光軸となす角度の小さい光線である**近軸光線**に対して成立する．この場合，レンズ表面で屈折の法則を適用するとき $\sin\theta \fallingdotseq \theta$ の近似を利用する．理想光学系での結像点を理想像点，または近軸像点，または研究者の名をとってガウス像点とよぶ．ちなみに，光軸と大きい角度をなす光線を周縁光線とよぶ．

前側主点 H_1 の前方 l_1 にある物体が，厚肉レンズ（前・後側焦点距離 f_1，f_2）によって，像が後側主点 H_2 の後方 l_2 に形成されるとする（**図 3.3**）．このように主点を基準としたときの結像特性を理想結像系で考えると，結像特性は式 (3.2) で f を f_2 に置換した式で，横倍率は式 (3.3) で求められる．図は，厚肉凸レンズで実像が形成されている場合の例である．

厚肉レンズを用いた結像で，物体（像）が前（後）側焦点の前（後）方，z_1（z_2）に

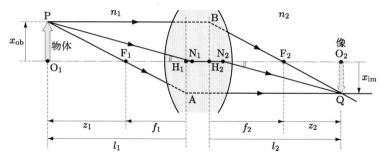

F$_1$(F$_2$):前(後)側焦点, H$_1$(H$_2$):前(後)側主点
N$_1$(N$_2$):前(後)側節点, f$_1$(f$_2$):前(後)側焦点距離

図 3.3 厚肉レンズによる結像関係
前・後の区別は凸レンズの場合

あるとする(図 3.3 参照).焦点を基準としたとき,その結像特性は**ニュートンの公式**

$$z_1 z_2 = f_1 f_2 \tag{3.5}$$

で記述される.このときの横倍率は次式で表される.

$$M = -\frac{f_1}{z_1} = -\frac{z_2}{f_2} \tag{3.6}$$

3.3 球面反射鏡による結像特性

光計測で大きい物体を扱う場合など,大きい光束が必要なときがある.レンズでは作製上大きさに制約があり,光束の大きさに限界がある.球面での表面反射を結像に利用する鏡は**球面反射鏡**とよばれ,後述するように,レンズと球面反射鏡の結像特性には密接な関係があるので,大きい光束を作るのに利用される.

3.3.1 球面反射鏡による結像

曲率半径 R の球面反射鏡が屈折率 n の媒質中にあるとき,その焦点距離 f_2 は,

$$f_2 = -\frac{R}{2} \tag{3.7}$$

で得られる(図 3.4).つまり,球面反射鏡の焦点距離は,媒質の屈折率に依存せず,曲率半径 R の半分の値となる.凹面鏡($R<0$)のとき焦点は鏡の前方($f_2>0$)にあり,凸面鏡($R>0$)のとき焦点は鏡の後方($f_2<0$)にある.

球面反射鏡の頂点 V の前方 l_1 にある物体が,球面鏡の前方 l_2 に結像しているとす

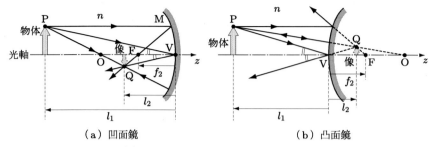

(a) 凹面鏡　　　　　　　　（b) 凸面鏡

後側焦点距離 $f_2 = -R/2$, R：球面の曲率半径
F：焦点, O：球面の曲率中心, V：球面鏡の頂点

図 3.4　球面反射鏡による結像

る．このとき，球面反射鏡での結像式は次式で得られる．

$$-\frac{1}{l_1} - \frac{1}{l_2} = \frac{1}{f_2} \tag{3.8}$$

ここで，l_1 と l_2 の前の負符号は，球面鏡の頂点 V を基準として，右側の位置を正と約束しているためである．このときの横倍率は次式で得られる．

$$M = -\frac{l_2}{l_1} = \frac{f_2 + l_2}{f_2} \tag{3.9}$$

凹面鏡の特徴を次に示す．
（ⅰ）焦点付近に光源を置くと，凹面鏡で反射後，光軸にほぼ平行な光線束が得られる．
（ⅱ）光軸に平行な入射光は，凹面鏡で反射後，ほぼ焦点に像を結ぶ．
（ⅲ）色収差（3.4節参照）がない．
凸面鏡の特徴は，実際に見える視界角が見かけの視界角よりも大きいこと，つまり広い範囲が見えることである．カーブミラーはこの性質を利用している．

3.3.2　レンズと球面反射鏡の比較

結像特性としての機能は，凹面鏡は凸レンズと，凸面鏡は凹レンズと同様であるが，それぞれ特徴があり，使い分けられている．以下で，これらの比較を示す．
（ⅰ）一般に，レンズの方が取り扱いが楽であり，多くの結像素子を必要とする光学系では，通常，レンズが使用される．
（ⅱ）球面反射鏡では大きい光束をもつ光学系を作ることができる．この性質は，光計測や宇宙望遠鏡などに利用されている．
（ⅲ）レンズは，口径が大きくなると重くなるので，その大きさに限界がある（直径

が約 1 m).
(iv) レンズは単色収差と色収差をもつが，球面反射鏡は単色収差のみをもつ．
(v) 球面反射鏡を用いた光学系では，一般に光路に折り返しがあるので，一部の光束が遮られる，いわゆる「けられ」が生じる．そのため，多くの球面反射鏡を使用した光学系が作られることはない．

大口径にする場合には，凹面鏡や凸面鏡として，球面反射鏡ではなく，放物面鏡や双曲面鏡が用いられることがある．

例題 3.2 曲率半径 50 cm の凹面鏡を用いて，凹面鏡の頂点の前方 45 cm に置いた物体を観察する場合，像がどこにできるか．また，横倍率がいくらになるか．

解 式 (3.7) に $R = -50$ cm を代入して，焦点距離は $f_2 = 25$ cm となる．これと $l_1 = -45$ cm を式 (3.8) に代入して，$l_2 = -56.25$ cm を得る．つまり，像は凹面鏡頂点の前方 56.25 cm にできる．横倍率は，上記結果を式 (3.9) に代入して $M = -1.25$ となる．

3.4　レンズの収差

実際の光学系では近軸光線以外もあるため，像が歪んだりぼけたりして，もとの物体を再現した像が得られないことがある．光学系におけるこのような要因を**収差**（aberration）という．収差を大別すると，入射光が単色光のときに発生する単色収差と，それに加えて多色光（異なる波長の光）のときに発生する色収差がある．光計測に関係する収差はおもに単色収差なので，色収差の説明は割愛する．

近軸光線からずれた周縁光線では，結像位置が近軸像点（理想像点）からずれる．このような単色時の近軸像点からのずれを単色収差という．単色収差は近軸光線からずれた場合に生じるもので，実際の結像位置の近軸像点からのずれを光線収差という．収差を参照波面とのずれで評価する場合を波面収差という．光線収差と波面収差は記述の仕方が異なるだけで，物理的実体は同じである．

光線収差はザイデルの 5 収差といわれる球面収差，コマ収差，非点収差，像面湾曲，歪曲収差の五つに分類される．一般的には各収差が混在して現れるが，ザイデルの 5 収差のうち，光計測での手法と関連が深いのは非点収差である．

非点収差の説明にあたって，光線と光軸を含む面である子午面と，光線を含み子午面に垂直な面である球欠面を定義する（図 3.5）．光線がレンズ表面で屈折するとき，子午面と球欠面とではレンズの曲率半径が異なる．そのため，式 (3.1) からわかるように，焦点距離も異なり，奥行き方向の異なる位置で明瞭な像を結ぶ．主光線（絞りが最大限絞られても光学系を通過する光線）が結ぶ線分状の像（子午・球欠焦線）の

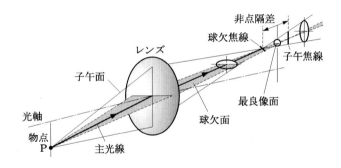

図 3.5　非点収差の概略

結像位置を子午像点と球欠像点とよぶ．これらの像点間の距離を非点隔差といい，この結像位置の異なりを**非点収差**（astigmatism）という（演習問題 3.6 参照）．

子午像点と球欠像点の中間にある，光線束の断面がもっとも小さく，かつ円形になる位置を**合焦点**（focused point）という．合焦点を通り，光軸に垂直な面が非点収差に対する最良像面となる．最良像面と近軸像点の位置が一致するとは限らない．最良像面の前後では，横長や縦長の楕円像となり，この性質が光計測や光ディスクでの焦点位置検出などに利用されている．

3.5　レンズとプリズムの位相変換作用

　レンズとプリズムは光波の波面の向きを変える機能があり，これを波面変換作用とよぶ．本節では，この作用を位相因子の形で記述する方法を紹介する．このような見方は，光計測での各種応用における光学系を理解するうえで重要となる．

3.5.1　レンズの位相変換作用

　凸レンズ（焦点距離 $f>0$）は，収差を無視する場合，光軸に平行に進んできた光線を後側焦点 F_2 に結像する作用をもつ（3.1 節参照）．光線と波面が直交しているから（2.3.1 項参照），この結像作用は，光軸に沿って進んできた平面波を，後側焦点 F_2 に集束する球面波に変換する波面変換作用をもつと解釈できる（図 3.6）．

　レンズの波面変換作用を位相変換作用として捉えるため，レンズ面の座標を (x, y) とし，凸レンズの位相因子を $u_L = \exp(iks)$ で表す．ここで，s はレンズ面上でレンズ中心から距離 r にある点と後側焦点 F_2 との距離，$k = 2\pi/\lambda$ は光波の波数，λ は波長を表す．$s^2 = f^2 + r^2$ で光軸近傍の光線を想定して $r \ll f$ とすると，$s \simeq f + r^2/2f$ と近似できる．この s を位相因子 u_L に代入し，定数項 $\exp(ikf)$ を省略すると，凸

3.5 レンズとプリズムの位相変換作用

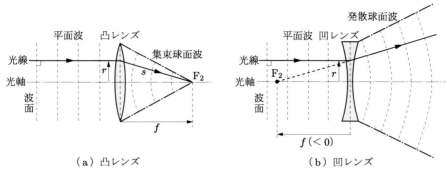

$s^2 = r^2 + f^2$, $r^2 = x^2 + y^2$, f：焦点距離, r：レンズ上の光軸からの距離
(x, y)：光軸を原点としたレンズ面上の座標, F_2：後側焦点

図 3.6 レンズの位相変換作用

レンズの位相変換作用は，次式の複素振幅透過率で表せる．

$$u_{\mathrm{L}} = \exp\left(ik\frac{r^2}{2f}\right) = \exp\left(i\frac{\pi r^2}{\lambda f}\right) = \exp\left[i\frac{\pi(x^2+y^2)}{\lambda f}\right] \tag{3.10}$$

式 (3.10) からわかるように，**結像作用**とは，複素振幅透過率の位相項にレンズ中心からの距離 r の 2 乗に比例する項を含むことにほかならない．これは，結像作用がレンズ以外の素子でも実現可能なことを示している．実際，この考え方は，ホログラフィの解釈やフレネルゾーンプレート（6.1 節参照）で重要となる．

式 (3.10) は，凹レンズ（焦点距離 $f < 0$，光軸に沿って進んできた平面波を，後側焦点から出た発散球面波に変換する作用をもつ）の場合にも形式的に成り立ち，そのときは焦点距離の符号を反転させればよい（図 3.6(b) 参照）．

3.5.2 プリズムの位相変換作用

プリズムに平面波が入射した場合，プリズムの屈折率が空気よりも高いから，光のプリズムでの伝搬速度が遅くなり，プリズムを伝搬する部分の光路長が空気中よりも長くなる．そのため，図 3.7 に示すように，プリズムは，入射平面波をプリズム透過後，プリズムの厚い方に折れ曲がって伝搬する平面波に変換する作用をもつ．

プリズムに固定した座標を (x, y, z) として，z 軸を光軸にとり，平面波の折れ曲がりが x-z 面内で角度 θ とする．プリズム面で光軸から距離 x の位置から出た光波は，プリズムの厚さが無視できる程度のとき，プリズム透過後に波面が距離 $x\sin\theta$ ぶんずれる．光波の波数を $k = 2\pi/\lambda$，波長を λ とすれば，これは位相が $kx\sin\theta$ だけずれることを意味する．したがって，プリズムの位相変換作用が次の複素振幅透過率で

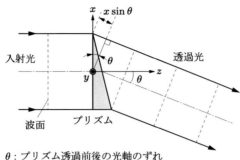

図 3.7 プリズムによる位相変換作用

表せる．

$$u_{\mathrm{p}} = \exp(-ikx\sin\theta) = \exp\left(-i\frac{2\pi}{\lambda}x\sin\theta\right) \tag{3.11}$$

演習問題

3.1 空気中に凸レンズ（焦点距離 f）を用いて結像するとき，正立虚像を得るためには，物体をどの位置に置けばよいか．

3.2 水深 1.0 m にある物体を，空気と水の境界面に置いた凸レンズで観察すると，水面上 2.0 m に結像した．この凸レンズの焦点距離 f を求めよ．水の屈折率を 1.33 とする．

3.3 厚肉レンズにおける主点と節点の定義と意義を説明せよ．

3.4 凸面鏡を用いて物体を観察する場合，つねに物体より小さい正立虚像が得られることを示せ．

3.5 曲率半径 R の凹面鏡を用いたとき，実像が観測される物点の範囲を求めよ．

3.6 空気中にある屈折率 1.5，焦点距離 10.0 mm の両凸レンズを用いて，無限遠にある物体を結像したところ，非点隔差が 6 μm であった．前面と後面の子午面に対するレンズの曲率半径が同じであるとすると，子午面と球欠面に対する曲率半径の違いはどの程度か．薄肉レンズ近似を用いて求めよ．

3.7 式 (3.10) で表される複素振幅透過率の物体に，波長 λ の平面波を垂直入射させるとき，像がどこにできるか，フレネル回折（2.6.3 項参照）を用いて求めよ．

4章 光計測の基本的な手法

　光計測では多くの光学現象が利用されている．本章では，光計測で用いられている計測手法のうち，古くから使用されており，かつ横断的分野で利用が可能な手法に絞って説明する．もとの模様よりも緩やかに変化する縞模様を計測に利用するモアレ法のほか，幾何学的関係を利用したものとして三角測量法と光てこを，幾何光学を利用したものとして臨界角法を，結像特性を利用したものとして非点収差法と共焦点法およびオートコリメータを，回折現象を利用したものとしてナイフエッジ法とシュリーレン法を説明する．

　光計測での基本的手法に属するが，説明の都合上，計測に幅広く利用されている干渉計測を 5 章で，レーザを利用することが本質的な計測手法を 6 章で説明する．特定の用途にしか用いられない手法は，該当する計測法の部分で述べる．

4.1　光計測の基本的な手法の概要

　光計測では多くの光の特徴や光学現象が利用されている．ここでは，利用されている内容に応じて様々な光計測手法を分類して，その概要を説明する．**表 4.1** に各種光計測手法の分類と特徴を示す．光計測で利用する基本的な手法を，説明する便宜上 4〜6 章に分けているだけなので，表には 4 章で扱うものだけでなく，5・6 章で説明する計測手法も示している．

　モアレ法は，規則的な模様を重ねたときのわずかなずれで生じるモアレ縞を利用している．三角測量法は，三角関数における正弦定理を利用したもので，古くから土地測量に用いられているが，これが光計測にも利用されている．光てこは鏡による反射を利用したもので，古くからガルバノメータとして使用されている．臨界角法は，幾何光学における臨界角による光量変化を利用したものである．

　結像光学系では，物点から出た光は像点に集束し，物点と像点が一対一に対応する（3.1 節参照）．この性質を利用すると，像点に光検出器を置いて固定し，物点側を移動させると，光がもっとも集束する位置（合焦点）を検出することができる．この原理を利用する方法を**合焦点法**（focus method）または**焦点検出法**とよぶ．これには，非点収差法，共焦点法，ナイフエッジ法などがある．オートコリメータでは，像の重

4章 光計測の基本的な手法

表 4.1 各種光計測手法の分類と特徴

利用する内容	測定法	特徴	測定対象	章
うなりに似た現象	モアレ法	モアレ縞は，移動量などの微小変化を拡大する作用がある	長さ，変位・変形，角度	4
幾何学的関係	三角測量法	三角関数の幾何学的関係の利用	長さ，形状	4
	光てこ	機械的な動きを光学的に変換	変位	4
幾何光学	臨界角法	臨界角による光線の反射・透過の違いを利用	形状，表面粗さ	4
結像特性	非点収差法	非点収差の性質を利用	形状，表面粗さ	4
	共焦点法	結像関係を縦列方向に2回利用	表面形状，真直度	4
	オートコリメータ	光軸上での像の重なりを利用	真直度，傾斜角度	4
回折現象	ナイフエッジ法	光学系にナイフエッジを挿入したときの回折像から形状を観測	球面鏡の形状，光学素子の結像位置	4
	シュリーレン法	眼に見えない位相変化を可視化	不可視媒質の可視化	4
干渉現象	2光束干渉法	波長オーダの計測が可能	光学部品の精密測定，精密機械加工面の形状検査	5
	スペックル法	物体からの散乱光で生じる斑点分布を利用	変位・変形・振動	6
	光ヘテロダイン干渉法	周波数の近接した2周波によるビート信号を観測	長さ，微小変位・振動，速度	6
干渉と回折	ホログラフィ	記録と再生の2段階に分けることにより，位相情報を保存	形状，変位・変形・振動	6
ドップラ効果	レーザドップラ法	移動物体からのドップラ効果による光の周波数変化を観測	速度，変位・振動	6

なり具合を計測に利用する．ナイフエッジ法は幾何光学でもある程度説明できるが，厳密には回折理論が必要となる．

最後に，光の波動的側面である回折現象を利用したものとして，ナイフエッジ法とシュリーレン法を説明する．これらはともに 19 世紀中頃に考案されたものであるが，現在も使用されている．前者は光学素子の結像位置などを求める方法で，光学系の一部にナイフエッジを挿入したときの回折像の変化を調べる．後者は，眼で見えない位相変化を光強度変化に変換して可視化する方法である．

4.2 モアレ法

モアレ (moiré) は，もともとは絹織物を重ねたときに現れる波模様を指し，一般的には，規則性があり，かつその周期が比較的近いパターンを複数重ね合わせたとき，別の空間変化をもつパターンが生じる現象のことをいう．とくに，周期性のある直線

p_1, p_2：各格子のピッチ，p_M：モアレ縞のピッチ

図 4.1 ピッチの異なる直線格子によるモアレ縞

　格子（直線群）や曲線群を重ね合わせたときに生じる，もとのパターンよりも緩やかな空間変化をもつ縞模様を**モアレ縞**（moiré fringes）という（**図 4.1**）．

　モアレ縞は印刷や画像関係では除去すべきものとして捉えられている．しかし，モアレ縞は移動量などの変化を拡大する性質があるので，光計測ではこれが積極的に利用されている．この計測方法は**モアレ法**（moiré interferometry）とよばれ，長さ・角度・振動・粗さ測定などに利用されている．モアレ法は等高線を利用するので，形式的には干渉計測と似ているが，光源にはインコヒーレント光が使える．

4.2.1　モアレ縞の数式表示

　周期性のある明暗の格子パターンの実例として，すだれがある．この格子間隔をピッチ（pitch）とよぶ．ピッチ p は空間周波数 f と

$$f = \frac{2\pi}{p} \tag{4.1}$$

で関係づけられる．次に，モアレ縞がどのようにして生じるかを，式を用いて示す．

　二つの直線格子（直線群）があり，一方はピッチ p_1 の鉛直方向の直線格子，他方はこれと角度 θ をなすピッチ p_2 の直線格子とする（**図 4.2**）．これらの直線格子を数式で表すと，次のように書ける．

$$x - m_1 p_1 = 0 \tag{4.2a}$$

$$y - x \cot\theta + m_2 \frac{p_2}{\sin\theta} = 0 \tag{4.2b}$$

ここで，m_1 と m_2 は各直線格子における個別の直線を表す指数（整数）である．

　図 4.2 をよく見ると，

$$m = m_1 - m_2 \quad (m：一定の整数) \tag{4.3}$$

で表されるように，二つの直線格子を表す指数の差が，別の整数（次数）m となる

44　4 章　光計測の基本的な手法

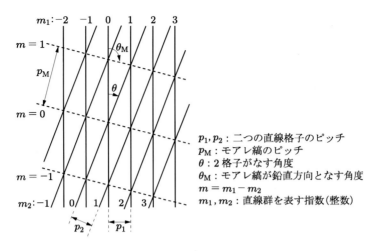

図 4.2　直線格子によるモアレ縞の形成

交点で滑らかに結ばれている．これは交点がモアレ縞を形成していることを表す．式 (4.3) で表される性質は，整数で順序づけられる格子によってできるモアレ縞に共通している（8.5 節参照）．式 (4.2a,b) を m_j $(j=1,2)$ について解き，それらを式 (4.3) に代入すると，次のモアレ縞を表す式が得られる．

$$y - x\left(\cot\theta - \frac{p_2}{p_1\sin\theta}\right) - m\frac{p_2}{\sin\theta} = 0 \tag{4.4}$$

式 (4.2b) にならって，モアレ縞が鉛直方向となす角度を θ_M，そのピッチを p_M で表すと，モアレ縞の式 (4.4) は次のように書き直せる．

$$y - x\cot\theta_M + m\frac{p_M}{\sin\theta_M} = 0 \tag{4.5}$$

ただし，θ_M と p_M は次式から求められる．

$$\sin\theta_M = -\frac{p_1\sin\theta}{\sqrt{p_1^2 + p_2^2 - 2p_1p_2\cos\theta}} \tag{4.6}$$

$$p_M = -\frac{p_2}{\sin\theta}\sin\theta_M = \frac{p_1 p_2}{\sqrt{p_1^2 + p_2^2 - 2p_1p_2\cos\theta}} \tag{4.7}$$

4.2.2　モアレ縞の性質

図 4.2 で，ピッチ p_1 と p_2 $(< p_1)$ の二つの明暗格子が平行（$\theta = 0$）に重ね合わされるとき，式 (4.7) を用いて，モアレ縞のピッチ p_M が次式で書ける．

$$p_{\mathrm{M}} = \frac{p_1 p_2}{p_1 - p_2} \tag{4.8}$$

式 (4.8) の分母に，もとの格子のピッチの差が含まれているから，モアレ縞のピッチはもとの格子よりも大きくなると予測できる．式 (4.8) でピッチを波長に置き換えると，干渉縞計測の合成波長法における式 (7.9) と形式的に一致することがわかる．

とくに，二つの格子のピッチの値が近い場合，ピッチの差を

$$p_1 - p_2 = p_1 \alpha \quad \text{すなわち} \quad p_2 = p_1(1-\alpha) \tag{4.9}$$

で表すと，$0 < \alpha \ll 1$ である．式 (4.9) を用いると，モアレ縞のピッチ p_{M} は

$$p_{\mathrm{M}} = \frac{p_2}{\alpha} = \frac{1-\alpha}{\alpha} p_1 \tag{4.10}$$

で書ける．式 (4.10) は，二つの格子のピッチの差が微小なとき，モアレ縞のピッチ p_{M} が，もとの格子のピッチ p_1 ($\approx p_2$) の $1/\alpha$ 倍というはるかに大きい値になること，言い換えれば，モアレ縞の周波数がもとの格子の周波数よりもはるかに低周波となることを示している（図 4.1 参照）．このモアレ縞は，わずかにずれた空間周波数の重なりによる，音波における "うなり" に似た光学現象とみなすことができ，人間の眼がより低周波部分を視認しやすいために観測される．

次に，ピッチ p が等しい二つの格子を，角度 θ をなして重ね合わせるとき，式 (4.6)，(4.7) より，モアレ縞が鉛直方向となす角度 θ_{M} とピッチ p_{M} が，次式で書ける．

$$\sin\theta_{\mathrm{M}} = -\cos\frac{\theta}{2}, \quad p_{\mathrm{M}} = \frac{p}{2\sin(\theta/2)} \tag{4.11}$$

とくに，角度 θ が微小 ($\theta \approx 0$) なとき，式 (4.11) より次の近似式を得る．

$$\theta_{\mathrm{M}} \fallingdotseq -\frac{\pi}{2}, \quad p_{\mathrm{M}} \fallingdotseq \frac{p}{\theta} \tag{4.12}$$

式 (4.12) の第 1 式は，モアレ縞がもとの格子とほぼ垂直な方向にできることを，第 2 式は，モアレ縞のピッチがもとの格子ピッチの $1/\theta$ 倍に拡大されることを表す．

以上より，明暗格子によるモアレ縞の性質が，次のようにまとめられる．

（ⅰ）モアレ縞の次数を m とすると，これはもとの二つの直線格子を順序づける指数の差で表される（式 (4.3) 参照）．
（ⅱ）ピッチの近い二つの格子を平行に重ねると，モアレ縞がより低周波になり，人間の眼で視認されやすくなる．この様子は，二つの正弦波状の変化をする明暗格子を重ね合わせた場合にもあてはまる（4.2.3 項参照）．

(iii) ピッチ差が微小で，その値がもとの格子のピッチ p の α 倍 $(0 < \alpha \ll 1)$ である格子と平行に重ねると，モアレ縞のピッチが $p_M = p/\alpha$ となり，もとの格子のピッチの $1/\alpha$ 倍に拡大される．したがって，もとの格子のピッチと近い格子を平行移動させると，移動量が $1/\alpha$ 倍に拡大されて検出しやすくなる．

(iv) ピッチ p が等しい二つの格子のなす角度 θ が微小 $(\theta \approx 0)$ なとき，モアレ縞はもとの格子とほぼ垂直な方向にでき，モアレ縞のピッチが $p_M \fallingdotseq p/\theta$ となり，もとの格子のピッチの $1/\theta$ 倍に拡大される．したがって，一方の格子が平行移動すると，モアレ縞はピッチが $1/\theta$ 倍に拡大されて，固定された格子に対してほぼ垂直な方向に移動する．また，モアレ縞のピッチ p_M を測定することにより，交差する微小角が $\theta \fallingdotseq p/p_M$ より求められる．

モアレ縞がもつこれらの性質は，長さや角度測定に利用される（7.6 節参照）．また，モアレ縞は格子照射法や格子投影法の形で光計測に応用される（8.5 節参照）．

4.2.3 積のモアレ縞

モアレ縞の明暗分布を求めるため，ここでは二つの 1 次元の正弦波格子が重ね合わされる場合を考える．二つの格子のピッチを p_1 と p_2 として，各格子の透過光強度を

$$I_j = \frac{1}{2}\left[1 + \cos\left(\frac{2\pi}{p_j}x\right)\right] \quad (j = 1, 2) \tag{4.13}$$

で表す．ただし，x は 1 次元座標を表す．このとき，積の透過光強度分布は

$$I = I_1 I_2 = \frac{1}{4} + \frac{1}{4}\cos\left(\frac{2\pi}{p_1}x\right) + \frac{1}{4}\cos\left(\frac{2\pi}{p_2}x\right) + \frac{1}{8}\cos\left[2\pi\left(\frac{1}{p_1} + \frac{1}{p_2}\right)x\right]$$
$$+ \frac{1}{8}\cos\left[2\pi\left(\frac{1}{p_1} - \frac{1}{p_2}\right)x\right] \tag{4.14}$$

で書ける．式 (4.14) の第 2・3 項はもとの格子と同じピッチであり，第 4・5 項はもとの格子よりも高・低周波の空間変化を表す．

式 (4.14) の最終項のピッチを p_M とおくと，この項は $\cos(2\pi x/p_M)$ と書け，p_M の表現は明暗格子における式 (4.8) と一致する．この低周波成分はモアレ縞に相当し，視認しやすい．光電検出をする場合，低周波を通す空間フィルタを用いると，モアレ縞のみを取り出すことができる．

モアレ縞のピッチに対する表現が，正弦波格子（式 (4.14) の最終項参照）と明暗格子（式 (4.8) 参照）で一致している．よって，4.2.2 項後半で述べた性質が本項での積のモアレ縞にもあてはまる．通常の 2 光波干渉（2.5.1 項参照）は複素振幅に関する干渉であるが，式 (4.14) より，モアレ縞は強度に関する干渉とみなすことができる．

例題 4.1 次の各場合について，モアレ縞のピッチ p_M の厳密値と近似値を求め，もとの格子のピッチと比較せよ．
(1) ピッチが 101 μm と 100 μm の明暗格子を平行に重ね合わせるとき．
(2) ピッチが 100 μm の二つの明暗格子を角度 1° で重ね合わせるとき．

解 (1) 厳密値は式 (4.7) を用いて $p_\mathrm{M} = 10100$ μm となる．式 (4.9) より $\alpha = 1/101$，式 (4.10) を用いた場合の値は $p_\mathrm{M} = p_2/\alpha = 10100$ μm である．p_M はもとの格子のピッチの約 100 倍となる．
(2) 厳密値は式 (4.7) あるいは式 (4.11) 第 2 式を用いて $p_\mathrm{M} = 5729.7$ μm となる．近似値は式 (4.12) より $p_\mathrm{M} \fallingdotseq p/\theta = 100/[1(\pi/180)] = 5729.6$ μm である．p_M はもとの格子のピッチの約 57.3 倍となる．

4.3 三角測量法

長さや距離を測定する場合，つねに被測定物の長さを直接測れるとは限らない．このような場合に，幾何学的関係を用いた三角測量法が利用される．三角測量法は測量技術の基本であり，古くは地形・地積測定に用いられてきた．これは非接触測定が可能なので，光波を用いた長さ測定など光計測でもよく利用されている．

たとえば，点 A，B が平地にある 2 点で，点 C が遠く離れているが見通しのきく山の上とする（図 4.3(a)）．このとき，三角形 ABC に正弦定理を適用すると，

$$\frac{\overline{\mathrm{BC}}}{\sin\alpha} = \frac{\overline{\mathrm{CA}}}{\sin\beta} = \frac{\overline{\mathrm{AB}}}{\sin(\alpha+\beta)} \tag{4.15}$$

が成り立つ．このような，三角形に対して成り立つ，辺の長さと角度の関係を利用して未知の長さを求める方法を**三角測量法**（triangulation method）という．

測定に際して，基準とする AB 方向を基線，長さ $\overline{\mathrm{AB}}$ を基線長 L という．点 A，

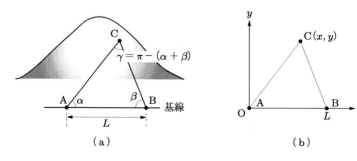

図 4.3 三角測量法

Bから見た点Cと基線がなす角度 α, β が既知とすると，式 (4.15) を用いて，長さ $\overline{\text{BC}}$，$\overline{\text{CA}}$，つまり点Cの位置が求められる．図 (b) のように $x\text{-}y$ 座標系で基線を x 軸上にとり，点Aを原点，点Bを $(L,0)$，点Cを (x,y) とすると，次式が得られる．

$$x = \overline{\text{CA}}\cos\alpha = \frac{\cos\alpha\sin\beta}{\sin(\alpha+\beta)}L, \quad y = \overline{\text{CA}}\sin\alpha = \frac{\sin\alpha\sin\beta}{\sin(\alpha+\beta)}L \tag{4.16}$$

4.4　光てこ

微小な角度変化や変位などを拡大して計測しやすくするため，機械的な動きを光学的に変換する方法として光てこがある．この手法は簡単であるが，ガルバノメータなどで現在も使用され続けている．

図 4.4 に示すように，反射鏡 M を用意しておき，鏡の中心 O を軸として回転するようにする．中心 O から相対的に長い距離 L 離れた位置で，鏡の中心 O から反射した光線がもとの位置に戻る位置を点 Q とし，このときの鏡の回転角を $\theta = 0$ と設定する．鏡面の延長線上で，中心 O から距離 L より十分短い距離 l にある位置を点 P とすると，これは変位がゼロに相当する．

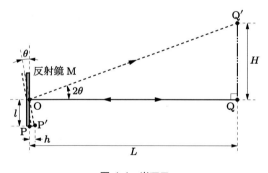

図 4.4　光てこ

点 P が O を中心として点 P′ に h だけ変位するとき，回転角が微小ならば，鏡の回転角は $\theta \fallingdotseq h/l$ で近似できる．このとき，点 Q から発した光線は，鏡の中心 O を"てこ"の支点として，角度 2θ だけ回転した反射点 Q′ に移動する．点 Q から点 Q′ までの移動距離を H とすると，回転角が微小な範囲内では，

$$H = L\tan 2\theta \fallingdotseq \frac{2hL}{l} \tag{4.17}$$

が成り立つ．比 L/l を大きくとれば，変位 h を拡大して測定できる．このようにして

変位を拡大する方法を**光てこ**（optical lever）という．

光てこの原理を利用した変位測定器にオプチメータ（optimeter）がある．これでは $\pm 100\,\mu m$ の範囲が最小目盛 $1\,\mu m$ で測定できる．

4.5 臨界角法

入射光の角度により光線が臨界角より大小となることを利用して，光線の反射・透過を調節する方法を臨界角法という．この原理を図 4.5 に示す．対物レンズ L の前方に被測定面を置き，後方に臨界角プリズムを置く．臨界角プリズムの斜辺の角度は，光軸に平行に入射する光線が斜辺で臨界角に達して全反射し，光軸に対して傾いた光線の一部が斜辺で屈折して透過するように設定されている．プリズムの後方には，2 分割光検出器が用意されており，そのエラー（差）信号 $E = S_1 - S_2$ を検出する．

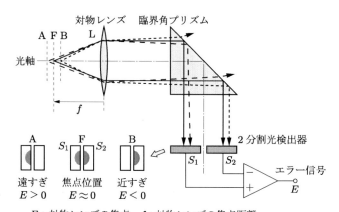

図 4.5 臨界角法での測定系と 2 分割光検出器への光入射

被測定面がちょうど対物レンズ L の前側焦点 F にあるとき，対物レンズ L 透過後の光は光軸に平行に進む．そのため，臨界角プリズムの斜辺で反射後の光が，2 分割光検出器に等量で入射して，そのエラー信号 E がゼロとなる．一方，被測定面が F より前（後）方の A（B）にあるとき，対物レンズ L 透過後は集束（発散）光線となり，光軸より下（上）側の光線はプリズムの斜辺で屈折して透過する．そのため，2 分割光検出器ではエラー信号 $E > 0$（< 0）となる．このように，臨界角プリズムを用いて，エラー信号の符号から被測定面の位置を検出する方法を**臨界角法**という．臨界角法は粗さ測定に利用されている．

4.6 非点収差法

レンズなどを用いた光学系の結像において，近軸光線の範囲では物点と像点が一対一に対応する．しかし，より厳密には，点物体の像が点となることはなく，光軸に垂直な平面上で像が広がりをもち，これを収差とよぶ．収差の中でも，子午光線と球欠光線が奥行き方向で集束位置が異なるため，像の形状が光軸方向の位置により，縦長や横長の楕円形や円形の鮮明な像を結ぶ．このような奥行き方向の像位置のずれを非点収差という（3.4節参照）．像点近傍で光線束の断面がもっとも小さく，かつ円形になる位置を合焦点といい，ここでの面が非点収差に対する最良像面となる．

非点収差のこのような性質を利用すると，合焦点を検出器で探索することで，検出器位置に対応する共役点である物点の位置を計測できる．このような原理を用いて計測する方法は，**非点収差法**（astigmatic method）とよばれている．

合焦点を検出するため，観測面上に4分割光検出器を置き，ここに光線束を導く（図4.6）．四つの光検出器からの出力信号を $S_1 \sim S_4$ とし，加・減算および除算回路を用いて，エラー信号を

$$E = \frac{(S_1 + S_4) - (S_2 + S_3)}{(S_1 + S_4) + (S_2 + S_3)} \tag{4.18}$$

とする．光学系で対物レンズと物体との間隔が適正なとき，光束の形状が円形となり，エラー信号 E がゼロとなる．エラー信号 $E > 0$ のときは間隔が近すぎ，$E < 0$ のときは遠すぎると判定できる．

非点収差法は CD や DVD，BD などの光ディスクの情報読み取りに使用する，光ピックアップでの焦点位置検出に利用されている．

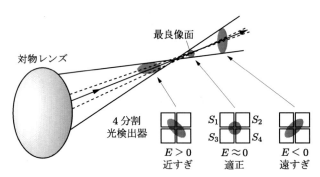

$S_1 \sim S_4$：4分割光検出器からの出力，E：エラー信号

図 4.6　非点収差法でのビーム形状と 4 分割光検出器

4.7 共焦点法

レンズや球面鏡を用いた光学系で,物点と像点が一対一に対応し,かつ両方の点の役割を交換しても結像関係を満たすことを,互いに共役という.二つの光学系がある場合,第1光学系の像点を第2光学系の物点に一致させると,第1光学系の物点と第2光学系の像点も共役となる.このような光学系を共焦点光学系といい,これを利用した計測法を**共焦点法**(confocal method)とよぶ.

共焦点光学系の例を図 4.7 に示す.図 (a) は第1光学系(焦点距離 f_1)の物点と第2光学系(焦点距離 f_2)の像点が無限遠にある場合で,第1凸レンズ L_1 の後側焦点と第2凸レンズ L_2 の前側焦点が点 F_0 で一致している.この光学系は屈折望遠鏡でも用いられるもので,望遠鏡系またはアフォーカル(無焦点)系とよばれる.

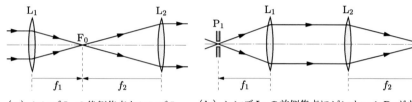

(a) レンズ L_1 の後側焦点とレンズ L_2 の前側焦点が一致している場合

(b) レンズ L_1 の前側焦点にピンホール P_1 があり,レンズ L_2 の後側焦点にピンホール P_2 がある場合

図 4.7 共焦点光学系

図 (b) は,第1光学系(焦点距離 f_1)の物点と第2光学系(焦点距離 f_2)の像点に対応する位置に,それぞれピンホール P_1,P_2 を設置した場合である.この場合,これらの2点でのみ結像関係を満たす.これは,位置 P_1 に置いた物体の鮮明な像を,位置 P_2 で検出できることを意味しており,光軸方向で高分解能の像を得ることに利用できる.

共焦点光学系における上記の性質は,高精度の焦点位置の検出や3次元計測,表面観測用の共焦点レーザ顕微鏡,レーザ直線計などに応用されている.

4.8 オートコリメータ

光を平行光にする装置を**コリメータ**(collimator)という.コリメータと望遠鏡を一体化させて,わずかな角度ずれを計測する装置を**オートコリメータ**(auto-collimator)とよび,この原理を利用する計測方法をオートコリメーション法という.

オートコリメータの光学系を図 4.8 に示す.平面ガラス板 P_1 と P_2 には十字線が

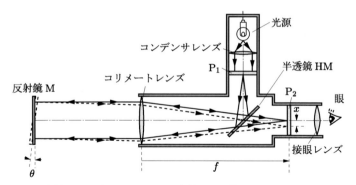

P_1：十字線のあるガラス板，P_2：十字線と目盛線のあるガラス板
f：コリメートレンズの焦点距離，θ：反射鏡 M の傾き角，x：十字線の変位
実線（破線）：反射鏡 M の傾きがない（ある）ときの光路

図 4.8　オートコリメータの光学系

描かれている．これらのガラス板をコリメートレンズ（焦点距離 f）の前側焦点面に設置すると，反射鏡 M が光軸に対して垂直なとき，P_1 と P_2 は反射鏡 M を介して互いに共役となる．光源からの光で照射された P_1 にある十字線の像は，半透鏡 HM で反射後，コリメートレンズの後方無限遠にできる．

接眼レンズとコリメートレンズの組み合わせは，望遠鏡として機能する．反射鏡 M が光軸に対して垂直であれば，P_1 の十字線の像は M で反射後，P_2 にある十字線と一致する．しかし，反射鏡 M が光軸に対して角度 θ 傾いていれば，P_1 の十字線の像が P_2 の十字線に対して光軸に垂直な面内で $x = 2f\theta$ だけ変位する．ガラス板 P_2 には目盛線があり，この変位量 x を接眼レンズで読み取って測定することにより，反射鏡 M の角度ずれが $\theta = x/2f$ で求められる（演習問題 4.4 参照）．

オートコリメータは，光学系の調整における光軸出しや真直度，形状計測，角度変位の測定などに利用されている．オートコリメータにより $1'$ の傾き角を測定できるが，測微装置も用いることにより，$1''$ 以下の角度まで検出することが可能である．

4.9　ナイフエッジ法

光学系の一部にナイフエッジを挿入したときの回折像の変化に着目して，球面鏡の形状や光学素子の結像位置を求める方法は**ナイフエッジ法**（knife-edge method）または**フーコーテスト**（Foucault test）とよばれ，19 世紀中頃に考案された．この方法は光学系を様々に変形することにより広く使用されている．

簡単な光学系を**図 4.9** に示す．この系では，対物レンズ L を介して，L の前方 B と

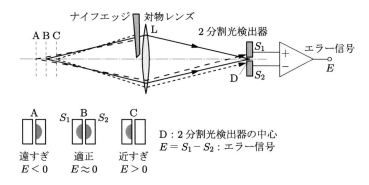

図 4.9 ナイフエッジ法の測定系と2分割光検出器への光入射

2分割光検出器の中心Dが共役となるように配置されている．対物レンズLの直前には，ナイフエッジが光軸より上側半分を遮るように設置されている．物体位置（物点）による像の形状変化を光検出器の出力に変換して，物点の位置を検出する．

物点が共役点Bにあるとき，光が光軸上も進行して点Dで円形像を結ぶので，2分割光検出器からのエラー信号Eがゼロとなる．一方，物点が点A（C）にあるとき，像は点Dより前方（後方）に結像するため，光束が2分割光検出器の下（上）側にのみ入射して，Eが負（正）となる．Eの値から，物点の位置を判別する．

ナイフエッジ法は球面鏡の形状測定のほか，粗さ測定にも利用されている．

4.10　シュリーレン法

ほとんどの光を透過させるが，気体の密度の空間変化や，ガラス内での脈理などに伴う屈折率変化などがある透明媒質を**位相物体**（phase object）という．位相変化は本来眼では観察できないが，回折現象を利用して光強度変化に変換して可視化する方法を**シュリーレン法**（Schlieren method）という．Schliereとは，ドイツ語でガラスなどの透明媒質中の「光学的なムラ」を意味する．これの原型が1859年フーコーにより考案され，1864年テプラー（Töpler）により可視化手法として実現されて，いまも使用されている．本節では，シュリーレン法の原理や特徴，応用を説明する．

4.10.1　シュリーレン法の原理
(a) アッベの結像理論

位相物体を，簡単のため1次元で一定の周波数αで正弦波状に変化する位相格子として，その光路長を次式で表す．

$$\varphi(x) = d\left[n_{\mathrm{av}} + n_1 \cos(2\pi\alpha x)\right] = \varphi_{\mathrm{av}}\left[1 + m\cos(2\pi\alpha x)\right] \tag{4.19}$$

ただし，d は位相格子の厚さ，n_{av} は平均屈折率，n_1 は屈折率変化の振幅，α は周波数，$\varphi_{\mathrm{av}} = n_{\mathrm{av}} d$ は位相格子の平均光路長，$m = n_1/n_{\mathrm{av}}$ は変調度で通常 $m \ll 1$ である．図 4.10 に示すように，光源からの光で上記の位相格子 P を照射し，凸レンズなどの結像系で観測する場合を考える．

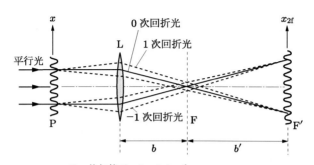

P：位相格子，L：レンズ
F：レンズ L の焦点面，F'：最終像面

図 4.10　1 次元位相格子による再回折像

レンズ結像に関するアッベの結像理論によれば，光源から出て位相格子を透過した光は，凸レンズ L 透過後にレンズの後側焦点面 F に回折像をいったん作る．この回折像は面 F で，スリット状開口の場合と同じように，光軸上に集束する 0 次回折光と，光軸とある一定の回折角をなして伝搬する ±1 次回折光の形で集束する（2.6.2 項参照）．この回折像が新たな波源となり，二重の回折過程（再回折）で最終面 F' での像が形成される．

ところで，位相格子透過後の回折光で重要な点は次のとおりである．
（ⅰ）正弦波状変化の位相情報は，±1 次回折光だけに含まれている．0 次回折光は平坦な強度分布であり，位相情報を含まない．
（ⅱ）0 次回折光は ±1 次回折光に比べて，光強度がきわめて強い．
（ⅲ）±1 次回折光は，焦点面 F 上で高周波成分ほど光軸から離れた位置に集束する．また，回折角が微小で，±1 次回折光と 0 次回折光の空間的分離が非常に微小である．

このままでは，光強度の強い 0 次回折光に邪魔されて，最終像面 F' で位相情報を可視化できない．可視化のためには，0 次回折光に細工を施す必要があり，① 0 次回折光に位相変化を付加する方法，②光学系の一部にナイフエッジを挿入する方法，③光学系内で 0 次回折光を遮断する方法，がある．①の方法は細胞を生きたまま観察で

きる位相差顕微鏡につながるものであり，ここでは割愛する．シュリーレン法としては②と③が用いられており，以下でこれらを説明する．

(b) ナイフエッジを使用する方法

ナイフエッジを使用する場合の基本光学系を図 4.11 に示す．光源 S を凸レンズ L_1 の前側焦点に置き，L_1 の透過光が平行光束にされた後，凸レンズ L_2 の後側焦点面 F に結像される．被測定媒質 P はレンズ L_1 と L_2 の間に挿入される．被測定媒質 P の像は凸レンズ L_3 により，最終像面 F′ に結像される．シュリーレン法の光学系での要点は，光源 S と面 F，被測定媒質 P と面 F′ が，それぞれ共役となっていることである．被測定媒質が大きい場合には，二つの凸レンズではなく，一対の凹面鏡が代用される（12.3 節参照）．

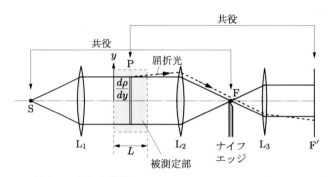

S：光源，P：被測定媒質，L_1, L_2：シュリーレンレンズ，L_3：レンズ
F：レンズ L_2 の後側焦点，F′：最終像面
L：測定媒質の長さ，$d\rho/dy$：媒質の密度勾配

図 4.11 シュリーレン法の概略（ナイフエッジを挿入する方法）

被測定媒質の密度 ρ が空間的に変化しているとき，密度変化により光の屈折を生じ，焦点面 F で光束が変化する．このとき，面 F で光軸に垂直にナイフエッジを挿入すると，密度変化の有無により，最終像面 F′ での像の明るさが変化する．この明るさの変化をコントラスト V で評価すると，

$$V \propto L\beta \frac{d\rho}{dy} \tag{4.20}$$

と書ける．ただし，L は測定媒質の長さ，β は屈折率の密度の係数，y は測定部で光軸を原点とした上下方向の座標を表す．式 (4.20) は，被測定媒質の密度勾配が最終像面 F′ での明暗変化となって可視化されることを表している．これは定量的評価が困難なので，通常は定性的測定に用いられる．

(c) 0次回折光を遮断する方法

この場合の基本光学系は図 4.10 と類似している．違うのは，焦点面 F で 0 次回折光の位置にマスクを設置して，これを遮断する点である．その理由は，最終像面 F′ に，平坦分布でかつ高光強度の 0 次回折光が到達することによる，像のコントラストの著しい低下を避けるためで，面 F で ±1 次回折光だけを透過させる．図 4.11 と同様に，光源と面 F，被測定媒質 P と最終像面 F′ が，それぞれ共役となっている．

被測定媒質 P を，式 (4.19) で示した 1 次元位相格子とする．このとき $b' = b$ とすると，$x_{2f} = x$ となり，最終像面 F′ での光強度分布が次式で表せる．

$$I(x_{2f}) = \frac{\xi^2}{2}[1 + \cos(2 \cdot 2\pi\alpha x)] \tag{4.21}$$

ここで，$\xi \equiv k_0 \varphi_{av} m \ (\ll 1)$，$k_0$ は真空中の波数である．式 (4.21) を式 (4.19) と比較すると，縞の空間周波数がもとの物体に含まれる値の 2 倍となるが，眼に見える光強度分布が得られることがわかる．こうして，位相物体の可視化が可能となる．

ここでは，一定の周波数成分を含む 1 次元位相格子で説明したが，一般的な位相物体では様々な周波数成分を含むので，上記結果の重ね合わせで表すことができる．

4.10.2 シュリーレン法の特徴と応用

シュリーレン法の特徴は次のようにまとめられる．

（ⅰ）物体の位相変化が，最終像面でコントラストの変化や光強度変化，つまり濃淡のある像の形で観測され，可視化できる．しかし，定量的な評価が難しいので定性的評価に使用される．

（ⅱ）像面での光強度は，位相が変化する場所で大きく変化し，光強度の変化は位相変化の勾配にほぼ比例する．たとえば，空気密度の勾配や収差の勾配があるほど，像での明暗がはっきりと認められる．

シュリーレン法による画像計測では，濃淡分布のある像以外に，カラーフィルムを利用したカラーシュリーレン法も行われている．位相変化の要因には，媒質における組成・温度・圧力などの変化に伴う密度変化，光学ガラス中の脈理，細胞などがある．具体的応用例として，密度変化を伴う超音速気流やガス流の可視化，シリンダ内の火炎伝播の観察，超音波の可視化，光学ガラスの脈理検査，高分子材料の均一性検査などがある．

演習問題

4.1 ピッチ 1.000 mm の正弦波格子と，もう一つの正弦波格子を平行に並べてモアレ縞を

作成し，もとの格子の 250 倍のピッチのモアレ縞を実現する場合，もう一つの正弦波格子のピッチをいくらに設定すればよいか．
4.2 明暗格子におけるモアレ縞に関する次の問いに答えよ．
   (1) ピッチの等しい格子を用いて，モアレ縞で 1000 倍のピッチを得るために必要な格子の交差角を求めよ．
   (2) ピッチが 50 μm の二つの明暗格子を微小な角度で交差させたとき，モアレ縞のピッチの測定値 54 mm を得た．このときの格子の交差角を求めよ．
4.3 臨界角法（図 4.5 参照）に関する次の問いに答えよ．
   (1) 光がプリズム（屈折率 $n = 1.517$）内から空気に伝搬するとき，臨界角 θ_c を求めよ．
   (2) 空気中にある対物レンズ（焦点距離 f）の前側焦点 F より前方 af に物体を置くとき，もしプリズムがなければ，像点はどこにできるか．また，横倍率がいくらになるか．ただし，$0 < a < 1$ として薄肉レンズ近似で求めよ．
   (3) 物体を前問の位置に置くとき，物体から光軸と角度 30° をなして伝搬する光線が，頂角 45° の直角プリズム（$n = 1.517$）へ入射する光線のプリズム内での屈折角 θ_t を求めよ．ただし，屈折率が等しいとき，横倍率と角倍率が逆数関係にあることを利用せよ．また，屈折角 θ_t が微小として，光軸より上側と下側の光線について，プリズムの斜辺における空気側への入射角を求めよ．
   (4) 光軸より上側の光線が，プリズムの斜辺で全反射するために必要な a に対する条件を求めよ．
4.4 焦点距離 $f = 500\,\mathrm{mm}$ のコリメートレンズを用いたオートコリメータで，十字線が基準位置に対して横方向に 1.2 mm ずれた．このときの角度ずれを求めよ．
4.5 シュリーレン法で，0 次回折光を遮断する理由とそのときの問題点を述べよ．また，0 次回折光を遮断しない場合，どのような現象が生じるかを述べよ．

5章 干渉計測

 光波干渉の計測への利用は古く,最初のものは1856年のジャマン干渉計による気体の屈折率測定といわれている.可干渉性に優れたレーザが1960年に発明されてからは,干渉計の形成にあまり熟練を要しなくなったため,干渉を利用する計測,つまり干渉計測(interferometry)の用途が広がり,工業計測にも利用されるようになってきた.

 光を用いた干渉計測では,①空間的な位相差と②時間的な位相差が利用されている.干渉計測は,現在ではレーザ利用の比重が大きいが,①は旧来の干渉手法でも用いられており,また干渉計の構成法も多岐にわたるので,本章でまとめて扱う.②に対応する光ヘテロダイン干渉法は,レーザ利用が本質的なので6.4節で説明する.

 本章では,2光束による干渉を扱い,干渉計の基本構成,干渉縞の形成,各種干渉計の構成と特性などを順次説明する.その後,ほかの2光束干渉計と光源が異なる白色干渉計を説明し,最後に干渉計測における光ファイバ導入の意義を述べる.干渉縞が波長オーダの距離で変化する性質に着目して,干渉計測は今日でも,長さや形状の計測,あるいは光学部品の屈折率測定や性能検査などの高精度化に広く利用されている.

5.1　2光束干渉計の基本構成

 干渉を生じさせるには,光源から出た光波を二つ以上の光束に分岐した後,分岐した光束を別の位置で合波する.干渉には2光波干渉と多光波干渉があるが,光計測に応用する場合には,通常,干渉縞の解析が容易な2光波干渉が用いられる.干渉縞を分析する機器を**干渉計**(interferometer)あるいは干渉測定器という.

 2光束干渉計(two-beam interferometer)の基本構成を図5.1に示す.これは2光束干渉計の標準形で,**マイケルソン干渉計**(Michelson interferometer)とよばれている.光源から出た光を,広義のビームスプリッタ(beam splitter)BSで2光束に分ける.一方の光路は試料を挿入しない参照波として,反射鏡M_1で反射後,再びBSを介して光検出器Dに導く.ここを通過する光束を基準波面とするため,M_1には面精度が保証されたものを使用する.他方の光路には被測定試料を挿入して信号波として,反射鏡M_2で反射後,さらにBSで反射させて光検出器Dに導く.光源から

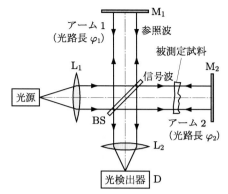

図 5.1　2 光束干渉計の基本構成（マイケルソン干渉計）

観測位置までの光路をアームとよぶ．参照波と信号波を同一面 D に導いて 2 光波を合波すると，2 光路の光路差に応じて濃淡の縞が観測される．この濃淡の縞を**干渉縞**（interference fringes）といい，これは測定波長程度の光路差によって敏感に変化する（図 2.8 参照）．

ここで，2 光束干渉計での構成要素についてもう少し詳しく説明する．2 光束の分岐や合波には，半透鏡，ハーフプリズムや偏光ビームスプリッタなども用いられる（13.2.1 項 (c) 参照）．反射鏡としては，鏡や直角プリズムよりも，もとの光路へ光波を精度よく戻せるコーナーキューブやキャッツアイが適している（13.2.1 項 (b) 参照）．アームには空気中を使用する場合が多いが，近年では光ファイバを用いることがある（5.6 節参照）．干渉縞の簡単な検出方法は，目視や顕微鏡で観測する方法である．記録に残すため，従来は写真フィルムが用いられていたが，近年では電子記録の形で保存するため光電検出器（光電子増倍管や CCD，CMOS）が用いられている．

次に，干渉計の調整に関して述べる．レーザを光源とする場合，干渉計の調整がよくなるほど，反射鏡からの戻り光量が多くなり，光源の光出力が不安定となる恐れがある．これを避けるために，光源直後に光アイソレータ（13.2.1 項 (e) 参照）が設置される．干渉縞を得るために反射鏡を移動させるが，干渉縞が波長オーダの距離で変化するので，測定誤差を減少させるためにはアッベの原理（13.2.2 項参照）を考慮する必要がある．

5.2 可干渉性を考慮した干渉縞

干渉縞の形成には，光源から観測位置までの各光路（アーム）の長さだけでなく，光源の可干渉性（コヒーレンス）も大きく関係する．とくに，レーザが出現してからは，干渉縞において可干渉性が果たす役割が大きくなっている．本節では，可干渉性の内容を説明した後，これが2光束干渉における干渉縞に及ぼす影響を調べる．

5.2.1 可干渉性とは

干渉縞をより厳密に扱うには，光源の可干渉性を考慮する必要がある．**可干渉性**（コヒーレンス：coherence）とは，図 5.2 に示すように，同一光源 P から発した光が分岐された後に別の位置で合波されるとき，観測点 Q での干渉の度合いを示すものであり，これには光源から発せられる光波の位相揺らぎが関係している．

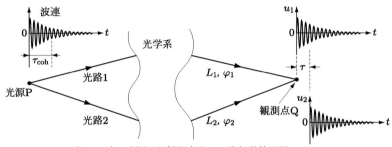

L_j ($j=1,2$)：光源から観測点までの幾何学的距離
φ_j：光源から観測点までの光路長

図 5.2　2光束干渉（可干渉性の効果）
τ_{coh} は $t=0$ での電界（包絡線）が $1/e$ に落ちる時間で，可干渉時間に相当する．

光源から発せられる光波は，一般には時間とともに減衰する，有限時間だけ持続する波形で表され，これを**波連**または**波束**という．時間領域での振幅が $t=0$ での値の $1/e$ になる時間 τ_{coh} を，**可干渉時間**（コヒーレンス時間：coherence time）という．光源から位相のそろった光波が発せられる場合，τ_{coh} が十分大きい値となり，2光束の到達時間がずれても，分岐後に合波される光波の重なりが大きいのでよく干渉し，このとき可干渉性が高いという．他方，光源での光発生過程が時空間的に不規則であれば，光波は途切れ途切れとなって τ_{coh} が小さくなり，2光束の到達時間にずれがあれば，光波の重なりが小さく干渉しにくいので，このとき可干渉性が低いという．

上記の可干渉性は，光源から発した光が別の位置で干渉する度合いを表すもので，**時間的コヒーレンス**（temporal coherence）とよばれる．これに対して，光源内の異

なる位置から発した光が別の位置で干渉する度合いを表すものを**空間的コヒーレンス**（spatial coherence）とよぶ．これは2光束干渉ではあまり問題にならない．

時間領域の波形をフーリエ変換すると，2光束の光路長にずれがあっても干渉する度合いの距離が求められ，この距離を**可干渉距離**（コヒーレンス長：coherence length）といい，l_cohで表す．光路中での光速をvで表すと，τ_cohとl_cohの間では，

$$l_\mathrm{coh} = v\tau_\mathrm{coh} \tag{5.1}$$

が成り立ち，可干渉距離と可干渉時間を相互に変換できる．

可干渉距離l_cohは光源のスペクトル線幅と密接な関係がある．スペクトルの周波数幅を$\Delta\nu$または波長幅$\Delta\lambda$，光路中での中心波長をλとして，

$$l_\mathrm{coh} \geqq \frac{v}{4\pi\Delta\nu}, \quad l_\mathrm{coh} \geqq \frac{1}{4\pi}\frac{\lambda^2}{\Delta\lambda} \tag{5.2}$$

で表せる．これは，可干渉距離を長くするためには，スペクトル線幅の狭い光源が望ましいことを意味している．

5.2.2 可干渉性の干渉縞への影響

可干渉距離l_cohをもつ光源から出た光波が，2光路に分岐された後，再び空間上の別の同一位置Qで観測されるとする（図5.2参照）．光源から観測点まで各光路に沿って測った幾何学的距離をL_j $(j=1,2)$として，観測点での各光波の複素振幅を

$$u_j = A_j \exp\{i[\omega t - kL_j + \phi_j(t)]\} \quad (j=1,2) \tag{5.3}$$

で表す．ここで，A_jは振幅，$\omega = 2\pi\nu$は角周波数，νは周波数，$k = 2\pi/\lambda$は伝搬光路中の波数，λは光路中の波長を表す．$\phi_j(t)$は各光波の時間領域での位相揺らぎで，不規則であるとする．

このとき，2光束による観測点での光強度分布は，形式的に式(2.20a)と同じ式の時間平均で計算すると，次式で表せる．

$$I(r) = \langle|u_1+u_2|^2\rangle = I_1 + I_2 + 2\sqrt{I_1 I_2}\cos(2\pi\nu\tau)\exp\left(-\frac{|\varphi_1-\varphi_2|}{l_\mathrm{coh}}\right) \tag{5.4a}$$

$$I_j = |A_j|^2 \quad (j=1,2), \quad \sqrt{I_1 I_2} = \mathrm{Re}\{A_1 A_2^*\} \tag{5.4b}$$

$$\varphi_j = n_j L_j \tag{5.5}$$

$$\tau = \frac{L_1}{v_1} - \frac{L_2}{v_2} = \frac{\varphi_1-\varphi_2}{c} \tag{5.6}$$

式 (5.4a) における第 3 項が干渉項を表す.ここで,⟨·⟩ は時間または空間平均,I_j は一方の光路だけを通過したときの観測点での光強度,φ_j は各光路の光路長,n_j は各光路の平均屈折率,v_j は各光路での光速,c は真空中の光速である.$\varphi_1 - \varphi_2$ は 2 光路での光路長差,τ は 2 光路での伝搬時間差を表す.

2 光束での干渉項を可干渉時間 τ_{coh} で評価する場合,式 (5.1) を用いて,式 (5.4a) における指数関数の括弧内を,$-|\tau|/\tau_{\mathrm{coh}}$ に置換すればよい.

式 (5.4a) 第 3 項における指数関数は,2 光路での位相揺らぎの相関

$$\langle \exp\{i[\phi_1(t) - \phi_2(t)]\}\rangle = \exp\left(-\frac{|\varphi_1 - \varphi_2|}{l_{\mathrm{coh}}}\right) = \exp\left(-\frac{|\tau|}{\tau_{\mathrm{coh}}}\right) \tag{5.7}$$

に由来するものである.これは,光源の可干渉性を考慮して初めて出てきたもので,式 (2.20a) にはなかった項である.コヒーレンス長 l_{coh} は,光が空間領域でこの程度の広がりをもつことを意味し,同一光源から出た光が光路の途中で分岐されたとしても,その光路長差が l_{coh} 以下であれば干渉することを示している.この指数関数は,通常のレーザを用いた干渉計測ではあまり問題とならないが,光コヒーレンストモグラフィでは重要な意味をもつ (12.1 節参照).ちなみに,$l_{\mathrm{coh}} = \infty$ の光を**完全なコヒーレント光**,$l_{\mathrm{coh}} \approx 0$ の光を**インコヒーレント光**という.$l_{\mathrm{coh}} =$ 有限値 の光を**部分的コヒーレント光**といい,通常,コヒーレント光とよんでいるのはこれを指す.

以上の議論から明らかなように,可干渉距離 l_{coh} とは,干渉が生じるための目安の距離であり,2 光路での光路長差 $\varphi_1 - \varphi_2$ との相対関係で干渉縞のできやすさが決まる.式 (5.4a) より,干渉縞は $|\varphi_1 - \varphi_2|$ の増加とともに可干渉距離に依存して変動するが,l_{coh} が $|\varphi_1 - \varphi_2|$ よりある程度大きいときは,干渉縞がピークになる位置は cos 項に含まれる光路長差 $\varphi_1 - \varphi_2$ で決まる.

式 (5.4a) で表される干渉縞の可視度は,式 (2.21) を用いて次式で書ける.

$$V = \frac{2\sqrt{I_1 I_2}}{I_1 + I_2} \exp\left(-\frac{|\varphi_1 - \varphi_2|}{l_{\mathrm{coh}}}\right) \leqq \exp\left(-\frac{|\varphi_1 - \varphi_2|}{l_{\mathrm{coh}}}\right) \tag{5.8}$$

式 (5.8) で等号が成立するのは,$I_1 = I_2$ のときである.

式 (5.8) がもつ意義は,次のようにまとめられる.

(ⅰ) 可視度を高くして,干渉縞を観測しやすくするためには,各光路から来る光束の観測点での光強度をできる限り等しくする方がよい.そのため,マイケルソン干渉計の場合,ビームスプリッタの透過率と反射率を等しく 50% にすること,つまり半透鏡の使用が望ましい (演習問題 5.1 参照).また,2 光束干渉計で信号波の光強度が反射や散乱などで参照波に比べて小さい場合,参照波の光

路に光減衰器を挿入して，観測点での両光波の光強度を同程度にすれば，干渉縞が観測しやすくなる．

(ii) たとえ光路長差 $\varphi_1 - \varphi_2$ があったとしても，それが可干渉距離 l_{coh} よりも十分小さければ，式 (5.4a) における指数関数の値が $\exp(-|\varphi_1 - \varphi_2|/l_{\text{coh}}) \fallingdotseq 1$ と近似できる．つまり，可干渉距離が無限として扱っていた，式 (2.20a) と実質的に同様となり，可視度も式 (2.22) と同じ $V = 2\sqrt{I_1 I_2}/(I_1 + I_2)$ で表せる．よって，干渉縞の観測を容易とするには，l_{coh} が十分大，つまり可干渉性の良好な光源（例：レーザ）を用いることが望ましい．レーザの使用により，熟練せずとも干渉縞を得ることができるようになったのは，実用上の大きな利点である．このことは，後述するように，干渉計測に大きな影響を及ぼしている（5.4.2 項参照）．

(iii) コヒーレンスの低い光源を使用する場合は，2 光路での光路長をできる限り等しくする必要がある．このとき，2 光路での光路長のずれは可干渉距離 l_{coh} 程度が許容される．

5.3　2 光束干渉での干渉縞の特性

近年では，2 光束干渉には可干渉性に優れたレーザを使用することが多い．既述のように，2 光束干渉で可干渉距離が光路長差の絶対値よりある程度大きいとき，干渉縞の特性には可干渉距離があまり関係しない．そこで本節では，可干渉距離が無限 ($l_{\text{coh}} = \infty$) の理想的な場合について，干渉縞の一般形と，干渉縞から得られる情報を説明する[5-1]．

5.3.1　干渉縞の一般形

同一光源から出た光束が，周波数 f_1 と f_2（真空中での波長が λ_{01} と λ_{02}）で変調された場合の 2 周波光束による干渉を考える．各光路の光源から観測面までについて，幾何学的距離を L_j，光路長を φ_j ($j = 1, 2$) とする．このとき，2 光束の観測面での複素振幅は次式で表される．

$$u_j = A_j \exp[i(\omega_j t - k_j L_j)] = A_j \exp\left[2\pi i \left(f_j t - \frac{\varphi_j}{\lambda_{0j}}\right)\right] \quad (j = 1, 2) \quad (5.9)$$

ただし，A_j は振幅，$\omega_j = 2\pi f_j$ は角周波数，$k_j = 2\pi/\lambda_j$ は媒質中の波数，λ_{0j} は真空中の波長である．このとき，観測面での光強度分布は

$$I = |u_1 + u_2|^2$$

$$= |A_1|^2 + |A_2|^2 + 2\mathrm{Re}\{A_1 A_2^*\} \cos\left[2\pi(f_1 - f_2)t - 2\pi\left(\frac{\varphi_1}{\lambda_{01}} - \frac{\varphi_2}{\lambda_{02}}\right)\right] \tag{5.10}$$

で表せる.

2光束の周波数が一致している場合 ($f_1 = f_2$ つまり $\lambda_{01} = \lambda_{02} = \lambda_0$), 光強度分布は

$$I = |A_1|^2 + |A_2|^2 + 2\mathrm{Re}\{A_1 A_2^*\} \cos\left[\frac{2\pi}{\lambda_0}(\varphi_1 - \varphi_2)\right] \tag{5.11}$$

となり, これは通常の2光束干渉 (式 (2.20a) 参照) に帰着する. このときの干渉縞は, 2光路での絶対位相が関係せず, 相対位相の変化のみに依存して変化する. 2光束の周波数が異なる場合は, 差の周波数に等しいビート信号が観測されるが, これについては光ヘテロダイン干渉法で説明する (6.4節参照).

5.3.2 干渉縞から得られる情報

干渉縞から得られる情報を調べるため, 図 5.1 で光源を単一波長 λ_0 とし, 観測面 (光検出器 D) で光軸に垂直な面内に 1 次元座標 x をとる. 2光束の観測面での振幅がともに単位振幅 ($A_1 = A_2 = 1$) とし, 参照波面側の光路長を $\varphi_1(x)$, 信号波面側で被測定試料がないときの光路長を $\varphi_{N2}(x)$ とする. 被測定試料のみによる光路長を $\varphi_s(x)$ とすると, 光路の往復で光路長が $2\varphi_s(x)$ ぶんずれる.

上記条件を式 (5.11) と対応させると, 各光路長は

$$\varphi_1 = \varphi_1(x), \quad \varphi_2 = \varphi_{N2}(x) + 2\varphi_s(x) \tag{5.12}$$

で表せ, 干渉縞の光強度分布が

$$I = 2\left\{1 + \cos\frac{2\pi}{\lambda_0}[2\varphi_s(x) + \varphi_{N2}(x) - \varphi_1(x)]\right\} \tag{5.13}$$

で書ける. 式 (5.13) は, 干渉縞形成に絶対位相は関係なく, 2光路での位相差だけが関係することを表している.

上記干渉縞をいくつかの場合について考察する. 最初に, 2アームの光路長が断面内の位置 x によらず等しく設定されたとき, すなわち $\varphi_1(x) \equiv \varphi_{N2}(x)$ のとき, 式 (5.13) の光強度分布は次のように書ける.

$$I = 2\left\{1 + \cos\left[\frac{4\pi}{\lambda_0}\varphi_s(x)\right]\right\} = 4\cos^2\left[\frac{2\pi}{\lambda_0}\varphi_s(x)\right] \tag{5.14}$$

このとき，観測面における明線の等位相面は，$2\pi\varphi_s/\lambda_0 = m\pi$ より，次式で表せる．

$$\varphi_s(x) = m\frac{\lambda_0}{2} \quad (m：整数) \tag{5.15}$$

式 (5.15) は，干渉縞が測定波長 λ_0 の半分を基準とした等高線で形成されることを示している．式 (5.15) の結果は，図 5.1 で反射鏡 M_1 と M_2 が相対的に半波長ずれると，光の往復で 1 波長ずれることより明らかである．式 (5.14) で屈折率が一定のとき，厚さの等しい部分が等高線で得られる干渉縞を**等厚干渉縞**（fringes of equal thickness）またはフィゾーの干渉縞（Fizeau fringes）とよぶ．

式 (5.15) の意義は，次のようにまとめられる．
（ⅰ）光路長変化が被測定試料の往復で決まるとき，干渉縞の等高線は $\lambda_0/2$（λ_0：測定波長）ごとに得られる．

上記のように，干渉計測により光路長差が測定できる．光路長 $\varphi_s(x)$ は，式 (2.9) で定義されているように，位置 x における被測定試料の屈折率 n と幾何学的距離の積分値である．よって，
（ⅱ）面内の厚さ d が一定であれば，屈折率 $n(x)$ の測定に使用できる．ただし，被測定試料が厚くなると，光路が曲がるから，薄い試料を準備する必要がある．
（ⅲ）屈折率 n が面内で一定であれば，厚さ $d(x)$ の測定に使用できる．
（ⅳ）測定精度を上げるには，使用する波長をより短くすればよい．

上記等高線が得られる特性を利用して，干渉縞を分析することにより精密測定に利用するのが**干渉計測法**である．光の波長が短いことを利用すると，物体の長さや形状，屈折率などが測定波長と同程度あるいはそれ以下の高精度で計測できる．

図 5.3 に典型的な干渉縞の例を示す．平面と球面による干渉縞は同心円で得られ（図 (a) 参照），隣接する円は $\lambda_0/2$ の違いに相当する．一方の反射鏡が傾いているとき，平行な干渉縞が得られる．

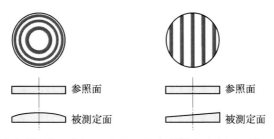

（a）被測定面が球面のとき　（b）被測定面がくさび状のとき

図 5.3　干渉縞の例

次に，参照波面と信号波面の光路長がそれぞれ断面内で一定値 φ_{10}, φ_{20} のとき，式 (5.13) より干渉縞は横方向へずれ，式 (5.4a) より可視度が光路長差 ($\varphi_{10} - \varphi_{20}$) ぶんだけ減少する．よって，可視度を上げるためには，光路長差をできる限りゼロに近づける必要がある．微小な光路長差の調整を行うためには，一方の光路の光軸に透明の平行平板を挿入して，平板の傾きを調整する．

最後に，参照波面と信号波面の光路長が中心 ($x = 0$) で一致し，信号波面だけが光軸に対して微小角 θ だけ傾いているとき，光路の往復により傾きの 2 倍が位相差に寄与する．よって，式 (5.13) より，観測面での光強度分布が

$$I = 2\left\{1 + \cos\frac{4\pi}{\lambda_0}[\varphi_s(x) + x\theta]\right\} \tag{5.16}$$

で表せる．このときは，たとえ被測定試料がなくても，2 次元では平行線の干渉縞が得られる（図 5.3(b) 参照）．これより，参照波面と信号波面を光軸に垂直とするには，干渉縞の間隔が広くなるように反射鏡の傾きを調整すればよいことがわかる．

5.4　各種 2 光束干渉計の特性

各種 2 光束干渉計の特徴と応用を表 5.1 に示す．本節では，光学部品の精密測定によく利用される 2 光束干渉計として，トワイマン-グリーン干渉計，フィゾー干渉計，マッハ-ツェンダ干渉計，シアリング干渉計について，その光学系概略と特徴を以下で説明する．とくに，フィゾー干渉計は，レーザの出現後，光学部品の検査における標準検査に使用されるようになっている．

表 5.1　各種 2 光束干渉計の特徴と応用

名　称	特　徴	応　用
マイケルソン干渉計	●2 光束干渉計の基本構造	●各種干渉計測
トワイマン-グリーン干渉計	●マイケルソン干渉計を光学部品の検査用に変形	●光学部品の標準検査法（従来）
フィゾー干渉計	●不等光路干渉計（本体の小型化，アームに光ファイバ使用可能） ●TF や TS の利用による精度向上	●光学部品の標準検査法（主流） ●光学面や精密機械加工面の形状検査
マッハ-ツェンダ干渉計	●2 アームに異なる媒質を挿入可能	●気体などの透明媒質の屈折率や密度測定
シアリング干渉計	●任意のずらし量を設定することにより低次干渉縞の観測が可能	●光学部品の収差測定

5.4.1 トワイマン-グリーン干渉計

トワイマン-グリーン干渉計（Twyman–Green interferometer）は，レンズ測定などに使用できるように，マイケルソン干渉計を変形したものである（図 5.4）．点光源をレンズ L_1 の前側焦点面に置き，平行光束を作る．ビームスプリッタ BS として半透鏡 HM（実際にはプリズムが使用されることが多い）を用いて，一方の光を参照面 M_1 側に，他方を被測定面 M_2 側に向かわせる．二つの反射鏡 M_1 と M_2 で反射後には，再び半透鏡 HM で合波させ，レンズ L_2 で観測面 D に像を結ぶ．通常は，2 光路の光路差をほとんどゼロにして使用する．

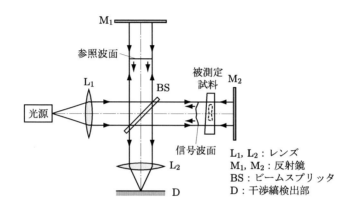

図 5.4　トワイマン-グリーン干渉計の構成

二つの反射鏡 M_1 と M_2 が厳密な平面で，かつその鏡像が平行な場合，像面が一様な明るさとなり，干渉縞が観測されない．他方，M_1 を基準波面として，M_2 側に不均一な屈折率（脈理）をもつ平行板ガラスを挿入すると，位相の変化が干渉縞の形で観測される．トワイマン-グリーン干渉計の光学系は，基本的にはマイケルソン干渉計と同じである．よって，被測定試料のみによる光路長を $\varphi_s(x)$ とすると，干渉縞の解析には，式 (5.15) など，5.3.2 項の結果が利用できる．

トワイマン-グリーン干渉計は，光学部品の屈折率分布・収差・形状測定や，精密機械加工面の形状検査などに利用されている．これは多様な測定を可能とするので，従来は光学部品の標準検査方法であったが，近年では，その地位を次のフィゾー干渉計にゆずっている．

5.4.2 フィゾー干渉計

可干渉距離の長いレーザを利用すると，5.2.2 項で述べたように，2 アーム間の光路長差をあまり気に掛ける必要がなく，干渉縞形成に熟練を要しない．この点を利用し

たフィゾー干渉計は，近年では，光学部品の標準検査として用いられている．

フィゾー干渉計（Fizeau interferometer）の構成上の特徴は，平行ビーム部に，1面を半透面とした平行板 **TF**（transmission flat）つまり基準半透鏡を挿入して，基準波と信号波の分割を行っている点である（図 5.5(a)）．レンズ L_2 を透過後，平行板 TF からの反射波を基準波面とする．TF より後方に被測定試料と反射鏡 M を設置して，TF 透過波を被測定試料に照射し，M からの反射波により信号波面を形成する．基準波面と信号波面をビームスプリッタ BS で合波後，干渉縞検出部 D に導く．TF の利用により，TF より左側の光路が基準波と信号波で共通となり，基準波面としての精度が高まる．

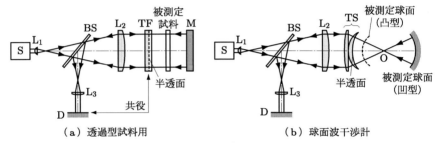

(a) 透過型試料用　　　　　　　　(b) 球面波干渉計

S：光源，L_1, L_2, L_3：レンズ，BS：ビームスプリッタ
M：反射鏡，D：干渉縞検出部

図 5.5　フィゾー干渉計
TF および TS の半透面からの反射波が参照波面となる．

干渉縞を広い範囲にわたって鮮明に見るためには，被測定試料に入射する光波の傾きの変化を小さくする必要がある．そのため，レンズ L_1 の後側焦点とレンズ L_2 の前側焦点を一致させてアフォーカル系（望遠鏡系）を形成し，レンズ L_1 の前と L_2 の後で平行光束のビーム径を拡大している．平行板 TF と反射鏡 M からの両反射波についても，レンズ L_2 と L_3 でアフォーカル系を形成し，また TF と共役な位置に干渉縞検出部 D を置いている．

このような配置により，基準波面と信号波面で形成される干渉縞が，被測定試料の厚さ d に関する等高線の形で観測される等厚干渉縞となる．この干渉縞から，被測定試料の凹凸や屈折率の変化などが測定できる．

被測定面が球面のときには，TF の代わりに **TS**（transmission sphere）を用いる（図 5.5(b) 参照）．TS では最終面を半透面としており，この面での反射波で基準球面を，透過波で信号球面を作る．半透面の曲率中心 O が被測定球面の焦点と一致するように設定しているので，光波はこの面で屈折しない．TS レンズに収差があって

も，基準波と信号波の両方が TS を往復するので，両波間で収差が相殺される．これもフィゾー干渉計の利点となっている．

光源として，波長安定化ヘリウムネオン（He-Ne）レーザ（$\lambda = 633\,\text{nm}$）や半導体レーザなどが用いられており，コヒーレンス長 l_coh は数 m～数 10 km 程度である．

フィゾー干渉計の利点は，次のようにまとめられる．

(ⅰ) 非接触測定なので，被測定面や参照面を傷つけない．
(ⅱ) 可干渉距離の長いレーザの利用により，不等光路干渉計（unequal path interferometer）として使用できるので，可干渉距離の範囲内で 2 アーム間の光路長差を大きくとることができる．
(ⅲ) 不等光路干渉計のため，被測定試料と反射鏡 M を平行板 TF から離せるので，干渉計本体を小さくできる．
(ⅳ) 基準半透鏡 TF や TS の利用によりレンズの収差が相殺されるため，高精度の測定ができる．

フィゾー干渉計の応用分野はトワイマン - グリーン干渉計とほぼ同様であり，光学面や精密機械加工面の形状検査などに使用されており，これは光学部品の標準検査方法となっている．

5.4.3　マッハ - ツェンダ干渉計

図 5.6 は，光束分割部と合波部を分離するため，2 枚のビームスプリッタと 2 枚の反射鏡を用いた 2 光束干渉計であり，**マッハ - ツェンダ干渉計**（Mach–Zehnder interferometer）とよばれる．この干渉計で被測定試料のみによる光路長を $\varphi_\text{s}(x)$ とすると，位相変化が被測定試料の 1 回の透過により生じるので，式 (5.15) に対応する結果が $\varphi_\text{s}(x) = m\lambda_0$（$\lambda_0$：光源の波長，$m$：整数）となり，干渉縞における等高線が

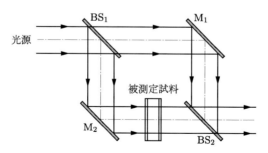

BS$_1$, BS$_2$：ビームスプリッタ（半透鏡の場合もある）
M$_1$, M$_2$：反射鏡

図 5.6　マッハ - ツェンダ干渉計

光源の1波長ごとに現れる.

マッハ-ツェンダ干渉計の特徴を以下に示す.
(i) 光束分割部と合波部が独立となっているため,アームへの自由度が大きくなり,2アームに異なる媒質を挿入することが可能となる.
(ii) この干渉計は,波面収差が大きい場合など,フィゾー干渉計などの往復型では位相変化が敏感すぎる場合に使用すると便利である.
(iii) 気体などの透明媒質の屈折率や密度測定に広く用いられている.

5.4.4 シアリング干渉計

上で述べた2光束干渉計では,参照波と信号波が別の光路を通過するので,空気の揺らぎなどの擾乱が両アームで異なり,誤差の要因となる.この弱点を軽減するため,参照波と信号波がほぼ共通の光路を通るように工夫された干渉計を,共通光路干渉計という.共通光路干渉計の一つにシアリング干渉計がある.

シアリング干渉計(shearing interferometer)では,通常,被測定波面を光軸に対して横方向にずらし,もとの波面とずらした波面を重ね合わせて,干渉縞を得る.これを横方向シアリング干渉計とよぶ.光軸に垂直な断面内に x-y 座標をとり,波面つまり等位相面を $W(x,y)$ で表す(**図 5.7**).波面を x 方向に Δx だけずらすと,二つの波面の差は,次式で与えられる.

$$\Delta W(x,y) = W(x,y) - W(x-\Delta x, y) \tag{5.17}$$

式 (5.17) における $\Delta W(x,y)$ が光源波長 λ_0 の整数倍のとき,干渉縞が強め合う.

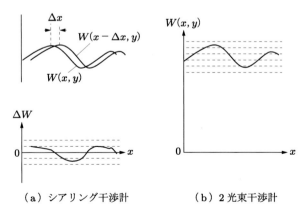

(a) シアリング干渉計 　　　(b) 2光束干渉計

$W(x,y)$:等位相面,$\Delta W = W(x,y) - W(x-\Delta x, y)$:波面の差
Δx:横方向ずらし量,破線:等高線に関係する波面

図 5.7 シアリング干渉計と一般の2光束干渉計での波面

よって，シアリング干渉計で得られる干渉縞では，波面の差分に関する等高線を得ることができる．もとの波面を再現するには，Δx ごとに波面の位相を加算すればよい．

シフト量 Δx が微小なとき，式 (5.17) から次式が導ける．

$$\Delta W(x,y) = \frac{\partial W}{\partial x}\Delta x \tag{5.18}$$

$\partial W/\partial x$ はレンズなどにおける x 方向の光線収差に比例する量であるから，シアリング干渉計での干渉縞は，光線収差に関する等高線を与えているとも解釈できる．

シアリング干渉計の特徴を次に示す．

(i) 横方向ずらし量 Δx を任意に調整できる．よって，通常の 2 光束干渉計では等高線が多すぎて観察が困難な場合，Δx を小さくすることにより，干渉縞の次数を低下させて観察しやすくできる（図 5.7 参照）．
(ii) 共通光路干渉計なので，空気の揺らぎなどの擾乱の影響を軽減できる．

例題 5.1 厚さ d が既知のある物質を 2 光束干渉計（光源の波長 $\lambda_0 = 633\,\text{nm}$）の被測定光路に挿入し，干渉縞を測定して等高線を得た．次の各場合について，物質の屈折率 n を求めよ．
(1) フィゾー干渉計で $d = 209\,\text{nm}$ であるとき．
(2) マッハ-ツェンダ干渉計で $d = 364\,\text{nm}$ であるとき．

....

解 被測定物質のみによる光路長を φ_s とすると，$\varphi_s = nd$ となる．(1) では等高線が，式 (5.15) より $\varphi_s = m\lambda_0/2$ (m：整数) で得られるから，$n = \lambda_0/2d = 1.51$ となる．(2) では等高線が $\varphi_s = m\lambda_0$ で得られるから，$n = \lambda_0/d = 1.74$ となる．

5.4.5　2 光束干渉計の特徴と応用

2 光束干渉計の特徴は次のように書ける．

(i) 被測定試料は透過物体あるいは反射物体であるが，反射物体では鏡面が望ましい．
(ii) 干渉縞から 3 次元物体の形状，おもに表面形状が再構成できる．
(iii) 光源の波長が λ_0 の場合，干渉計から得られる干渉縞の等高線間隔は大抵 $\lambda_0/2$ または λ_0 であり，位相変化が波長オーダの高精度で測定できる．一方，横方向シアリング干渉計では横方向ずらし量を任意に調整できるので，形状変化あるいは位相変化が急激な場合の測定に適用できる．
(iv) 2 光束干渉計は 19 世紀中頃から使用されているが，レーザが利用できるようになって，光路長差が可干渉距離の範囲内なら，差が大きい場合の測定もでき

るようになった.

2光束干渉計は上記特徴を活かして,古くから光学部品の精密測定や精密機械加工面の形状検査などに応用されている.より具体的には,①ガラス材料の脈理や屈折率分布測定,②レンズの収差測定,③光学面や精密機械加工面の形状検査をするための薄膜評価装置や面精度測定装置,④球面の面精度や曲率半径測定,⑤LSIの微細パターン製作に使用するステッパのテーブル移動量の測定がある.

5.4.6 干渉縞の解析

2光束干渉を光計測に応用する場合,干渉縞は物体の形状に関する等高線を示している.等高線の間隔は,干渉計の種類にもよるが,使用波長を λ_0 として,通常 $\lambda_0/2$ または λ_0 であり,形状を波長オーダという高精度で再現することができる.しかし,被測定試料が大きくなるほど,縞の数が多くなるので,形状の再現作業は大変である.

画像情報をディジタル信号の形で得るため,CCDやCMOSなどの撮像装置(イメージセンサ)を用いて,干渉縞をAD変換する.縞画像を解析するには,通常,画像処理の自動解析ソフトが利用される.まず,縞画像をコンピュータに入力する.次に,縞だけからは凹凸の判断が困難なので,縞の順番を番号づけするために,縞次数の設定などの前処理を行う.このような作業の後,等高線の間の内挿計算なども自動的に行われて,3次元の立体画像が得られる.

5.5 白色干渉計

5.4節で述べた2光束干渉計は,特定波長の光を光源として用い,干渉縞から得られる等高線を解析して,屈折率分布や厚さなどの情報を得る方法であった.ここで説明する**白色干渉計**は,遠赤外分光で用いられていた方法を光計測に導入したもので,光学系は図5.1と同じだが,光源に白色光(様々な波長を含む,スペクトル幅が極度に広い光)を用いる点が大きく異なる[5-2].

被測定試料を固定して,参照鏡を光軸に沿って移動させると,光検出部での光強度 I が変化する(**図5.8**).これをインターフェログラムという.ところで,白色光では可干渉性がないので,コヒーレンス長が $l_{coh} \approx 0$ となる.このとき式(5.4a)によると,信号光と参照光の光路長がほぼ一致した場所でのみ干渉縞が現れる.したがって,インターフェログラムで最大光強度になる参照鏡の位置が,信号光と参照光の位相差がゼロとなる位置である.

したがって,白色干渉計を用いて,信号光と被測定試料の面内での相対位置を変化させて(走査して),同じ操作を繰り返して参照鏡の位置を計測すると,物体の深さ

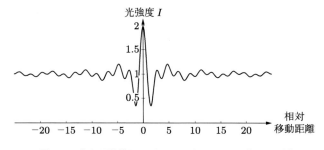

図 5.8 白色干渉計におけるインターフェログラムの例

方向の多層構造や物体表面の凹凸が測定できることになる．この原理は光コヒーレンストモグラフィに応用されている（12.1 節参照）．

5.6 干渉計での光ファイバ利用

光ファイバは，1.3.2 項や 11.1 節で述べるように，様々な有用な性質をもっており，干渉計測にも利用されている．とくに，フィゾー干渉計は不等光路干渉計なので，アーム部に光ファイバを使用することができ，次のような特徴を生む．

(ⅰ) 石英系光ファイバは低損失なので，光路長を長くとっても光量の減衰が小さい．よって，光源の可干渉距離にも依存するが，km オーダのアーム長も可能となる．

(ⅱ) 光ファイバは可撓性をもつので，可撓性の光路をもつ干渉計が実現できる．空気中であれば，光路差をとるために直線状の長い距離が必要であるが，光ファイバならば，光学定盤の上に置け，測定のための場所をとらない．この性質は光ファイバジャイロに利用されている（10.3 節参照）．

(ⅲ) 光路長は長さと屈折率の積なので，光ファイバを用いると，同じ幾何学的距離でも空気中よりも長い光路長がとれる．石英系ファイバの屈折率は波長に依存するが，約 1.45 なので，空気中よりも約 5 割増しの光路長となる．

例題 5.2 マイケルソン干渉計のビームスプリッタ以降の光路で，一方のアームが空気中にあり，その長さが 50 cm，他方のアームが長さ 5.0 m の光ファイバ（屈折率 $n = 1.45$）からなっているとする．光源の可干渉距離が $l_\mathrm{coh} = 10\,\mathrm{m}$ であり，ビームスプリッタで光強度が等分配されるとき，可視度を求めよ．

解 伝搬長はアーム長の 2 倍であることに注意する．式 (5.4a) において，共通でないアームの光路長は $\varphi_1 = 2 \cdot 1.0 \cdot 0.5 = 1.0\,\mathrm{m}$，$\varphi_2 = 2 \cdot 1.45 \cdot 5.0 = 14.5\,\mathrm{m}$ であり，したがって，式 (5.8) より可視度が $V = \exp(-|1.0 - 14.5|/10) = 0.259$ と得られる．

演習問題

5.1 マイケルソン干渉計で光源の波長が λ_0, 2 光路での光路長差が $\varphi_1 - \varphi_2$, ビームスプリッタの光強度透過率が T であるとき，次の問いに答えよ．ただし，コヒーレンス長は十分に長いとする．
  (1) 観測位置での光強度分布の表式を求めよ．
  (2) 観測位置で受ける全光強度が最大となる，光強度透過率 T に対する条件を求めよ．
  (3) 以上の結果から，ビームスプリッタに対してどのような結論が引き出せるか．

5.2 マイケルソン干渉計で GaAs 半導体レーザ（$\lambda_0 = 0.85\,\mu\text{m}$）を光源として，干渉縞を空気中で観測するとき，次の各値を求めよ．
  (1) 光源のスペクトル幅が $\Delta\nu = 10\,\text{MHz}$ であるときの可干渉距離．
  (2) 二つのアーム長が $55.0\,\text{cm}$, $50.0\,\text{cm}$ であり，ビームスプリッタで光強度が等分配されるときの可視度．

5.3 マイケルソン干渉計（図 5.1 参照）で，光源を He-Ne レーザ（$\lambda_0 = 633\,\text{nm}$）とし，反射鏡 M_1 を固定し，反射鏡 M_2 を移動させた．このとき観測された干渉縞の数が 25 であった．反射鏡 M_2 の移動距離を求めよ．ただし，光路は空気とする．

6章 レーザ利用の光計測手法

　光計測の歴史は古いが，有用な特徴をもつレーザの誕生により，新規の使用法が生まれた．光計測に関係するレーザの特徴として，可干渉性，指向性，非接触性，高光強度などがあるが，とくに可干渉性は光計測への各種応用にとって重要である．本章では，これらレーザの特徴を光計測に活かした手法を紹介する．

　ホログラフィは光領域で空間的位相情報を扱えるようにするため，情報の記録に干渉を，再生に回折を利用したものである．スペックル法は物体からの散乱光で生じる斑点を利用するものである．光ヘテロダイン干渉法は光の時間的位相を利用するため，周波数がわずかに異なる2周波光を干渉させ，そのビート周波数を電気的手段で処理するものである．ホログラフィ，スペックル法，光ヘテロダイン干渉法のいずれでも，レーザの可干渉性が利用されている．レーザドップラ法は，光領域でドップラ効果を利用することにより，おもに移動物体の速度計測を非接触で行うものである．光コム計測は，周波数領域で縦モードが等間隔で分布する超短光パルスにおける，周波数や時間などの安定性を利用する計測技術である．

　本章では，ホログラフィ，スペックル法，光ヘテロダイン干渉法，レーザドップラ法，光コム計測について，その原理，測定系，特徴などを説明する．

6.1　ホログラフィ

　光はその周波数が非常に高いため，光電界を直接記録することができず，記録できるのは光強度だけである．そのため，通常の方法では光画像情報のうち空間的位相情報が消失してしまう．ガボア（Gabor）は，顕微鏡の倍率を上げる目的で，位相情報を記録・再生できるホログラフィの原型を1948年に発明した[6-1]．ホログラフィは，第1段階で画像信号光と同時に参照光を照射して，干渉縞の形で振幅と空間的位相情報を記録し，第2段階で回折現象を利用してもとの画像情報を再生するものである．ホログラフィが実用的な手法となったのは，可干渉距離（コヒーレンス長）が長いというレーザの特徴を活かした，2光束ホログラフィ[6-2]の誕生による．それ以来，これが光計測にも利用されるようになった．ホロの語源はギリシャ語の「すべて」を意味するholosであり，ここでの「すべて」とは振幅と位相のことである．

6.1.1 ホログラフィの原理

ホログラフィの光学系としては反射型や透過型配置があり，波面の記録段階と再生段階の2段階で行う（図6.1）．本項では，ホログラフィの原理を反射型物体に対して説明し，簡単のため，光波を平面波で扱う．

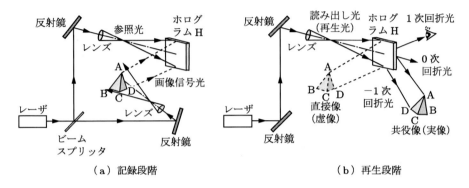

(a) 記録段階　　　　　　　　　　(b) 再生段階

図6.1　ホログラフィの原理（反射型配置の場合）

画像情報の記録段階は，基本的には2光束干渉と同じである．図(a)に示すように，同一光源から出た光を2光路に分けた後，一方を光源の波面情報だけを含む参照光（書き込み光）とし，他方を画像信号光として物体の照射に用いる．参照光（添え字R）と画像信号光（添え字S）の2次元における振幅と位相をそれぞれ $A_j(x,y)$, $\phi_j(x,y)$ (j = R, S) とおき，これらの光波の複素振幅を次式で表す．

$$u_R = A_R(x,y)\exp\{i[\omega t + \phi_R(x,y)]\} \quad :\text{参照光} \tag{6.1a}$$

$$u_S = A_S(x,y)\exp\{i[\omega t + \phi_S(x,y)]\} \quad :\text{画像信号光} \tag{6.1b}$$

ただし，ω は光波の角周波数を表す．

参照光と物体からの散乱光（画像信号光）を記録媒体H上で合波すると，合成波の光強度分布は

$$\begin{aligned}
I &= |u_R + u_S|^2 \\
&= |A_R(x,y)|^2 + |A_S(x,y)|^2 \\
&\quad + 2\mathrm{Re}\{A_R(x,y)A_S^*(x,y)\}\cos[\phi_R(x,y) - \phi_S(x,y)]
\end{aligned} \tag{6.2}$$

で書ける．式(6.2)における第1・2項はそれぞれ参照光と画像信号光の光強度分布である．第3項が干渉縞であり，ここに位相情報が記録されている．干渉縞をCCDなどの撮像装置を用いて，式(6.2)で記述される光強度に比例する量を記録媒体に記

録する．干渉縞が記録されたものを**ホログラム**（hologram）という．

ホログラム作製では干渉を利用しているので，光源からホログラムに至る2光路の光路長差は，光源の可干渉距離以内にする必要がある．また，光強度分布を記録したホログラムの振幅透過率 u_H が，式 (6.2) に比例するように処理を施す．

ホログラムからの像再生段階では，図 (b) に示すように，参照光と同じ方向から読み出し光（再生光）をホログラムに照射する．とくに，読み出し光の複素振幅が参照光と同じであるとすると，ホログラムからの散乱光は，次式で書ける．

$$\begin{aligned}
U_\mathrm{sc} &= u_\mathrm{R} u_\mathrm{H} = u_\mathrm{R} I \\
&= A_\mathrm{R}\left(|A_\mathrm{R}|^2 + |A_\mathrm{S}|^2\right)\exp\{i[\omega t + \phi_\mathrm{R}(x,y)]\} \\
&\quad + |A_\mathrm{R}|^2 A_\mathrm{S} \exp\{i[\omega t + \phi_\mathrm{S}(x,y)]\} \\
&\quad + A_\mathrm{R}^2 A_\mathrm{S}^* \exp\{i[\omega t + 2\phi_\mathrm{R}(x,y) - \phi_\mathrm{S}(x,y)]\} \quad (6.3)
\end{aligned}$$

式 (6.3) の第1項は，再生光と同一方向に直進する光で0次回折光とよばれ，これには画像の情報が含まれていない．第2項はもとの画像信号光の位相 $\phi_\mathrm{S}(x,y)$ を含む光で**直接像**とよばれる．これは1次回折光に相当し，回折光側からホログラムを眺めるとき，あたかももとの物体（画像信号）がもとの位置にあるように見える虚像を表す．第3項はもとの画像光と共役な項を表し，**共役像**とよばれる．これは -1 次回折光に相当し，本来の像と凹凸が反転して見え，実像を形成する．

以上をまとめると，**ホログラフィ**（holography）とは，記録段階では，透過物体や反射物体からの散乱光と，同時に照射する参照光とでできる干渉縞をホログラムに記録しておき，再生段階では，読み出し光（再生光）をホログラムに照射することにより，もとの物体情報を再生する技術である．

ガボアの原型では，参照光と画像信号光が同一光軸上にあった．この配置の欠点は次の点である．

（i）回折角が微小なので（2.6.2項参照），画像情報を含む1次回折光が，情報を含まない光強度の強い0次回折光に邪魔されて見にくい．

（ii）直接像と共役像が同一光軸上に対で生じる二重像のため，再生像が判別しにくい．

6.1.2　2光束ホログラフィの概要

上記原型の欠点を解消するため，2光束ホログラフィが1962年に考案された[6-2]．**2光束ホログラフィ**の特徴は，書き込み光（参照光）と画像信号光を有限の角度をもたせてホログラムに入射させ，1次回折光と0次回折光を空間的に分離している点で

ある.このように,光路長が異なる光波でも干渉させられる配置が可能となったのは,可干渉距離の長いレーザが使用できるようになったからである.

ホログラフィで得られる情報をより定量的・一般的に考察するため,記録・再生段階で異なる波長を用いる場合を扱う.議論をわかりやすくするため,光源の可干渉距離は十分長く,2光路での光路長の違いによる可干渉性の影響は無視できるものとする(5.2.2項参照).また,画像信号を透過形物体とする.以下では,記録段階と再生段階に分けて説明する.

6.1.3 2光束ホログラフィの記録段階
(a) 記録段階での結像特性

2光束ホログラフィの光学系概略を図6.2に示す.記録段階では波長 λ_1 の光を用いる.書き込み光が画像信号光と角度 θ をなしてホログラムに入射するように,書き

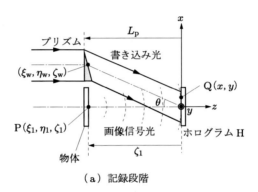

(a) 記録段階

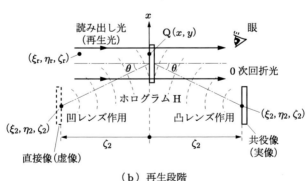

(b) 再生段階

図6.2 2光束ホログラフィの光学系と座標(透過物体の場合)
図(b)で,直接像は右側からホログラムを介して見える.図中の球面の一部をなす破線は波面を表す.

込み光側にプリズムを設置する．ホログラムを基準とした座標を (x, y, z)，書き込み光の位置を (ξ_w, η_w, ζ_w)，画像信号光の位置を (ξ_1, η_1, ζ_1) とする．図で光が左から右に進行するものとして，ホログラム面を $z = 0$ にとると，$\zeta_w < 0$，$\zeta_1 < 0$ となる．

波長 λ_1 の光を透過物体に照射するとき，透過物体からの散乱光の複素振幅分布は，フレネル回折（2.6.3 項参照）で扱う必要がある．ここでの透過物体は図 2.12 での開口面に対応し，厳密には透過物体全体を対象としなければならない．本質を失わない範囲内で議論を簡便にするため，透過物体中の 1 点 $P(\xi_1, \eta_1, \zeta_1)$ のみからの散乱光に着目する．これのホログラム H 上の点 $Q(x, y)$ での複素振幅は，

$$u_s = A_s \exp\left\{-i\frac{\pi}{\lambda_1 \zeta_1}\left[(\xi_1 - x)^2 + (\eta_1 - y)^2\right]\right\} \tag{6.4}$$

で書ける．書き込み光は，画像信号光の斜めからホログラム面 H 上に角度 θ をなして入射するから，ホログラムの座標を用いると，プリズムの位相因子が $\exp[-i(2\pi/\lambda_1)x\sin\theta]$ で書ける（3.5.2 項参照）．よって，書き込み光の点 $Q(x, y)$ での複素振幅は

$$u_w = A_w \exp\left\{-i\frac{\pi}{\lambda_1 \zeta_w}\left[(\xi_w - x)^2 + (\eta_w - y)^2\right] - i\frac{2\pi}{\lambda_1}x\sin\theta\right\} \tag{6.5}$$

で表せる．

ホログラム面上の点 $Q(x, y)$ での光強度分布は，式 (6.4)，(6.5) を用いて，次式で書ける．

$$I_H = |u_w + u_s|^2 = |A_w|^2 + |A_s|^2 + A_w^* A_s \exp\phi_{H3} + A_w A_s^* \exp\phi_{H4} \tag{6.6a}$$

$$\phi_{\{{}^{H3}_{H4}\}} = \pm i\frac{\pi}{\lambda_1 \zeta_w}\left[(\xi_w - x)^2 + (\eta_w - y)^2\right] \pm i\frac{2\pi}{\lambda_1}x\sin\theta$$
$$\mp i\frac{\pi}{\lambda_1 \zeta_1}\left[(\xi_1 - x)^2 + (\eta_1 - y)^2\right] \tag{6.6b}$$

式 (6.6b) の位相 ϕ の複号で，上（下）側は添え字 H3（H4）に対応する．式 (6.6a) で第 1・2 項は光強度である．第 3・4 項は干渉項を表し，第 3 項は直接像，第 4 項は共役像を生み出す成分に関係する．干渉項から得られる情報を次に説明する．

(b) ホログラムの性質

式 (6.6a) における干渉項は光学素子に関係する情報を含んでおり，それらを次に示す．

（i）第 3 項の指数項の位相因子 ϕ_{H3} 内 1・3 番目は，焦点距離 ζ_w の凸レンズと焦

点距離 ζ_1 の凹レンズ作用を表し（3.5.1 項参照），2 番目は角度 $-\theta$ 方向に伝搬する成分を表す（3.5.2 項参照）．

(ii) 第 4 項の指数項の位相因子 ϕ_{H4} 内 1・3 番目は，焦点距離 ζ_w の凹レンズと焦点距離 ζ_1 の凸レンズ作用を表し，2 番目は角度 θ 方向に伝搬する成分を表す．

ホログラムの情報をもう少し詳しく検討するため，書き込み光と画像信号光の光軸上の点（$\xi_w = \eta_w = \xi_1 = \eta_1 = 0$）から出た光波に着目する．このとき，ホログラム面上での干渉項は，式 (6.6a) の第 3・4 項の和をとって整理して，次式で書ける．

$$I_{\text{int}} = A_w^* A_s \exp \phi_{H3} + A_w A_s^* \exp \phi_{H4}$$

$$= 2\text{Re}\{A_w^* A_s\} \cos\left[\frac{2\pi}{\lambda_1}\left(\frac{x^2 + y^2}{2\zeta_1} - x\sin\theta\right) - \frac{\pi}{\lambda_1 \zeta_w}(x^2 + y^2)\right] \quad (6.7)$$

位相が空間的に変動しているとき，局所的な空間周波数 Ω は位相変化 ϕ を空間微分して求められるから，干渉縞の x 方向の空間周波数は

$$\Omega_x = \frac{\partial \phi}{\partial x} = \frac{2\pi}{\lambda_1}\left[x\left(\frac{1}{\zeta_1} - \frac{1}{\zeta_w}\right) - \sin\theta\right] \quad (6.8)$$

で書ける．ただし，前述のように λ_1 は記録段階での光の波長，x はホログラム面上の光軸からの距離，ζ_1 と ζ_w はそれぞれ画像信号光と書き込み光の光軸方向の位置，θ は書き込み光と画像信号光がホログラムに対してなす角度である．

式 (6.7)，(6.8) は次のことを示している．

(iii) 干渉縞は中心が $x_c = (1/\zeta_1 - 1/\zeta_w)^{-1}\sin\theta$ にあり，中心から離れるほど間隔が狭くなる同心円となっている．この同心円を**フレネルの輪帯板**（FZP: Fresnel zone plate）または**フレネルゾーンプレート**という．

(iv) 物体からの位相情報が FZP の形でホログラム全体にわたって保存されている．式 (6.7) は物体中の 1 点からの散乱光だけであり，これに物体全体からの散乱光が寄与する．このことは，ホログラムの一部が破損しても，物体の位相情報が再現できることを意味しており，これはホログラムの冗長度を表す．

図 6.3 は式 (6.7) で，$x = 0$，書き込み光が無限遠にある（$\zeta_w = -\infty$）場合の y 方向の FZP の概略を示したものである．y の増加とともに，縞の間隔が狭くなっている，つまり高周波になっている様子がわかる．

以上で説明したように，ホログラムには物理的に意味をもつ多くの情報が含まれている．FZP は高周波の空間情報なので，ホログラムを記録する媒体には高い解像度が要求される（13.4.3 項，演習問題 6.1 参照）．

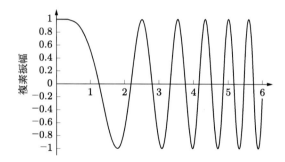

図 6.3 フレネルゾーンプレートの一例
式 (6.7) で $x = 0$,書き込み光が無限遠にあるとき ($\zeta_w = -\infty$)

6.1.4 2光束ホログラフィの再生段階
(a) 再生段階での結像特性と再生像の性質

光強度分布を記録したホログラムの振幅透過率 u_H が,式 (6.6a) に比例するように処理を施す.

再生段階で(図 6.2(b) 参照),読み出し光の波長を λ_2 とし,読み出し光を振幅透過率 u_H のホログラム面に対して垂直入射させる.読み出し光(再生光)の座標位置を (ξ_r, η_r, ζ_r),ホログラム面から回折(散乱)する光の座標位置を (ξ_2, η_2, ζ_2) とする.ただし,$\zeta_r < 0$ である.

読み出し光のホログラム面上での複素振幅を次式で表す.

$$u_r = A_r \exp\left\{-i\frac{\pi}{\lambda_2 \zeta_r}\left[(\xi_r - x)^2 + (\eta_r - y)^2\right]\right\} \tag{6.9}$$

読み出し光がホログラムに照射されるとき,ホログラム面上の 1 点 $Q(x, y)$ で散乱される光波はフレネル回折で表され,形式的に

$$U_{sc} = A_{sc} \exp\left\{-i\frac{\pi}{\lambda_2 \zeta_2}\left[(x - \xi_2)^2 + (y - \eta_2)^2\right]\right\} \tag{6.10}$$

で書ける.

この散乱光は,読み出し光とホログラムからなる項と関連づけて,次式で表せる.

$$U_{sc} = u_r u_H = u_r I_H \equiv U_1 + U_2 + U_3 + U_4 \tag{6.11}$$

$$U_1 + U_2 = A_r \left(|A_w|^2 + |A_s|^2\right) \exp\left\{-i\frac{\pi}{\lambda_2 \zeta_r}\left[(\xi_r - x)^2 + (\eta_r - y)^2\right]\right\} \tag{6.12a}$$

$$U_3 = A_r A_w^* A_s \exp\phi_3, \quad U_4 = A_r A_w A_s^* \exp\phi_4 \tag{6.12b}$$

$$\phi_{\{^3_4\}} = \pm i\frac{\pi}{\lambda_1 \zeta_w}\left[(\xi_w - x)^2 + (\eta_w - y)^2\right] \pm i\frac{2\pi}{\lambda_1}x\sin\theta$$
$$\mp i\frac{\pi}{\lambda_1 \zeta_1}\left[(\xi_1 - x)^2 + (\eta_1 - y)^2\right] - i\frac{\pi}{\lambda_2 \zeta_r}\left[(\xi_r - x)^2 + (\eta_r - y)^2\right]$$
(6.12c)

U_3 と U_4 は,後にわかるように,直接像(複号の上側)と共役像(複号の下側)に対応し,式 (6.12c) の位相 $\phi_{3,4}$ の複号で上(下)側は添え字 3 (4) に対応する.上式で $U_1 + U_2$ での位相項は式 (6.9) と形式的に一致し,これは 0 次回折光に対応する.

光波が収差なく結像されるには,式 (6.12b) と式 (6.10) での位相項が,ホログラム H 上の点 Q(x, y) によらず,一致する必要がある.これの詳しい計算は付録 A.1 にゆずり,ここではおもな結果のみを示す.再生像(散乱光)が結像する位置は,軸方向位置 ζ_2 が

$$\zeta_2 = \left(\frac{1}{\zeta_r} \mp \frac{\lambda_2}{\lambda_1 \zeta_w} \pm \frac{\lambda_2}{\lambda_1 \zeta_1}\right)^{-1} \tag{6.13}$$

で,横方向位置 ξ_2 と η_2 が次式で得られる.

$$\xi_2 = \frac{\zeta_2}{\zeta_r}\xi_r \mp \frac{\lambda_2 \zeta_2}{\lambda_1 \zeta_w}\xi_w \pm \frac{\lambda_2 \zeta_2}{\lambda_1 \zeta_1}(\xi_1 + \zeta_1 \sin\theta) \tag{6.14}$$

$$\eta_2 = \frac{\zeta_2}{\zeta_r}\eta_r \mp \frac{\lambda_2 \zeta_2}{\lambda_1 \zeta_w}\eta_w \pm \frac{\lambda_2 \zeta_2}{\lambda_1 \zeta_1}\eta_1 \tag{6.15}$$

再生像の物体に対する横倍率は,式 (6.14) より,また式 (6.13) も用いて

$$M_{\text{lat}} = \frac{\partial \xi_2}{\partial \xi_1} = \pm\frac{\lambda_2 \zeta_2}{\lambda_1 \zeta_1} = \left(1 - \frac{\zeta_1}{\zeta_w} \pm \frac{\lambda_1 \zeta_1}{\lambda_2 \zeta_r}\right)^{-1} \tag{6.16}$$

で得られる.縦倍率は,式 (6.13) より次式で得られる.

$$M_{\text{long}} = \frac{\partial \zeta_2}{\partial \zeta_1} = \pm\frac{\lambda_2}{\lambda_1}\left(\frac{\zeta_2}{\zeta_1}\right)^2 \tag{6.17}$$

式 (6.16), (6.17) は次のことを表している.
(i) 横倍率と縦倍率はともに,書き込み光と読み出し光(再生光)の波長の比に比例しているから,3 次元物体を扱うことができ,再生光の方を長く(短く)すれば,原画の拡大(縮小)ができる.
(ii) 横倍率と縦倍率は,$\zeta_2 = \zeta_1$ のとき,つまりホログラムに対する画像信号光での物体位置と再生光の像位置が一致するとき以外は異なる.

(b) 書き込み光と読み出し光が平行光の場合の再生像の性質

特別な場合として，書き込み光と読み出し光がともに，レーザのように，平行光 ($\zeta_w = \zeta_r = -\infty$) のときの再生像の結果を示す．式 (6.13) より，軸方向位置が

$$\zeta_2 = \pm \frac{\lambda_1}{\lambda_2} \zeta_1 \tag{6.18}$$

で，式 (6.14)，(6.15) より横方向の結像位置が

$$\xi_2 = \xi_1 + \zeta_1 \sin\theta, \quad \eta_2 = \eta_1 \tag{6.19}$$

で得られる．このとき，再生像の横倍率と縦倍率は，式 (6.16)，(6.17) に式 (6.18) を代入して

$$M_{\text{lat}} = 1, \quad M_{\text{long}} = \pm\frac{\lambda_1}{\lambda_2} \tag{6.20}$$

で得られる．

式 (6.18)～(6.20) からわかることを次に示す（図 6.2(b) 参照）．
(i) 直接像（共役像）は，ホログラム面に対して物体と同じ側（ちょうど反対側）に像を結び，両者のホログラム面からの距離は等しい．
(ii) 横方向の結像位置が，記録段階での読み込み光のホログラムへの斜め入射ぶんだけずれ，±1 次回折光と 0 次回折光の重なりがなくなる．これが 2 光束ホログラフィの特徴となっている．
(iii) 記録・再生段階で波長を変えた場合，軸方向の倍率は波長比だけ変化するが，横方向の大きさは不変である．
(iv) 記録・再生段階で波長が等しく，$\theta = 0$ のとき，直接像は厳密にもとの物体と同じ位置に等倍で結像する．一方，共役像はホログラム面に対してもとの物体とちょうど対称な位置に結像する．

6.1.5 ホログラフィの特徴と応用

ホログラフィの特徴を次に示す．
(i) 参照光と画像信号光の干渉縞をホログラムの形で記録しているので，空間的位相情報の記録・保存が可能となる．
(ii) 記録・再生時の波長を変えることにより，3 次元物体の画像情報の拡大・縮小が可能となる．じつは，この点がガボアの本来の目的だった．また，参照光と物体光のなす角度を変えてもよい．
(iii) 記録・再生の 2 段階に分離されているから，異なる時間での像を重ね合わせて

記録できる．再生するとき，記録時の物体位置にもとの物体を置くと，もし物体に変位や変形があれば，再生像で変形後の像ともとの物体が重なって観測される．この性質を利用して二重露光法（8.6 節，9.3.2 項参照）が使用されており，これは光計測への応用に際して非常に重要である．
(iv) 物体情報がホログラムにフレネルゾーンプレートの重ね合わせで記録されているから，ホログラムの一部が欠損しても，もとの情報が復元可能である．つまり，ホログラフィは冗長度の高い記録方式である．
(v) フレネルゾーンプレートという細かい干渉縞を記録するために，高解像度の記録媒体が必要となる（13.4.3 項参照）．

ホログラフィの上記特徴のうち，とりわけ2段階による位相情報の再生という特徴は，ホログラフィ干渉法という形で，物体の形状計測（8章参照）や，変位・変形・振動計測（9章参照）として，電子工業，自動車産業などでの工業計測にも活かされている．

6.2 スペックル法

レーザは可干渉性があるので，レーザを粗面やすりガラスに照射しても，そこからの散乱光が観測面で干渉して，不規則ではあるが，明瞭な斑点状のパターンを生じる．このときの斑点を**スペックル**（speckle）とよび，これは小斑点を意味する．また，このパターンを**スペックルパターン**とよぶ（図 6.4）．

スペックルは最初，雑音とみなされていたが，これを統計的現象として捉えることによりその性質が明らかになった．また，ホログラフィとの類似性に着目して理解が進むにつれて，スペックルパターンが光計測に利用されるようになった[6-3]．本節で

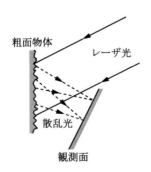

図 6.4 スペックルパターンの形成
粗面上の複数位置からの散乱光が，観測面上で同相（逆相）ならば，輝点（暗点）として現れる．

は，スペックルの性質，特徴，応用などを説明する．

6.2.1 スペックルの性質

スペックルパターンは一見不規則であるが，特定の条件の下で多くのスペックルについて平均化すると，その統計的性質が明らかとなる．特定の条件とは，①粗面の表面粗さの大きさが入射光の波長に比べて数波長以上大きい，②散乱によってもたらされる不規則な位相をもつ多くの波面の重ね合わせを，ランダムウォーク（酔歩：酔っ払いのように，あちらこちらに不規則に移動すること）として扱い，波面数を十分に大きくとることである．

このような条件下で，次に示すスペックルパターンの基本的性質が導ける．

（ⅰ）スペックルの統計的性質は光学系のみに依存し，粗面の性質にはよらない．スペックルパターンの平均的な大きさは，波長に比例し，光学系のパラメータで制御できる．そのため，スペックルの細かさを撮像素子などの解像度に合わせることができる．

（ⅱ）物体の変位や変形が微小なとき，一定の条件を満たすと，変位・変形に応じてスペックルパターンも形を変えずに移動する．それは変位・変形の種類や光学系に強く依存する．この性質が変位・変形・振動計測に利用されている．

（ⅲ）平均コントラストの高いスペックルパターンが得られる．この性質は3次元物体の計測に応用できる．

6.2.2 各種スペックル法とその特徴

スペックルパターンがもつ統計的性質を利用して，スペックルパターンの変化を検出して光計測に応用できる．

図 6.5 にスペックル法の光学系概略を示す．図 (a) は 1 方向からレーザ光を粗面物体に照射し，粗面物体からの散乱光を記録する方法であり，**スペックル写真法**（speckle photography）とよぶ．このときに記録される媒体をスペックルグラムとい

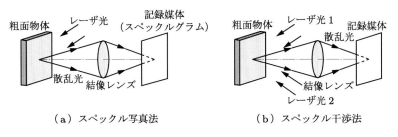

（a）スペックル写真法　　　（b）スペックル干渉法

図 6.5 スペックル法の光学系概略

う．図 (b) は参照光を粗面物体に光軸に対して逆の 2 方向から照射し，像面でできたスペックルパターンの位相変化を干渉で記録する方法で，**スペックル干渉法**（speckle interferometry）とよぶ．これらを総称して**スペックル法**（speckle method）とよぶ．

スペックル法はホログラフィと装置が共通であり，原理的にはホログラフィやモアレ法と相補的な関係にある．スペックル法の特徴は次のように示せる．

（ⅰ）レーザの可干渉性が多少低くても，スペックルが明瞭に生じる．
（ⅱ）光学系はホログラフィの装置と類似しているが，1 段階で像を記録する方式なので光学系をコンパクトにできる．
（ⅲ）画像情報の記録媒体では，スペックルの平均的な大きさが分解できればよいので，記録媒体（撮像装置）は低解像度でもよい．

スペックル法は，二重露光法を用い，スペックルパターンがもつ統計的性質を利用して，物体の変位・変形や振動計測（9 章参照），流体の速度計測などに応用されている．

6.3 ホログラフィ・スペックル法・モアレ法の比較

ホログラフィとスペックル法は，後述するように，それぞれホログラフィ干渉法とスペックル干渉法としても使用される．また，モアレ法を発展させたモアレトポグラフィにおけるモアレ縞は，2 光束干渉法における干渉縞と形式的に対応している（8.5.1 項参照）．これらはともに，変位・変形・振動計測などに利用されているように，類似点がある一方，当然異なる点がある．そこで，これらの手法の使い分けがわかるように，特性や特徴の比較を**表 6.1** に示す．

ホログラフィは位相など高度な情報が保存できる代わりに，光源や記録媒体への要求条件が厳しくなる．スペックル法は要求条件が厳しくないので，簡易測定法として

表 6.1 ホログラフィ，スペックル法，モアレ法の比較

比較項目	ホログラフィ	スペックル法	モアレ法
測定系	2 段階で構成が複雑	コンパクト	多少複雑
光源の可干渉性	位相を記録するため，高い可干渉性を要する	可干渉性が多少低くてもスペックルが生じる	インコヒーレント光でよい
情報の発生源	干渉縞が光波の振幅の積で発生	干渉縞が光波の振幅の積で発生	モアレ縞が格子の強度分布で発生
情報の保存	FZP の形で保存	スペックル，像質は劣る	モアレ縞のピッチ
画像記録媒体の解像度	高い解像度を必要とする	解像度がそれほど高くなくてもよい	解像度がそれほど高くなくてもよい
測定精度	光波の波長で決まる	光波の波長で決まる	格子のピッチで決まる

利用できる．モアレ法はホログラフィと測定原理などで共通点が多い．たとえば，ホログラフィにおけるホログラムが光波振幅の干渉で生じているのに対して（6.1.1 項参照），モアレ縞は明暗格子の強度分布の積から生じている（4.2.3 項参照）．

6.4　光ヘテロダイン干渉法

　光の周波数は，電波や電気領域で扱う周波数に比べてはるかに高いため，現在の検出器では応答できず，直接観測することができない．観測を可能とするため，緊急自動車からのサイレン（うなり）の原理が，光領域に取り入れられている．

　サイレンが短時間に高い周波数と低い周波数が繰り返されて聞こえるのは，周波数がわずかに異なる音波が重ね合されることにより，差の周波数のうなりを生じているためである．同様な現象が，可干渉性と周波数安定性に優れたレーザの出現により，光波でも観測できるようになった．光領域での基準周波数との差であるビート周波数を電気的手段で処理できる程度まで低くして，ビート信号を検出する手法を光ヘテロダイン干渉法という．光ヘテロダイン干渉法は電気信号の位相変化から光波の位相差を求めるものであり，5 章で説明した 2 光束干渉法は光波の位相を直接利用するものである．

　以下では，光ヘテロダイン干渉法の測定原理，測定系，特徴などを説明する．

6.4.1　光ヘテロダイン干渉法の測定原理

　同一光源から出た光の周波数を，変調などにより二つの周波数光とする．このとき，周波数と真空中での波長が，それぞれ f_1, λ_{01} と f_2, λ_{02} の 2 光束による干渉を考える（$f_1 \neq f_2$ つまり $\lambda_{01} \neq \lambda_{02}$）．これらが光源から観測点まで光路長 φ_j ($j = 1, 2$) だけ伝搬した後の複素振幅は，

$$u_j = A_j \exp\left[2\pi i \left(f_j t - \frac{\varphi_j}{\lambda_{0j}}\right)\right] \quad (j = 1, 2) \tag{6.21}$$

$$\varphi_j = n_j L_j \tag{6.22}$$

で表せる．ただし，A_j は観測点での振幅，n_j は各光路の平均屈折率，L_j は各光路の幾何学的距離である．

　これらの 2 光束による観測点での光強度分布は，次式で書ける．

$$\begin{aligned} I &= |u_1 + u_2|^2 \\ &= |A_1|^2 + |A_2|^2 + 2\mathrm{Re}\{A_1 A_2^*\} \cos 2\pi \left[(f_1 - f_2)t - \left(\frac{\varphi_1}{\lambda_{01}} - \frac{\varphi_2}{\lambda_{02}}\right)\right] \end{aligned} \tag{6.23}$$

式 (6.23) の第 3 項は干渉縞を表す．これは，2 光束での光路長 φ_1 と φ_2 を固定した場合でも，ビート周波数（差の周波数）$f_1 - f_2$ に関するビート信号，つまり光波によるうなりが生じることを示している．式 (6.23) で 2 光束の周波数が等しい場合 ($f_1 = f_2$ かつ $\lambda_{01} = \lambda_{02}$)，これは空間位相のみを考慮した式 (2.20a) に帰着する．

図 6.6 は，二つの周波数が比較的近いとき，個々の光波 u_1（周波数 f_1），u_2（周波数 f_2）の振幅と，それらの合成波の光強度波形 $|u_1 + u_2|^2$ を模式的に示したものである．u_1 と u_2 の振幅がともに大きいとき（$t = 0$ 近傍），合成波の強度も大きく，u_1 と u_2 の振幅が逆符号で振幅の絶対値がほぼ等しいとき（$t = \pm 32$ 付近），合成波の強度がゼロとなっている．図 (a) の二つと図 (b) の実線で表す光波は，その周波数 f_j が非常に高いので，直接観測することができない．図 (b) の包絡線は，もとの周波数よりも緩やかなビート周波数 $f_1 - f_2$ で光強度が変動するうなりである．

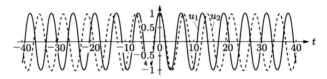
（a）2 周波の個別振動

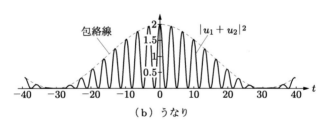
（b）うなり

図 6.6　2 周波によるうなりの発生

ビート周波数 $f_1 - f_2$ を電気的手段で処理できる程度に小さく設定し，ローパスフィルタでビート周波数成分だけを取り出すと，式 (6.23) 第 3 項における光波の位相変化をビート信号の電気的位相として検出することが可能となる．たとえば，式 (6.23) で光路長 φ_1 を固定して φ_2 だけを変化させると，ビート信号の電気的位相が $\phi = 2\pi\varphi_2/\lambda_{02}$ ぶんだけ変化する．

このように，周波数がわずかに異なる二つの高周波光信号を用いて干渉させ，低周波のビート信号から光の位相を検出する方法を**光ヘテロダイン干渉法**（optical heterodyne interferometry）という．ヘテロダイン検出は電波領域ですでに確立されていたが，周波数安定性に優れたレーザが発明されて初めて，光領域でも実現できるようになった．

6.4.2 光ヘテロダイン干渉法の測定系

光ヘテロダイン干渉法の測定系を図 6.7 に示す．周波数 f_0 のレーザ光源からの光に周波数シフトを与え，異なる 2 周波数 f_1 と f_2 の直交した直線偏光を得る．無偏光ビームスプリッタ（NPBS）は，光源の周波数変動や位相変化などのモニタ用信号をとるために用いられている．

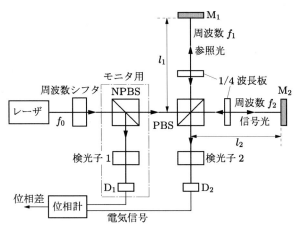

PBS：偏光ビームスプリッタ，NPBS：無偏光ビームスプリッタ
M_1, M_2：反射鏡（コーナーキューブが使われることもある）
D_1, D_2：光検出器

図 6.7 光ヘテロダイン干渉法の光学系構成

NPBS の透過光を偏光ビームスプリッタ（PBS）で二つの偏光に分離し，周波数 f_1 の光を参照光（光路長 φ_1），周波数 f_2 の光を信号光（光路長 φ_2）とする．反射鏡 M_1 と M_2 からの反射光を PBS で合波する．反射鏡として，反射光を厳密にもとの光路に戻せる，コーナーキューブ（13.2.1 項 (b) 参照）が適している．反射鏡を移動させる場合に測定誤差を軽減する考え方として，アッベの原理（13.2.2 項参照）がある．PBS と 1/4 波長板の組み合わせは，光アイソレータの役目をしている（13.2.1 項 (e) 参照）．

直交した偏光は互いに独立した状態なので，単純に重ね合わせただけでは干渉縞が得られない．そこで，合波した光波を，両偏光に対して 45° に傾けた検光子 2 に通過させた後，この光を光検出器 D_2 で受光し，2 乗検出して電気信号に変換する（付録 A.2 参照）．

光ヘテロダイン干渉用に，周波数の近い 2 周波を同時に発振させるレーザとしてゼーマンレーザ（13.3.3 項参照）が市販されており，これがよく利用されている．

6.4.3 光ヘテロダイン干渉法の特徴と応用

光ヘテロダイン干渉法の特徴を次に示す.

（ⅰ）光ヘテロダイン干渉法は電気信号の位相変化から光波の位相差を求める方法であり，電気的には 10^{-2} rad 程度までの位相測定ができる．そのため，2 光束干渉法での精度がほぼ使用波長 λ_0 程度であったのに対して，光ヘテロダイン干渉法では，空間的位相で $\lambda_0/1000 \sim \lambda_0/100$ 程度の高分解能な測定が可能となる．可視光を想定すると，この精度は nm オーダレベルの計測が可能なことを意味する．

（ⅱ）位相測定なので，光強度に多少の変動があっても測定精度への影響が少ない．

（ⅲ）光源にレーザを用いているので，非接触測定ができる．

光ヘテロダイン干渉法のこのような利点を活かすと，光路長や長さが nm オーダの高精度で測定できるので，これは長さの高精度測定法として多方面で使用されている．例として，レーザドップラ速度計（流速計，10.1 節参照），微小変位・振動の計測（9.7.4 項参照），ヘテロダイン分光法（分子などで散乱された光の周波数偏移を解析して，物質の構造を解明）などがある．

> **例題 6.1** 光ヘテロダイン干渉法において，光路の平均屈折率が n_2 である周波数 f_2 側の反射鏡 M_2 を ΔL_2 だけ移動させるとき，ビート信号の電気的な位相変化 ϕ を表す式を求めよ．
>
> **解** 反射鏡 M_2 が ΔL_2 移動すると，光路長は往復で $\varphi_2 = 2n_2 \Delta L_2$ 変化する．よって，式 (6.23) より電気的位相変化は $\phi = 4\pi n_2 \Delta L_2 / \lambda_{02}$ となる．式 (2.7) より，波長は $\lambda_{02} = c/f_2$ で得られるから，電気的位相変化は $\phi = 4\pi f_2 n_2 \Delta L_2 / c$ で表せる．

6.5　レーザドップラ法

救急車や消防自動車などの緊急車両からのサイレンの音が，近づいて来るときの方が高く聞こえる現象は**ドップラ効果**（Doppler effect）として知られている．ドップラ効果は 1842 年に発表されたもので，音波以外に光でも観測され，天文学における星の赤方偏移で移動速度が測られている．

レーザがもつ指向性および光の高速性・非接触性を利用することにより，移動物体の速度を計測するレーザドップラ速度測定法が 1964 年に流速測定の形で提案された[6-4]．これは光ヘテロダイン干渉法を併用することにより，広い速度範囲における非接触での速度測定を可能にするもので，流体の速度測定を中心として広く光計測に利用されている．

本節では，レーザドップラ法の原理および特徴を紹介し，レーザドップラ速度測定法のより詳しい内容は 10.1 節で説明する．

6.5.1 レーザドップラ法の測定原理

光源 S から出たレーザ光（周波数 f_0，波数ベクトル $\bm{k}_{\rm in}$）が，速度ベクトル $\bm{v}$ の移動物体を照射し，物体からの散乱光（周波数 $f_{\rm sc}$，波数ベクトル $\bm{k}_{\rm sc}$）が静止位置 O で観測される場合の，光の周波数変化を調べる（図 6.8）．入射光と移動物体（散乱光）のなす角度を $\theta_{\rm in}$（$\theta_{\rm sc}$）とおく．移動物体の速さが光速に比べて十分小さいと仮定すると，相対論的議論は不要であり，物体の移動前後の光の波数ベクトルが不変とみなせる．入射光の媒質中での波長を λ とおくと，媒質中での波数ベクトルが

$$|\bm{k}_{\rm in}| \fallingdotseq |\bm{k}_{\rm sc}| = \frac{2\pi}{\lambda} \tag{6.24}$$

で書ける．ただし，$\lambda = \lambda_0/n$，λ_0 は真空中での波長，n は移動物体が存在する媒質の屈折率である．

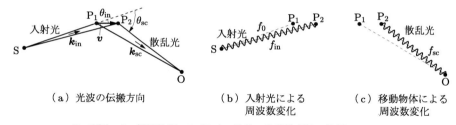

(a) 光波の伝搬方向　　(b) 入射光による周波数変化　　(c) 移動物体による周波数変化

S：光源，O：観測位置，$P_1(P_2)$：物体の移動前（後）の位置
$\bm{v}$：移動物体の速度ベクトル，$\bm{k}_{\rm in}(\bm{k}_{\rm sc})$：入射（散乱）光の波数ベクトル
$f_0(f_{\rm sc})$：入射（散乱）光の周波数

図 6.8 ドップラ効果による光波の周波数変化

まず，移動物体から見た波数ベクトル $\bm{k}_{\rm in}$ の光の周波数 $f_{\rm in}$ を検討する．$t=0$ に点 P_1 にあった物体が，$t=\Delta t$ に点 P_2 に移動しているとする（図 (b) 参照）．$t=0$ に点 S を出た光は，$t=\Delta t$ に点 P_2 に到達する．物体の速さは光速に比べてはるかに微小（$|\bm{v}| \ll c$）だから，波数ベクトル $\bm{k}_{\rm in}$ の方向についてのみ検討すればよい．物体がこの方向に $|\bm{v}|\Delta t \cos\theta_{\rm in} = v\Delta t \cos\theta_{\rm in}$ 移動し，光は $(c/n + v\cos\theta_{\rm in})\Delta t$ だけ伝搬しているから，これは波長の変化を意味する．光速は同一媒質中では伝搬方向によらず不変だから，

$$\frac{c}{n}f_0 \fallingdotseq \left(\frac{c}{n} + v\cos\theta_{\rm in}\right)f_{\rm in}$$

が成立する．これを書き直して，次式が得られる．

$$f_{\rm in} = \left(1 + \frac{v\cos\theta_{\rm in}}{c/n}\right)^{-1} f_0 \fallingdotseq \left(1 - \frac{v\cos\theta_{\rm in}}{c/n}\right) f_0 = f_0 - \frac{1}{2\pi}\bm{k}_{\rm in}\cdot\bm{v} \quad (6.25)$$

ただし，$|\bm{v}|/c$ の 1 次の微小量まで考慮しており，$\cdot$ は内積を表す．また，最終項への変形では次式を用いた．

$$\cos\theta_{\rm in} = \frac{\bm{k}_{\rm in}\cdot\bm{v}}{|\bm{k}_{\rm in}||\bm{v}|} = \frac{\lambda}{2\pi v}\bm{k}_{\rm in}\cdot\bm{v} = \frac{c}{2\pi vnf_0}\bm{k}_{\rm in}\cdot\bm{v} \quad (6.26)$$

式 (6.25) はドップラ効果による光の周波数変化を表す．

一方，上記 $f_{\rm in}$ をもつ移動物体からの光を，波数ベクトル $\bm{k}_{\rm sc}$ 方向の静止系で観測する場合（図 6.8(c) 参照），上と同様に考えて，散乱光の周波数 $f_{\rm sc}$ は

$$\begin{aligned}f_{\rm sc} &\fallingdotseq \left(1 + \frac{v\cos\theta_{\rm sc}}{c/n}\right) f_{\rm in} \fallingdotseq \left(1 + \frac{v\cos\theta_{\rm sc}}{c/n}\right)\left(1 - \frac{v\cos\theta_{\rm in}}{c/n}\right) f_0 \\ &= f_0 - \frac{1}{2\pi}\bm{k}_{\rm in}\cdot\bm{v} + \frac{1}{2\pi}\bm{k}_{\rm sc}\cdot\bm{v} = f_0 + \frac{1}{2\pi}(\bm{k}_{\rm sc} - \bm{k}_{\rm in})\cdot\bm{v}\end{aligned} \quad (6.27)$$

で書ける．

移動物体からの反射・散乱光が，ドップラ効果によりもとの周波数から変化することを**ドップラシフト**（Doppler shift）といい，偏移周波数 $f_{\rm D}$ 自体もドップラシフトとよばれることが多い．$f_{\rm D}$ の一般形は，式 (6.27) より，

$$f_{\rm D} \equiv f_{\rm sc} - f_0 = \frac{1}{2\pi}(\bm{k}_{\rm sc} - \bm{k}_{\rm in})\cdot\bm{v} \quad (6.28)$$

で書くことができる．ドップラシフトから，移動物体の速度や移動方向を計測する方法を**レーザドップラ速度測定法**（laser Doppler velocimetry）とよび，**LDV** と略されることもある．また，この方法を広く光計測に利用するときには**レーザドップラ法**とよぶ[6-5, 6-6]．

図 6.8 の配置に対するドップラシフト $f_{\rm D}$ を角度表示すると，

$$f_{\rm D} = \frac{2n}{\lambda_0}|\bm{v}|\sin\frac{\theta_{\rm sc}}{2}\sin\left(\theta_{\rm in} - \frac{\theta_{\rm sc}}{2}\right) \quad (6.29)$$

で表せる（演習問題 6.4 参照）．ただし，λ_0 は入射レーザの真空中での波長，n は周囲媒質の屈折率である．また，$|\bm{v}| \ll c$ としているので $|f_{\rm D}| \ll f_0$ である．とくに，入射光が移動物体に垂直入射する場合，式 (6.29) で $\theta_{\rm in} = \theta_{\rm sc} = \pi$ とおくと，ドップラシフトは

$$f_\mathrm{D} = \frac{2|\boldsymbol{v}|}{\lambda} \quad (垂直入射時) \tag{6.30}$$

で表せる．ここで，λ は入射レーザの媒質中での波長である．

　光の周波数は非常に高いため，周波数を直接測定できない．そこで，通常は周波数の近い二つの光波による干渉（光ヘテロダイン干渉法）を利用して，差周波 $|f_\mathrm{D}|$ の信号が電気領域で処理できるようにして，ドップラシフトを測定する（10.1.2 項参照）．

6.5.2　レーザドップラ法の特徴と応用

レーザドップラ法の特徴を次に示す．
（ⅰ）非接触測定なので，被測定物の環境を乱すことなく測定できる．また，流体や粗面も扱えるので，測定対象が広い．
（ⅱ）光ヘテロダイン干渉法と同じく，測定系の限界が電気領域の技術で決まるので，低速から超音速まで広い測定範囲の速度測定ができ，測定範囲は 10^{-6}〜10^3 m/s 程度である．もっと速い速度測定を行うには，ミリ波やマイクロ波など，より長い波長の電磁波を利用する必要がある（演習問題 6.5 参照）．
（ⅲ）レーザビームを細く絞ることができるので，局所的な測定が可能になる．また，流速分布などを求めることができる．
（ⅳ）応答が速いので，実時間で速度を測定することができる．

　レーザドップラ法は上記のように，非接触での速度測定（10.1 節参照）を可能にする．また，速度を時間的に積算処理すれば変位・振動測定（9.7.4 項参照）も可能となる．このような特徴に着目して，①流体・気体の速度測定，②燃焼物体の速度測定，③血流速測定による医用への応用，④直線計，⑤変位・振動計測，⑥天体観測といった分野に応用されている．

> **例題 6.2**　レーザドップラ速度法で可視光（波長 380〜780 nm）を用いて速度測定をしたい．ビート周波数を 1.0〜10.0 MHz とするとき，測定可能な移動速度 v の範囲を求めよ．ただし，空気中で光波は測定物体に垂直入射するものとする．
> ....
> **解**　式 (6.30) で空気中なので $\lambda \fallingdotseq \lambda_0$ とおいて，$|\boldsymbol{v}| = \lambda_0 f_\mathrm{D}/2$ を得る．$f_\mathrm{D} = 10^6$ Hz のとき，$\lambda_0 = 380$ nm に対しては $|\boldsymbol{v}| = 380 \times 10^{-9}(10^6/2) = 0.19$ m/s，$\lambda_0 = 780$ nm に対しては $|\boldsymbol{v}| = 780 \times 10^{-9}(10^6/2) = 0.39$ m/s を得る．また，$|\boldsymbol{v}| \propto f_\mathrm{D}$ だから $f_\mathrm{D} = 10$ MHz に対しては 1.9 m/s $\leqq |\boldsymbol{v}| \leqq$ 3.9 m/s を得る．よって，速度の測定範囲は 0.19 m/s $\leqq v \leqq$ 3.9 m/s である．

6.6　光コムによる計測

　パルス幅が極度に狭いフェムト秒モード同期レーザでは，周波数領域で縦モードが等間隔で分布している．その様子は櫛（コム）の歯に似ているので，**光コム**（optical comb）または光周波数コムとよばれる（図6.9(a)）．光コムの周波数は非常に安定しているので，これを用いた長さ計測装置は国家標準にも採用されている．光コムを含むレーザ技術の精密分光への功績で，Hall（米国）と Hänsch（独）は2005年のノーベル物理学賞を受賞した．以下で，光コムの基本的性質と光コムを用いた干渉計測，特徴などを説明する．

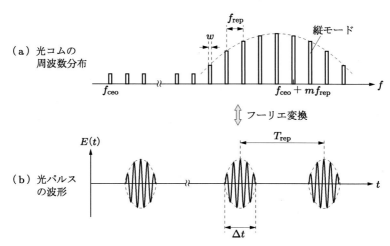

図 6.9　光コムと超短光パルスの関係

6.6.1　光コムの基本的性質

　利得帯域の広いレーザ媒質で縦モード間隔に等しい周波数で変調をかけると，縦モード間で位相がそろい，時間領域では極度に幅の狭い光パルスが得られる．これをモード同期レーザという．モード同期レーザあるいはファイバレーザとフォトニック結晶ファイバの併用により，可視域のほぼ全域と近赤外域を包含する光コムが実現されており，その帯域は1オクターブ程度である．

　光コムの周波数分布は次の1次式で表せる．

$$f = f_{\text{ceo}} + m f_{\text{rep}} \quad (m = 0, 1, 2, \cdots, N-1) \tag{6.31}$$

ここで，f_{ceo} は低周波に外挿したオフセット周波数，f_{rep} は光コムの周波数間隔で，モード同期レーザの繰り返し周波数に等しい．マイクロ波帯にある f_{ceo} と f_{rep} の値は高精度で測定できるので，光波周波数 f の絶対計測ができる．また，縦モード数 N は非常に大きい値である．

光コムに対応する光電界を求めるにあたり，簡単のため，各縦モードが方形でその振幅が等しく，有限の幅 w をもち，位相がそろっているとする．このとき，スペクトル分布をフーリエ変換して，光電界が

$$E(t) = \sum_{m=0}^{N-1} \int_{a_m}^{b_m} \exp(i2\pi ft) df \tag{6.32}$$

$$a_m \equiv f_{\text{ceo}} + mf_{\text{rep}} - \frac{w}{2}, \quad b_m \equiv f_{\text{ceo}} + mf_{\text{rep}} + \frac{w}{2}$$

で求められる．これを計算して，光電界が次式で得られる（付録 A.3 参照）．

$$E(t) = w\,\text{sinc}(wt) E_{\text{env}}(t) \exp\{i\pi[2f_{\text{ceo}} + (N-1)f_{\text{rep}}]t\} \tag{6.33a}$$

$$\text{sinc}\,\zeta \equiv \frac{\sin(\pi\zeta)}{\pi\zeta}, \quad E_{\text{env}}(t) \equiv \frac{\sin(\pi N f_{\text{rep}} t)}{\sin(\pi f_{\text{rep}} t)} \tag{6.33b}$$

ここで，$\text{sinc}\,\zeta$ は sinc 関数であり，その概形を図 2.11 に示している．

式 (6.33) で $2f_{\text{ceo}} + (N-1)f_{\text{rep}} \gg f_{\text{rep}} \gg w$ である．よって，指数関数は光の周波数で変動する微細構造を形成し，sinc 関数はもっとも緩やかに変動する成分となる．縦モードの幅が十分に狭いとき，これを無限小（$w \to 0$）で近似すると $\text{sinc}(wt) \to 1$ に収束する．このとき，光コムに対応する光電界は次式で書き表せる．

$$E(t) = w E_{\text{env}}(t) \exp\{i\pi[2f_{\text{ceo}} + (N-1)f_{\text{rep}}]t\} \tag{6.34}$$

式 (6.34) で $E_{\text{env}}(t)$ が $E(t)$ の包絡線となり，$E_{\text{env}}(t + 1/f_{\text{rep}}) = (-1)^{N+1} E_{\text{env}}(t)$ を満たす．つまり，光強度における包絡線は，パルス間隔 T_{rep} が $T_{\text{rep}} = 1/f_{\text{rep}}$ のように，周波数間隔 f_{rep} の逆数で表される周期関数となる（図 6.9(b) 参照）．

包絡線のパルス幅 Δt を，包絡線がゼロとなる時間幅で定義する．縦モード数 N が非常に大きい値であることを考慮して，$\Delta t = 1/Nf_{\text{rep}}$ と書ける．これは，縦モード数が多くなるほどパルス幅が狭くなること，言い換えれば，パルス幅はスペクトル幅の逆数にほぼ等しくなることを表している．

6.6.2　光コムによる干渉計測

フェムト秒モード同期レーザを光検出器で光電変換すると，縦モード間のビートに

より，モード間隔周波数 f_{rep} とこれの逓倍周波数の高周波が発生する．これらは電波領域に相当するので **RF コム** という．RF コムでは周波数の安定した 10 GHz オーダまでの高周波 (f_h) の変調波が得られている[6-7]．RF コムから得られる高周波の変調波を用いて，ヘテロダイン検出での位相差測定により高精度の計測ができる．

光コムの干渉測定系を図 6.10 に示す．フェムト秒モード同期レーザを光源として，この光ビームを 2 分岐する．一方を光検出器 D_1 で光電変換した後に，バンドパスフィルタ B_1 を使用して，ビート成分から繰り返し周波数 f_{rep} の参照信号を得る．他方の光をプローブ信号用として被測定物体に向けて伝搬させ，反射光を光検出器 D_2 で受光する．これから B_3 で切り出した高周波 (f_h) 成分と，光検出器 D_1 とバンドパスフィルタ B_2 で得た $f_h - f_{rep}$ 成分を電気的に掛け合わせ，プローブ信号の f_{rep} 成分を得る．この f_{rep} 成分と参照信号で得た f_{rep} 成分の電気的位相差を求める．

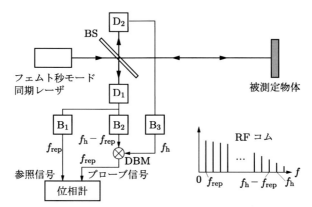

BS：ビームスプリッタ，D_1, D_2：光検出器，$B_1 \sim B_3$：バンドパスフィルタ
DBM：ダブルバランストミキサ

図 6.10 光コムを利用した干渉計測

上記光コムによる干渉計測では，電波領域の周波数どうしのビートを検出しているのに対して，光ヘテロダイン干渉法では光周波数のビートを電波領域で検出している点が異なる．

6.6.3 光コム干渉計測の特徴と応用

光コムを用いた計測の特徴を以下に示す．
（ⅰ）光コムのオフセット周波数や周波数間隔はマイクロ波帯にあるため，周波数が桁違いに異なる光波の周波数を，周波数標準のあるマイクロ波と直接関係づけることができる．

(ii) 光コム干渉計測では，別の光路を使うことなく参照信号を得ることができるので，環境の影響を受けないで高精度の計測ができる．マイケルソン干渉計のような構成で2光路を使う方法もある．

(iii) 上記 (i) の性質は，周波数や時間などの計測精度を大幅に向上させるのに役立つ．

光コムの上記性質は，光コム干渉計測を通して光計測に有用であり，これは精密な距離計測，形状計測，変位・振動計測などに応用され始めている[6-8]．また，光コムは周波数や時間などの基準として使用されている．

演習問題

6.1 ホログラフィで書き込み光と画像信号光が光軸上にあり，かつ書き込み光が平行光であるとき，光軸上から出た画像信号光のホログラム上に書かれたフレネルゾーンプレート（FZP）について，次の問いに答えよ．
　(1) 波長が λ_1，透過物体がホログラムの前方 L_T にあるとき，ホログラム上で光軸から距離 x にある FZP の局所的な間隔を表す式を求めよ．
　(2) 銀塩写真フィルムの感光粒子径が $6\sim8\,\mu m$ であり，この値が画像の解像度に対応する．前問で光源が He-Ne レーザ（$\lambda_0 = 633\,nm$），$L_T = 5\,cm$ であるとき，FZP の局所的な間隔が $7\,\mu m$ となる x を求めよ．
　(3) 前問がもつ意味を，解像度の観点から説明せよ（13.4.3 項参照）．

6.2 ゼーマンレーザ（He-Ne レーザ，$\lambda_0 = 633\,nm$）を光源とした光ヘテロダイン干渉法（図 6.7 参照）で，一方の反射鏡を固定し，他方の反射鏡だけを移動させたとき，ビート信号の電気的な位相変化が $0.10\,rad$ となった．このときの反射鏡の移動量を求めよ．ただし，測定系は空気中にあるものとする．

6.3 光ヘテロダイン干渉法が 2 光束干渉法よりも高精度な長さ測定法となっているのは，どのような工夫がなされているためか．測定系の構成法と計測手段の違いに着目して説明せよ．

6.4 レーザドップラ法の図 6.8 に示す構成で，ドップラシフト f_D の角度表示が式 (6.29) で表せることを導け．また，散乱光が入射光方向に戻るとき，$|f_D|$ が最大となる角度 θ_{in} を求めよ．

6.5 電磁波を空気中にある移動物体に対向させて照射して，受けた電磁波の周波数変化から移動速度 v を計測したい．ビート周波数が $10\,MHz$ で，$10\,km/s \leqq v \leqq 150\,km/s$ の範囲の移動速度を計測可能とするには，電磁波の波長 λ_0 をどの範囲に設定する必要があるか．

7章 長さ・距離の計測

　光がもつ高速性，非接触性，短波長性，遠距離到達性などの特徴は，距離や長さの計測に有用である．これらの特徴に加えて，レーザがもつ可干渉性は，距離や長さ計測での高精度化に役立っている．光計測で基本的なものは距離測定（測距）であり，これには光パルス法や光変調法が用いられている．高精度測長法として合致法と干渉縞計数法が使用されている．原理的に可干渉性を必要としないモアレ法と格子法は，干渉法に比べて精度は落ちるが，長さ計測に広く用いられている．

　本章では，上記の各種計測手法の測定原理と測定系，特徴などを説明する．本章で説明する光干渉法やモアレ法での基本手法は，形状計測（8章参照）や変位・変形計測（9章参照）に受け継がれている．

7.1 長さ・距離の計測の概要

　距離とは離れた2点間の間隔であり，数学的に厳密に定義できる．物体が移動する場合には，移動距離という．一方，長さとは直線や曲線に沿って測った2点間の距離である．つまり，距離は離れた部分に用いるのに対して，長さは連続的な部分に用いる．

　距離測定（測距）は，光計測とりわけレーザ応用で基本的なものである．各種長さ・距離測定法の概要を**表7.1**に示す．測距には①三角測量法（4.3節参照），②伝搬時間の計測による光パルス法，③時間的位相の測定を利用する光変調法，④空間的位相の測定を利用する光干渉法などが用いられている．②は光速不変，③は光の周波数の安定性，④は光の波長を基準として利用したもので，②〜④はいずれも距離を直接測定する手法である．④は②，③に比べて相対的に長さが短い場合に用いられる．①は間接的に距離を測定する方法であり，②，③と併用される．距離測定装置は，測量分野では測距儀とよばれている．

　干渉計を用いて高精度に距離や長さを計測する手法に，合致法と干渉縞計数法がある．合致法は，複数波長に対する位相測定での端数から距離などを決定する方法で，干渉縞計数法は，光干渉法で得た干渉縞の数を数えて長さを測定する方法である．

　モアレ法はモアレ縞がもつ拡大特性を利用するものであり，格子法（エンコーダ法）

7.1 長さ・距離の計測の概要

表 7.1 長さ・距離の測定法

方　法		測定範囲	測定原理	特　徴
三角測量法		中距離	三角関数の正弦定理を利用	古くから測量に利用されている手法
光パルス法		長・中距離	光パルスの往復時間から距離を測定	高分解能化のためにはパルス幅の狭いレーザが必要
光変調法		長・中距離	変調波の位相変化から距離を測定	精度は時間的位相における電気的位相測定に依存
合致法	光変調法	中距離	複数波長で位相測定をし，端数処理で一致する距離差を探索	既知の概略値の精度をより高めるのに使用
	2 光束干渉法	短距離		
干渉縞計数法	2 光束干渉法	短距離	移動量に対応して明暗を繰り返す干渉縞の数を計数	縞の計数が自動計測できる
	光ヘテロダイン干渉法	短距離		移動方向もわかる
モアレ法		短距離	微小な移動量をモアレ縞で拡大して測定	微小な角度測定もできる，レーザ光源でなくてもよい
格子法(エンコーダ法)		短距離	格子とスリットを同時に透過する光量の変化を測定	角度変位も測定できる，レーザ光源でなくてもよい

は被測定物体に貼り付けた格子の移動量を測定するものである．モアレ法と格子法はレーザ光源を必要としない長さ測定法であるが，精度は干渉法に比べると劣る．

図 7.1 に，おもな長さ・距離測定法による測定範囲の目安を示す．長距離測定には光パルス法，比較的短距離には干渉法が適している．

工業用などの長さの精密測定では，長さが温度や空気の屈折率で敏感に変化するので，これらへの配慮が必要になる．温度や気圧による空気の屈折率への影響は，すでに 2.1 節で説明したので，ここでは省略する．

物体の長さは温度で伸縮する．工業での標準温度は 20°C であるが，この温度以外での測定では補正が必要になる．線膨張率を $\alpha\,[\mathrm{K}^{-1}]$，測定温度を $t\,[°\mathrm{C}]$，被測定物の測定温度での長さを L，標準温度での被測定物の長さを L_{st} とすると，$L = L_{\mathrm{st}}[1+\alpha(t-20)]$ が成り立つ．温度による伸縮が微小とすれば，標準温度での長さは

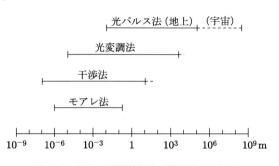

図 7.1　長さ・距離測定法の測定範囲の目安

$$L_{st} \fallingdotseq L[1 - \alpha(t - 20)] \tag{7.1}$$

を用いて見積もることができる．ステンレス鋼 (18Cr, 8Ni) の場合，線膨張率は20℃で $\alpha = 14.7 \times 10^{-6} \mathrm{K}^{-1}$ であり，長さ1mのとき1℃の温度上昇で約15μm伸びる．物体の線膨張率は，空気の線膨張率 $0.932 \times 10^{-6} \mathrm{K}^{-1}$ に比べて約1桁大きいので，長さの精密測定では温度管理が重要となる．

7.2 光パルス法

長さや距離は光速を基準として定義されており，光速は伝搬方向によらず一定であるから，光の伝搬時間を計測すれば距離が測定できる．このことを利用して，送・受信部と被測定物間での光の往復時間から距離を計測する方法を**光パルス法**（optical pulse method）という．これはレーザがもつ指向性とパルス特性を利用している．

7.2.1 光パルス法の測定原理

光パルス法では光短パルスレーザを光源とする（**図7.2**）．レーザ光を送信部から被測定物に向けて放射し，被測定物からの反射・散乱光パルスを受信部で受光して，光の往復時間 τ を測定する．測定精度を上げるため，送信パルスの一部を送受信機内部で取り出してこれを参照信号とし，測距用の受信パルスとの時間差を上記 τ とする方法もある．被測定物には，反射光が正確に受信部へ戻るように，コーナーキューブ（13.2.1項(b)参照）が設置される場合がある．

光パルスの往復時間を τ とすると，被測定物までの距離 L は

$$L = \frac{c}{2n}\tau \tag{7.2}$$

で求められる．ただし，n は光路の平均屈折率，c は真空中の光速である．

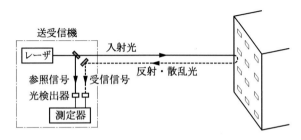

図 7.2 光パルス法による距離測定の概略
送受信機内の測定器は，光の往復時間測定を行う．

光パルス法は時間を物差しとする方法なので，光の高速性により，距離分解能を高くするには，パルス幅の狭いレーザが望ましい（演習問題7.1参照）．光源として，パルス幅がnsオーダあるいはそれ以下の値をもつ，Nd:YAGレーザや半導体レーザがおもに使用されている．光パルス法での距離測定可能範囲は，その上限が送・受信光強度で，下限がパルス幅と立ち上がり時間で決まる．測定誤差は光パルス幅や往復時間のばらつきで決まる．

7.2.2 光パルス法の特徴と応用

光パルス法の特徴を次に列挙する．
(ⅰ) 光の波長が短いため，長距離伝搬後でも回折広がりが小さいので，高い空間分解能で測定できる．
(ⅱ) 光パワが高いので，長距離の測定が可能となる（図7.1参照）．

光パルス法の原理は，水深計（演習問題7.2参照）や，測距装置，レーザレーダなどに応用されている．光パルス法の測距応用では，人工衛星や月など宇宙空間までの長距離測定にも利用されている．**レーザレーダ**（laser radar）は，光パルスを，微小粒子を含む媒質や大気汚染物質に向けて発射し，被測定物からの散乱光を検出・分析するものである．これにより汚染物質までの距離を知り，汚染物質の種類を特定することができる．測距やレーダへの応用はマイクロ波でもできるが，光では波長が短いために高い空間分解能で測定できる．

レーザレーダの応用として，近赤外半導体レーザを用いて，自動車の衝突防止用の車間距離測定が行われている．これでは100m前後の距離が測定できるが，受信光強度が車種や気象条件によって変動する．

例題 7.1 地球から月までの距離を計測するため，ルビーレーザからの光パルスを，月面に設置された反射鏡（コーナーキューブ）に向かって発射して，月からの反射光を観測した．このとき，次の問いに答えよ．
(1) 反射光が約2.5s後に戻ってきた．光速が不変であることを用いて，月までの距離 L を推定せよ．ただし，月までの大半は真空とせよ．
(2) 往復時間のばらつきが平均値の前後で約2nsのとき，距離の測定誤差を求めよ．

解 (1) 光速を $c \approx 3.0 \times 10^8$ m/s, 真空中の屈折率を $n = 1$, $\tau = 2.5$ s として，これらの値を式(7.2)に代入すると，月までの距離が $L = 3.0 \times 10^8 \cdot 2.5/(2 \cdot 1) = 3.75 \times 10^8$ m で約38万kmであるとわかる．
(2) 測定誤差を ΔL, 往復時間のばらつきを $\Delta\tau$ とすると，式(7.2)より $\Delta L = c\Delta\tau/2n$ を得る．これより，$\Delta L = 3.0 \times 10^8 \cdot 2 \times 10^{-9}/(2 \cdot 1) = 0.3$ m となる．

7.3 光変調法

光パルス法は簡便な方法であるが,光短パルスの使用が不可欠であり,不便である.そこで,レーザ光の周波数が安定していることを利用して,光に変調をかけて送信し,被測定物からの反射光との時間的位相差を検出・比較して,距離測定を行うのが**光変調法**(optical modulation method)であり,広く使用されている.

光源からのレーザ光を周波数 f_m の正弦波で強度変調する.送信前の光を参照信号 (I_r) として,光検出器 D_1 で受ける (**図 7.3**).被測定物からの反射光を受信信号 (I_s) として,光検出器 D_2 で受ける.被測定物までの光の往復時間を τ とすると,往復時間に依存するぶんだけ位相が遅れるから,参照信号 I_r と受信信号の光強度 I_s は,

$$I_\mathrm{r} = I_\mathrm{in}[1 + m\sin(2\pi f_\mathrm{m} t)] \tag{7.3a}$$

$$I_\mathrm{s} = \alpha I_\mathrm{in}\{1 + m\sin[2\pi f_\mathrm{m}(t - \tau)]\} \tag{7.3b}$$

で書ける.ここで,I_in は送信光強度,m は変調度,α は光の減衰率である.参照信号と受信信号の位相差 ϕ は式 (7.3) での位相項より求められるが,位相には 2π の整数倍だけ不確定さがあることを考慮すると,次式が得られる.

$$\phi = 2\pi f_\mathrm{m}\tau - 2\pi q \quad (q : 整数) \tag{7.4}$$

被測定物までの距離 L は,式 (7.4) から得られる τ を式 (7.2) に代入して,次式で求められる[7-1].

$$L = \frac{c}{2n f_\mathrm{m}}\left(q + \frac{\phi}{2\pi}\right) \quad (q : 整数) \tag{7.5}$$

ただし,n は光路の平均屈折率である.式 (7.5) から次のことがわかる.

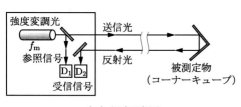 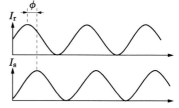

(a) 測定系概略　　　　　(b) 参照信号(I_r)と受信信号(I_s)の位相差

$D_1(D_2)$:参照(受信)信号検出用光検出器
f_m:変調周波数, ϕ:位相差

図 7.3　光変調法における位相差測定

（ⅰ）変調周波数 f_m を高くすることにより，距離分解能が上がる．
（ⅱ）この式は整数ぶんだけ不確定さをもつので，位相差が 2π より大きくなると，このままでは距離を確定できなくなる．

　光変調法での距離測定可能範囲は，その上限が送・受信光強度で，下限が変調周波数 f_m で決まる．測定誤差は電気的な位相測定で決まる．なお，上記位相差における不確定さを除去するため，次のような使用法がなされている．
（ⅰ）大まかな距離が既知であり，それをさらに高精度に測定するのに利用する．
（ⅱ）変調周波数 f_m を可変にしたり，複数の変調周波数を使用したりする合致法を用いて不確定さをなくし，高精度の長さ・距離測定をする（7.4節参照）．

　光変調法は測量用の測距装置に使用されている．光源には He-Ne レーザなどが使われるが，比較的短距離ならば発光ダイオード（LED）が用いられる．位相差測定には，時間的位相を電気的手段で測定する以外に，光ヘテロダイン干渉法（6.4節参照）も用いられる．

例題 7.2 光変調法において変調周波数が 20 MHz で，電気信号の位相が $0.01°$ まで検出可能なとき，距離分解能を求めよ．ただし，空気中の測定とする．

解 距離分解能を ΔL，検出可能位相を $\Delta\phi$ とすると，式 (7.5) より $\Delta L = (c/2nf_m) \times (\Delta\phi/2\pi)$ を得る．この結果に所与の値を代入して，$\Delta L = [3.0\times 10^8/(2\cdot 1.0\cdot 20\times 10^6)] \times [0.01(\pi/180)/2\pi]$ m $= 0.21$ mm となる．

7.4 合致法

　被測定物までの距離や長さの概略値が既知のとき，複数の波長の光を用いて位相を測定することにより，距離や長さをより高精度に測定する方法を合致法という．これは干渉縞を数フリンジぶんだけ走査すればよいという利点があるが，複数の波長を用いる必要があり，多波長法ともよばれる．以下では，距離に対する合致法を 7.4.1 項で，長さに対する合致法を 7.4.2 項で説明する．

7.4.1 光変調法に対する合致法

　光変調法では位相が不確定なので，被測定物の距離が限定される．そこで，変調周波数を変化させることにより，等価的に波長を変化させ，複数の変調波長に対して時間的位相を測定することにより，以下に示すように，より厳密な距離 L を推定できる．
　式 (7.5) で括弧外を $c/2nf_j = f_j\lambda/2nf_j = \lambda/2n$ として，

$$L = \frac{\lambda}{2n}\left(q + \frac{\phi}{2\pi}\right)$$

が得られる．N 個の波長 λ_j ($j = 1, 2, \cdots, N$) に対する位相を ϕ_j，整数を q_j とし，端数を $\varepsilon_j = \phi_j/2\pi$ とおくと，厳密値 L と概略値 L_0 が

$$L = \frac{\lambda_j}{2n}(q_j + \varepsilon_j), \quad L_0 = \frac{\lambda_j}{2n}(q_{0j} + \varepsilon_{0j}) \tag{7.6}$$

で書ける．ただし，n は光路の平均屈折率，整数 q_{0j} と端数 ε_{0j} は，概略距離 L_0 と変調波長 λ_j から計算できる値である．光変調法では時間的位相を電気的手段で測定するので，ϕ_j つまり ε_j を高精度に測定できる．

ここで，厳密値と概略値の差を

$$\Delta L_j = L - L_0 = \frac{\lambda_j}{2n}[(q_j - q_{0j}) + (\varepsilon_j - \varepsilon_{0j})] \tag{7.7}$$

とおく．式 (7.7) で $\varepsilon_j - \varepsilon_{0j}$ は測定値と概略距離から求められる．位相は $|\phi_j| \leqq 2\pi$，$|\phi_{0j}| \leqq 2\pi$ を満たすから，$|\varepsilon_j - \varepsilon_{0j}| \leqq 2$ となる．ΔL_j は微小なので，変調波長 λ_j が適切な値ならば，$q_j - q_{0j}$ も小さい整数のはずである．よって，複数の波長 λ_j に対して $q_j - q_{0j}$ と ΔL_j の関係を計算すると，ΔL_j の値が合致する場所があり，距離の厳密値が $L = L_0 + \Delta L_j$ で求められる．通常は2波長で行うが，測定値の誤差により一致度が微妙な場合は，波長数を増やす必要がある．このように，既知の概略値を基にして，より厳密な距離を求める方法を**合致法**（coincidence method）という（演習問題 7.4 参照）．

厳密値と概略値の相対誤差を，次式で定義する．

$$\frac{\Delta L_j}{L} = \frac{\lambda_j}{2nL}[(q_j - q_{0j}) + (\varepsilon_j - \varepsilon_{0j})] \tag{7.8}$$

より小さい整数差 $q_j - q_{0j}$ で ΔL_j 値を合致させ，相対誤差を一定値に保つためには，被測定物の距離が長くなればなるほど，変調波長 λ_j を長くする，言い換えれば変調周波数 f_j を低くする方がよいことがわかる．

波長の長い光源が必要な場合には，赤外光，たとえば CO_2 レーザ（発振波長 $10.6\,\mu m$）を用いる．測定用光源には，レーザだけでなく，比較的短距離ならば発光ダイオード（LED）を用いることもできる．同じ原理はマイクロ波でも使用できる．

光コムを利用した合致法では，まず低周波のモード間隔周波数 $f_{\rm rep}$ で距離の概略値 L_0 を求めておく．その後，光コムを用いた干渉測定系（図 6.10 参照）で，$f_{\rm rep}$ の逓倍周波数 $f_{\rm h}$ の RF 波で位相測定を行い，式 (7.5), (7.6) を利用すると，RF 波の波長

が短くなるため，距離がより高精度で測定できる[7-2]．

例題 7.3 距離の概略値が $L_0 = 100\,\mathrm{m}$ であることがわかっている．このとき，空気中の光路において光変調法で変調周波数 $1.0\,\mathrm{GHz}$ と $1.1\,\mathrm{GHz}$ について位相を測定すると，それぞれ $\phi_1 = 1.68\,\mathrm{rad}$ と $\phi_2 = 4.35\,\mathrm{rad}$ を得た．これらの値から距離の厳密値 L を推定せよ．

解 光路の平均屈折率は不明であるが，$n = 1.0$ とおくと，有効数字 5 桁目までの精度が保証される．変調波長は $\lambda_j = c/f_j$ より，変調周波数 $f_1 = 1.0\,\mathrm{GHz}$ と $f_2 = 1.1\,\mathrm{GHz}$ に対して，$\lambda_1 = 0.300\,\mathrm{m}$, $\lambda_2 = 0.273\,\mathrm{m}$ となる．式 (7.4) を利用して，$2\pi f_j \tau = 2\pi n(2f_j L/c) = \phi + 2\pi q$ と書ける．この式を用いて，$L_0 = 100\,\mathrm{m}$ の場合，式 (7.6) における値が，$f_1 = 1.0\,\mathrm{GHz}$ に対して $q_{01} = 666$, $\phi_{01} = 2\pi \times 0.667\,\mathrm{rad}$, $\varepsilon_{01} = \phi_{01}/2\pi = 0.667$ で，$f_2 = 1.1\,\mathrm{GHz}$ に対して $q_{02} = 733$, $\phi_{02} = 2\pi \times 0.333\,\mathrm{rad}$, $\varepsilon_{02} = \phi_{02}/2\pi = 0.333$ で得られる．位相の測定値 ϕ_1, ϕ_2 に対して，$\varepsilon_1 = \phi_1/2\pi = 0.267$, $\varepsilon_2 = \phi_2/2\pi = 0.693$ を得る．

以上の結果を基にして，式 (7.7) における ΔL_j の第 1・2 項および ΔL_j を求めた結果を**表 7.2** に示す．この表から $j = 1, 2$ に対して ΔL_j がもっとも近くなる組み合わせを探すと，$q_1 - q_{01} = -2$ のときの $\Delta L_1 = -0.360\,\mathrm{m}$ と，$q_2 - q_{02} = -3$ のときの $\Delta L_2 = -0.361\,\mathrm{m}$ が該当する．この値を式 (7.7) に代入して，厳密値 $L = L_0 + \Delta L_j = 99.64\,\mathrm{m}$ が得られる．

表 7.2 合致法における ΔL_j の計算

	$q_j - q_{0j}(j=1,2)$	-3	-2	-1	0	1	2
	$\lambda_1(q_1-q_{01})/2\,[\mathrm{m}]$	-0.450	-0.300	-0.150	0	0.150	0.300
$1.0\,\mathrm{GHz}$	$\lambda_1(\varepsilon_1-\varepsilon_{01})/2\,[\mathrm{m}]$	-0.060	-0.060	-0.060	-0.060	-0.060	-0.060
	$\Delta L_1\,[\mathrm{m}]$	-0.510	-0.360	-0.210	-0.060	0.090	0.240
	$\lambda_2(q_2-q_{02})/2\,[\mathrm{m}]$	-0.410	-0.273	-0.137	0	0.137	0.273
$1.1\,\mathrm{GHz}$	$\lambda_2(\varepsilon_2-\varepsilon_{02})/2\,[\mathrm{m}]$	0.049	0.049	0.049	0.049	0.049	0.049
	$\Delta L_2\,[\mathrm{m}]$	-0.361	-0.224	-0.088	0.049	0.186	0.322

7.4.2 干渉縞測定に対する合致法

合致法は，2 光束干渉計を用いた干渉縞測定にも使用でき，空間的位相差から長さ計測の高精度化ができる．マイケルソン干渉計と同様な光学系を用いて，ブロックゲージ（寸法計測器の基準となるもの）用の干渉計が工業標準として利用されている（図 7.4）．図示するように，直方体の 1 辺の長さ L を測定対象とする．L の概略値 L_0 が既知であるとし，光路の平均屈折率を n とする．

被測定物を平面基盤の上に載せ，これを干渉計の信号波側に配置する．まず，ある波長 λ_1 の光を平行光にしてビームスプリッタ BS で 2 光路に分け，一方を反射鏡 M に，他方を被測定物に向ける．後者は平面基盤表面と被測定物の前面（つまり長さに

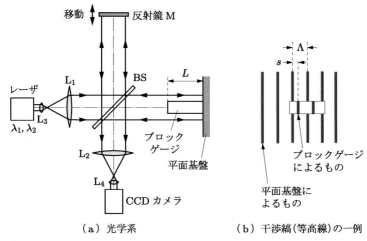

(a) 光学系　　　　(b) 干渉縞(等高線)の一例

BS：ビームスプリッタ，$L_1 \sim L_4$：レンズ
λ_1, λ_2：光源波長，$\varepsilon_j = s/\Lambda (j=1,2)$

図 7.4　2 光束干渉計を用いた合致法による長さ測定

相当)からの反射光が同時に戻るようにする．反射鏡 M を移動させて干渉縞を測定する．このとき，両者からの干渉縞の等高線の位置が L に応じてずれる．次に，別の波長 λ_2 に対して同様な測定をする．

このとき，$2L$ が被測定物の往復距離，$\lambda_j/n \ (j=1,2)$ が測定光路における波長なので，縞の次数を q_j，縞の等高線に対する横ずれ量 s の等高線間隔 Λ に対する比率を ε_j とすると，式 (7.6) が成立する．よって，厳密値 L が 7.4.1 項と同様にして求められる（演習問題 7.5 参照）．これを**合致法**もしくは**多波長法**とよぶ．空間的位相 ε_j の精度は時間的位相のそれよりも劣る．

この合致法では複数の波長が必要になる．半導体レーザでは，注入電流を変化させることにより発振波長を一定範囲で変えることができる．複数の波長から，等価的にもとより長い波長を得る方法もある．二つの波長 λ_1 と λ_2 による干渉縞の包絡線を検出することにより，別の波長

$$\lambda_N = \frac{\lambda_1 \lambda_2}{\lambda_1 - \lambda_2} \tag{7.9}$$

を得る方法を**合成波長法**[7-3, 7-4]という．

7.5 干渉縞計数法

　空間的位相では干渉縞（強度の空間的変化），時間的位相ではうなり（強度の時間的変化）が生じる．これらは波長オーダの距離で変化するので，干渉縞の数を計測すれば長さが高精度で計測できる．干渉縞計数法は，合致法と異なり，単一波長の光源を用意するだけでよい．これは，精密加工における工具の移動量測定や，LSI パターン露光装置（ステッパ）などの精密機械における位置決めなどに利用されている．

　本節では，空間的位相に対する 2 光束干渉計と，時間的位相に対する光ヘテロダイン干渉法に関する干渉縞計数法を説明する．

7.5.1　2 光束干渉計における干渉縞計数法

　波長 λ_0 の光源を用いて 2 光束干渉させるとき，2 光束の光源から観測点までの光路長を φ_j，各光束の観測点での振幅を $A_j \ (j=1,2)$ とおく．このとき，観測点での光強度分布は，式 (5.11) で与えられているが，ここに再録する．

$$I = |A_1|^2 + |A_2|^2 + 2\mathrm{Re}\{A_1 A_2^*\} \cos\left[\frac{2\pi}{\lambda_0}(\varphi_1 - \varphi_2)\right] \tag{7.10a}$$

$$\varphi_j = n_j L_j \quad (j=1,2) \tag{7.10b}$$

ただし，n_j は各光路の平均屈折率，L_j は各光路の幾何学的距離である．

　マイケルソン干渉計（図 5.1 参照）で，一方の反射鏡 M_1 を固定し，他方の反射鏡 M_2 を移動させると，移動距離に応じて観測点での光強度が明暗を繰り返す．反射鏡 M_2 の移動距離を ΔL_2 とすると，光の往復で光路長が $\Delta\varphi_2 = 2n_2\Delta L_2$，空間的位相が $\phi = 2\pi n_2 2\Delta L_2/\lambda_0$ だけ変化する．このときの干渉縞の数 N，つまり光強度での明暗の変化数は，$\phi = 2\pi N$ より，次式で得られる．

$$N = \frac{2n_2 \Delta L_2}{\lambda_0} \tag{7.11}$$

干渉縞の数 N を計数し，位相変化や移動量等を調べる方法を**干渉縞計数法**（fringe counting method）という．N は必ずしも整数ではなく，一般には端数がある．

　干渉縞計数法では明暗の変化数 N が光源波長 λ_0 に対する比で計測できるので，長さが波長程度の高精度で測定できる．明暗の変化数 N は，昔は目視で数えていたが，いまでは光電検出器などで光強度の変化から自動計測できるようになっている．2 光束干渉計を用いたこの方法では，移動鏡を測定長に相当する距離だけ移動させるスペースが必要となるので，これで測定長の上限が決まる．高精度測定で空気の屈折率

の影響まで考慮するときは，式 (2.4) を利用すればよい．

2 光束干渉計や次項で述べる光ヘテロダイン干渉法のいずれでも，干渉縞が波長オーダの距離で変化するので，反射鏡の移動に伴う測定誤差を減じるため，アッベの原理（13.2.2 項参照）を考慮する必要がある．

7.5.2 光ヘテロダイン干渉法における干渉縞計数法

光ヘテロダイン干渉法（6.4 節参照）を干渉縞計数法に利用する場合の測定系を図 7.5 に示す．光源は 2 周波レーザ（周波数 f_1, f_2）であり，ゼーマンレーザ（13.3.3 項参照）が利用される．ビームスプリッタ BS は，光検出器 D_1 で差周波 $f_1 - f_2$ の参照信号をとるために用いられている．BS の透過光は信号光として用いる．反射鏡として，光束が傾いて入射しても，もとの光路に対して正確に反射できるコーナーキューブ（13.2.1 項 (b) 参照）が用いられている．

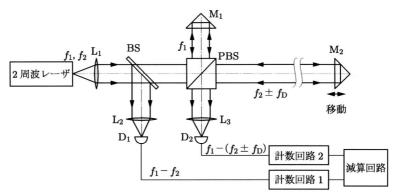

BS：ビームスプリッタ，PBS：偏光ビームスプリッタ
M_1, M_2：反射鏡（コーナーキューブが用いられる）
$L_1 \sim L_3$：レンズ，D_1, D_2：光検出器

図 7.5　光ヘテロダイン干渉法を用いた干渉縞計数法

一方の反射鏡 M_1 を固定し，他方の反射鏡 M_2 を一定の速さ v で時間 Δt の間に距離 ΔL_2 だけ移動させると，$\Delta L_2 = v \Delta t$ が成立する．このとき，反射鏡 M_2 から反射される光は，ドップラ効果により，周波数が f_2 から $f_2 \pm f_D$ に変化する．光が反射鏡 M_2 に垂直入射している場合，ドップラシフト f_D が式 (6.30) で表され，それをここに再録する．

$$f_D = \frac{2v}{\lambda}, \quad \lambda = \frac{\lambda_0}{n_2} \tag{7.12}$$

ただし，λ は M_2 側光路での光の波長，n_2 は M_2 側光路の平均屈折率，λ_0 は光源の

波長である．ドップラシフトによる時間的位相変化は $\phi = 2\pi f_D \Delta t$ で表せ，この位相変化は例題 6.1 での電気的位相変化と一致する（演習問題 7.7 参照）．

反射鏡からの 2 光束を，偏光ビームスプリッタ PBS を介して合波すると，光検出器 D_2 で差周波 $f_1 - (f_2 \pm f_D)$ のビート信号が検出される．計数回路 1 と計数回路 2 で，それぞれ $f_1 - f_2$ と $f_1 - (f_2 \pm f_D)$ のビートを計数する．減算回路でこれらの差をとると，移動距離 ΔL_2 に対応するドップラシフト f_D を求めることができる．

干渉縞の数は，時間 Δt の間に現れる周期の数 N に一致する．$\phi = 4\pi v \Delta t/\lambda = 2\pi N$ より，干渉縞の数は次式で表せる．

$$N = \frac{2v\Delta t}{\lambda} = \frac{2n_2 \Delta L_2}{\lambda_0} \tag{7.13}$$

上式は 2 光束干渉計における式 (7.11) と同じ結果である．これは，干渉縞の数を計数するには，空間的位相と時間的位相のいずれを用いてもよいことを示している．

光ヘテロダイン干渉法を用いた干渉縞計数法には，ドップラ効果の利用に伴う次に示す利点があり，長さや角度の測定法として多くの分野で利用されている．

（ⅰ）ドップラシフト f_D の正負から反射鏡 M_2 の移動方向を知ることができる．
（ⅱ）前項の 2 光束干渉計の場合よりも物理的制約がなく，より長距離を高精度で測定することができる．

7.6　モアレ法

明暗格子を重ね合わせたときにできる，もとのパターンよりも緩やかな空間変化をするモアレ縞は，微小な動きを拡大する性質をもっている（4.2 節参照）．これを利用したモアレ法により，精度の高い長さ計測ができる．

ピッチ p が等しい二つの格子が微小角 θ で交差しているとき，モアレ縞はもとの格子とほぼ垂直な方向にでき，モアレ縞のピッチが $p_M \fallingdotseq p/\theta$ で表されるように，もとの格子のピッチ p の $1/\theta$ 倍に拡大される．この性質を利用すると，相対的に大きいモアレ縞の移動量から，もとの格子の微小な移動量を求めることができる．

上記原理を用いた長さ測定を説明する．同じピッチ（たとえば，$20\,\mu\text{m}$）の主格子と副格子を，微小角 θ だけ傾けて重ね合わせておく．両格子が相対的に 1 ピッチぶん平行移動すると，モアレ縞が 1 ピッチぶん移動する．モアレ縞の移動数を，干渉縞計数法と同じように，縞の明暗を計数することにより求め，この移動数から被測定物の長さが測定できる（演習問題 7.8 参照）．

実際のものでは，主格子が 4 分割され，主格子と副格子が格子ピッチの 1/4 だけず

らされている．そのため，格子の1ピッチ以下の移動量を測定することができる．標準的な格子は，ピッチが20 μmで最小表示量が0.5 μmのものである．

7.7　格子法（エンコーダ法）

光源と光検出器の間に，これと垂直方向に直線格子を固定された被測定物体を置き，物体の移動に伴って通過する格子の数を計数することにより，被測定物体の移動距離を計測する方法を**格子法**（encoder method）または**エンコーダ法**とよぶ．これは光路に垂直な方向の移動距離を測定するものである．

格子法の測定系概略を図7.6に示す．光源Sから出た光は，二つのレンズの間で平行光となるように設定され，光検出器Dで透過光量が測定される．スリットはこの光路の光軸上に固定され，この光路に垂直に直線格子（ピッチp）を取り付けた被測定物体が移動させられる．被測定物体の移動に伴い，スリットと格子の透過部が一致した場所で光検出器Dの光量が増加し，非透過部で減少する．この光量の変化数とピッチpの積により，被測定物体の移動量が測定できる．

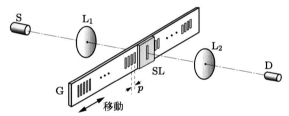

S：光源，L_1, L_2：レンズ，G：格子，SL：スリット
D：光検出器，p：格子のピッチ

図7.6　格子法による移動距離の測定

測定精度を上げるため，モアレ法と同じように，ピッチの1/4だけずらしたスリットを四つもたせた基準スケールもある．

上記原理は，回転円板の円周方向にスリット列を配置することにより，円板の回転角を測定することに適用でき，これはロータリエンコーダとよばれている．

演習問題

7.1 光パルス法で空気中にある被測定物までの距離を測定する場合，時間測定の誤差 $\Delta \tau$ が，次の各値のとき，それぞれ距離測定の誤差 ΔL を求めよ．(1) 1.0 ns，(2) 10 ps．

7.2 水深計では，上空の飛行機から水面に向かって光パルスを発して水深を求める．これに関する次の問いに答えよ．

(1) 水面と水底からの反射パルスがそれぞれ時間 t_1, t_2 後に戻ってきた．このとき，真空中の光速を c, 水の平均屈折率を n_w として，水深 d を表す式を求めよ．

(2) 水面と水底からの反射パルスの時間差が $1.0\,\mu s$ であるとき，水深 d を求めよ．ただし，水の平均屈折率を 1.33 とする．

7.3 光変調法を用いた距離測定に関する次の問いに答えよ．

(1) 変調周波数を f_1 として，大気中にある被測定物までの距離 L を測定したときの位相差が φ_1 であった．変調周波数を f_1 より少し大きい f_2 としたとき，位相の飛びがなく位相差が φ_2 となった．大気の屈折率を n として，距離 L を表す式を求めよ．

(2) $f_1 = 500.0\,\mathrm{MHz}$, $\phi_1 = 0.35\,\mathrm{rad}$ および $f_2 = 500.1\,\mathrm{MHz}$, $\phi_2 = 1.40\,\mathrm{rad}$ であり，$n \fallingdotseq 1.0$ とするとき，距離 L を求めよ．

7.4 距離の概略値が $L_0 = 100\,\mathrm{m}$ で既知である．このとき，空気中の光路において光変調法を用いて変調周波数 $1.0\,\mathrm{GHz}$ と $1.1\,\mathrm{GHz}$ で位相を測定すると，それぞれ $\phi_1 = 5.862\,\mathrm{rad}$ と $\phi_2 = 5.196\,\mathrm{rad}$ を得た．これらの値から距離の厳密値 L を求めよ．

7.5 長さの概略値が既知で $L_0 = 200\,\mu\mathrm{m}$ である．このとき，2 光束干渉計を用いて被測定物の前後面での干渉縞を空気中で測定したところ，Ar イオンレーザの波長 $\lambda_1 = 488.0\,\mathrm{nm}$ と $\lambda_2 = 514.5\,\mathrm{nm}$ に対する縞の横ずれ量の比率がそれぞれ $\varepsilon_1 = 0.01$ と $\varepsilon_2 = 0.67$ となった．これらの値から被測定物の長さの厳密値 L を求めよ．

7.6 He-Ne レーザ（波長 $\lambda_0 = 633\,\mathrm{nm}$）を光源として，空気中にあるマイケルソン干渉計を用い，一方の反射鏡を移動させたところ，干渉縞の明暗の変化数が 103 回であった．このときの反射鏡の移動距離 ΔL を求めよ．

7.7 光ヘテロダイン干渉法（図 7.5 参照）において，平均屈折率が n_2 側にある反射鏡 M_2 のみを距離 ΔL_2 だけ移動させる場合の位相変化について考える．7.5.2 項でドップラシフトから求めた時間的位相変化が $\phi = 2\pi f_D \Delta t$ で，6.4.1 項で光路長変化を考慮した電気的位相変化が，例題 6.1 で求めたように $\phi = 4\pi f_2 n_2 \Delta L_2 / c$ で得られる．両者が一致することを示せ．

7.8 ピッチ $4\,\mu\mathrm{m}$ の主・副格子で傾き角を $\theta = 2'$ として，ある物体の長さを測定したところ，モアレ縞の移動数が 54 であった．モアレ縞のピッチとこの物体の長さを求めよ．

8章 形状・粗さの計測

3次元物体の形状測定は，光の非接触性を利用した光計測の重要な応用分野である．また，表面粗さも類似の手法を用いて計測できる．被測定物体の大きさや要求される性能・精度などによって，形状の多様な構成手法が用いられている．

本章では，形状・粗さ測定を行える各種計測法のうち，点計測として焦点検出法，ステレオ法を，線計測として光切断法を，面計測としてモアレトポグラフィ，ホログラフィ干渉法を，傾斜計測としてオートコリメーション法を取り上げ，応用範囲の広い計測手法の原理や測定系，特徴を説明する．

8.1 形状・粗さの計測の概要

形状（shape）は3次元物体の外形などの鏡面や粗面での形である．**表面粗さ**（surface roughness）とは，物体形状をさらに細かく観測した場合の，表面で起こる間隔が短く，細かい"でこぼこ"のことである．形状・粗さの計測を1回の測定で得られる情報で大別すると，点計測，線計測，面計測となり，これらの概略を図8.1に示す．

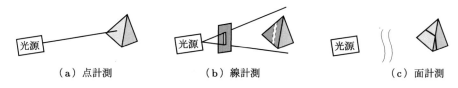

図 8.1 点・線・面計測の概略

点計測とは，1回の光照射測定で基準位置から物体の1点の座標を決定し，この測定を物体全体に順次繰り返すことにより，3次元の形状を再現する技術であり，表面粗さもこれで測定できる．これは，距離計測の拡張と考えることができる．線計測とは，1回の測定で1次元の線状の情報を得て，この1次元情報から全体の形状を構成する技術である．面計測とは，1回の測定で被測定物体の輪切り状の情報，たとえば，等高線を得て，2次元での基準情報を基にして3次元の立体形状を構成する技術である．また，位置情報ではなく角度情報を得て，それから形状を再現することもできる．このような技術は傾斜計測という．

データ収集のための計測時間は，点計測・線計測・面計測の順に短くなる．一方，データ解析や処理の難度・時間は，点計測・線計測・面計測の順に増す．このように，データ収集時間とデータ解析・処理の難度・時間との間に相反関係があるので，用途に応じた使い分けが必要である．

おもな形状測定法の分類と特徴を表8.1に示す．点計測の一つとして焦点検出法（合焦点法）があり，これは表面粗さや形状の測定に用いられている．その中に，非点収差法，臨界角法，ナイフエッジ法などがある．点計測には大型物体の形状計測に向くステレオ法もある．線計測には，基準になるスリット状の光を被測定物に投影し，被測定物からの情報を直接観察する光切断法がある．面計測では，モアレ縞や干渉縞から得られる等高線が利用される．これにはモアレ法を発展させたモアレトポグラフィや，ホログラフィで二重露光を行うホログラフィ干渉法がある．2光束干渉計でも形状計測ができるが，5章で詳しく述べたので，ここでは割愛する．傾斜計測は，傾きから形状を再現する方法であり，オートコリメーション法がある．

以下では，点計測，線計測，面計測，傾斜計測の順に，形状の各種測定法の測定原理，測定系，特徴などについて説明する．

表8.1 おもな形状・粗さ測定法

分類	測定法		測定対象	特徴
点計測	焦点検出法（合焦点法）	非点収差法	表面粗さ	測定範囲は数μm程度，nmオーダの感度
		臨界角法	表面粗さ	測定範囲は数μm程度
		ナイフエッジ法	表面粗さ	測定範囲は数mm，粗面での計測可能
	ステレオ法		大きい物体	自動車など大型物体の計測に適する
線計測	光切断法		比較的大きい物体	光学系の構成が簡単，現場計測に向く
面計測	2光束干渉法		小さい物体	干渉縞でできる等高線を解析
	モアレトポグラフィ		比較的大きい物体	基準格子を介して物体を見るときにできるモアレ縞を解析
	ホログラフィ干渉法	二波長法	小さい物体	複数波長でできる干渉縞の等高線を解析
		液浸法	小さい物体	液体や気体中に入れ等価的に波長を変更
傾斜計測	オートコリメーション法		小さい物体	被検物体の傾斜分布を積分して形状を構成

8.2 焦点検出法を用いる計測

結像系で焦点と合致した部分（合焦点）のみを高精度で検出する方法は，**焦点検出法**または**合焦点法**とよばれる．これには，非点収差法，臨界角法，ナイフエッジ法などがある．焦点検出法は光の非接触性を利用したもので，軸方向分解能が高いので，

形状や表面粗さの計測に適している．

表面粗さの計測には，通常，鋭い針の先端に丸みを付けた触針子を被測定面上に当て，触針子を移動させながら触針子の座標を記録する触針法が用いられている．これは接触法であり，表面を傷つける恐れがある．この機械的触針子に代わるものとして，上記焦点検出法を触針子に利用する方法を**光触針法**（光プローブ法）という．これらの軸方向分解能は 1 nm 以下である．

8.2.1 非点収差法

非点収差法は，レンズを用いた光学系において，焦点が合った位置で光束がもっとも細くなり，かつ光束の断面が円形になること（3.4 節，4.6 節参照）を利用するもので，合焦点法の一つである．これには非点収差が関係しており，焦点位置は 4 分割光検出器を用いて精密に検出できる．この方法は，小型・軽量で感度が高いので，CD や DVD などの光ディスクと光ピックアップとの距離を一定に保持する機構にも採用されており，光触針子としても利用されている．

光源からのレーザ光を，半透鏡 HM 通過後に対物レンズを用いて被測定物体に集光し，その反射光を HM で反射後に 4 分割光検出器に導く（図 8.2）．被測定物体がちょうど合焦点となっていれば，焦点位置では光束が円となるので，式 (4.18) で示した 4 分割光検出器からのエラー信号がゼロとなる．一方，合焦点の前後では非点収差により光束が楕円となるので，光検出器からのエラー信号が正または負となる（図 4.6 参照）．エラー信号がゼロとなるように，サーボ機構で計測システムまたは被測定物体を相対的に移動させると，その移動距離から物体の基準位置からの距離や表面粗さが測定できる．

この方式は高感度（1 nm 程度）であり，微細な表面の凹凸を測定するのに適して

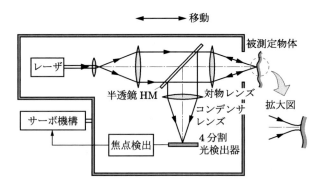

図 8.2　非点収差法による形状測定

いるが，測定範囲が狭いのが欠点である．

8.2.2 臨界角法

臨界角法（4.5節参照）を表面粗さ測定に用いる光学系を図8.3に示す．光源には半導体レーザを用い，コリメートレンズを介して，光を被測定面に照射している．偏光ビームスプリッタと1/4波長板の組み合わせは，被測定面からの反射光が光源に戻って，光源の出力が不安定になることを防止するための光アイソレータ（13.2.1項(e)参照）である．

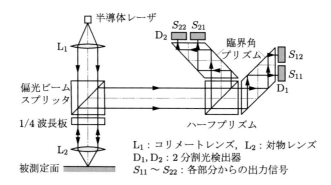

図8.3 臨界角法による表面粗さ測定の光学系

臨界角プリズムで焦点位置を検出している．被測定面の傾きなどによる測定誤差を除去するため，臨界角プリズムと2分割光検出器を2組用いている．各素子の出力信号 S_{11}～S_{22} から，次式のエラー信号 E を発生させる．

$$E = \frac{(S_{11} + S_{21}) - (S_{12} + S_{22})}{(S_{11} + S_{21}) + (S_{12} + S_{22})} \tag{8.1}$$

$E \approx 0$ なら適正，$E > 0$ なら近すぎ，$E < 0$ なら遠すぎとして，適正位置が判断される．

AlGaAsレーザ（波長780 nm）を用いて，軸方向2 μm，横方向30 mmの測定範囲と，軸方向分解能1 nm以下が達成され，シリコンウェハの表面粗さ測定に利用されている．

8.2.3 ナイフエッジ法

ナイフエッジ法（4.9節参照）を用いた球面鏡の形状計測の例を図8.4に示す．光源（レーザ）から出た光を顕微鏡用対物レンズLで集光して，スリット部分で点光源Pを作る．点Pが被測定球面鏡の曲率中心に一致するように設定しておく．半透鏡

116　8章　形状・粗さの計測

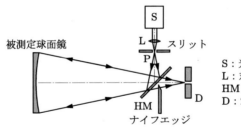

図 8.4　ナイフエッジ法による球面形状測定

HM に関して，点 P と対称な位置に 2 分割光検出器 D を置く．点光源から出た光が半透鏡 HM で反射後，被測定球面鏡に向かい，その反射光が光検出器 D に導かれる．

　ナイフエッジを光軸に垂直に挿入して，光路の一部を遮っていく．もし被測定面が完全な球面であれば，ナイフエッジ先端が周辺から光軸に向かうに従い，光検出器 D での光量が減少し，エッジ先端が光軸に到達するとき，全面が一斉に暗くなる．一方，被測定面が不完全な球面であれば，ナイフエッジ先端が光軸に到達したとしても，像の一部が明るくなり，2 分割光検出器 D での出力がアンバランスとなる．このようにして，被測定球面鏡の球面具合を測定する方法を**ナイフエッジ法**という．

　ナイフエッジ法は光学部品の形状計測に広く使用されている．これは鏡面以外にも適用可能であり，機械加工面の測定にも利用されている．

8.3　ステレオ法

　ステレオ法（stereophonic method）は，人間が両眼視差により 3 次元物体を認識するのと同じように，3 次元物体を異なる複数の点から計測し，視差を利用して 3 次元物体の形状を求める方法である．ステレオ法は三角測量法の原理（4.3 節参照）とレンズによる結像特性に基づいており，大型物体の形状計測に適している．

　被測定物体を 2 台のカメラを用いて撮影する場合を考える（**図 8.5**）．2 台のカメラレンズ（凸レンズ）の光軸が平行で，距離 L 離れているとする．撮像面が光軸に垂直になっており，カメラレンズの後側主点と撮像面の距離を l とする．これらのパラメータとレンズの焦点距離は，結像レンズによって倒立実像ができるように設定する．

　物体上の 1 点の座標 $P(x, y, z)$ は，一方のカメラレンズの後側主点を原点として定める．二つの撮像面上での物体の結像点を，光軸を原点とした座標 $P_L(x_L, y_L)$ と $P_R(x_R, y_R)$ で表し，x_L 軸と x_R 軸を同一線上にとる．各座標は，相似関係から

$$x_L = -\frac{x}{z}l, \quad y_L = -\frac{y}{z}l, \tag{8.2a}$$

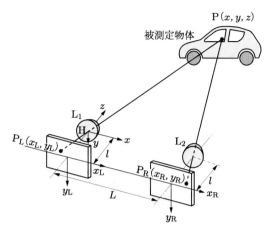

L_1, L_2：凸レンズ，P_L, P_R：撮像面上の結像点の座標
被測定物体面上の点 $P(x, y, z)$ の原点はレンズ L_1 の主点

図 8.5 ステレオ法の原理

$$x_R = \frac{(L-x)l}{z} = x_L + \frac{L}{z}l, \quad y_R = -\frac{y}{z}l \tag{8.2b}$$

で関係づけられる．L，l が既知だから，P_L，P_R の測定値を用いると，式 (8.2b) の第 1 式から，まずカメラレンズ主点と物体の距離 z が求められる．この z を残りの式に代入して，x と y が求められる．

ステレオ法は，航空写真による地形図の作成や建造物・自動車・飛行機・橋梁ブロックなどの大型構造物の立体形状計測に応用されている．

8.4　光切断法

　光切断法は，物体に関する線状の情報から，全体の形状を構成する方法である．図 8.6 に光切断法の光学系の原理図を示す．光源からの光をスリットに通過させ，そのスリット像を被測定物体に投影する．そして，別の方向からスリットで投影された物体をカメラなどで観測すると，物体形状を反映したスリット像が得られる．観測系の幾何学的配置を考慮して，変形されたスリット像から被測定物体の形状を構成する方法を，**光切断法**（light-section method, optical cutting method）とよぶ．

　光切断法で直線格子状光束を作って全体を構成する方法として，①スリットに垂直な方向にスリットを走査する，②ロンキー格子などで，多くの直線格子状スリットを投影する（図 8.6 参照），③レーザビームを走査する，などがある．

　光切断法は光学系の構成が簡単であり，大きい対象物を測定できる利点があるの

118　8章　形状・粗さの計測

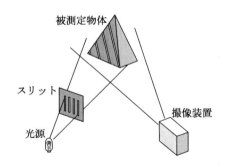

図 8.6　光切断法の光学系概略

で，現場での使用に適している．物体に窪みがあると影のため測定できない箇所ができるので，凸状物体が望ましい．

8.5 モアレトポグラフィ

　正弦波格子の積によるモアレ縞は拡大作用があり，また2次元情報（等高線）を得ることができる（4.2.3項参照）．このようなモアレ縞の性質を利用し，ホログラフィ干渉法とモアレ法の類似性に着目することにより，等高線から3次元物体の形状を構成する手法を**モアレトポグラフィ**（moiré topography）とよぶ[8-1, 8-2]．これは1970年代に考案されたもので，格子照射法と格子投影法がある．以下でこれらの原理や測定法を説明する．

8.5.1　格子照射法

　格子照射法の光学系を図8.7に示す．すだれのような直線格子（これを基準格子とよぶ）を中央として，一方に点光源と観測点を設置し，他方に被測定物体を置く．点光源から基準格子を照射し，基準格子の影を物体表面に作る．観測点から基準格子を介して物体を見ると，物体の形状に応じたモアレ縞が観測できる．これを解析して，物体の表面形状が求められる．この手法は，実際に存在する格子を照射してできるモアレ縞を観測するので，**格子照射法**（grid illumination method）または**実体格子法**とよばれる．

(a)　格子照射法の原理

　点光源Aと観測点Bはともに基準格子から距離Lの位置にあり，両者の間隔をSとする．実際には3次元で扱う必要があるが，簡単のため，断面の2次元で考える．基準格子面をx軸，格子面から物体方向にy軸をとる．基準格子（ピッチp）の透過

8.5 モアレトポグラフィ

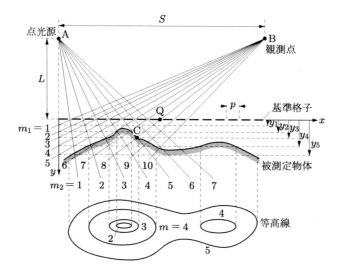

p：基準格子のピッチ，S：点光源と観測点の間隔，L：点光源と基準格子の間隔
y_m：基準格子から m 次モアレ縞までの距離，$m = m_1 - m_2$
$m_1(m_2)$：基準格子のスリットを通って観測点 B (点光源 A) と物体を結ぶ光線の指数 (整数)

図 8.7 格子照射法の光学系と物体に対するモアレ縞等高線

光強度分布を余弦関数で表すことにして，次式で書く．

$$I_\mathrm{g} = \frac{1}{2}\left[1 + \cos\left(\frac{2\pi}{p}x\right)\right] \tag{8.3}$$

基準格子の後方 y の物体面では，相似関係を利用すると，格子の影の x 方向ピッチが $p_\mathrm{im} = p(y+L)/L$ で書ける．よって，p_im を式 (8.3) の p に代入して，物体表面の点 C(x,y) での光強度分布 I_s が次式で表せる．

$$I_\mathrm{s} = \frac{1}{2}\left[1 + \cos\left(\frac{2\pi}{p}\frac{L}{y+L}x\right)\right] \tag{8.4}$$

次に，観測点 B$(S, -L)$ から基準格子を通して物体表面上の任意の点 C(x, y) を見るときの透過率 T を求める．点 B と点 C を結んだとき，基準格子上の座標を Q$(x_q, 0)$ とする．このとき，相似関係 $(S - x_q)/L = (x_q - x)/y$ より $x_q = (Lx + Sy)/(y + L)$ を得る．物体が点光源からの光で一様に照射されていると仮定すると，透過率 T は，x_q を式 (8.3) の x に代入して，次式で表せる．

$$T = \frac{1}{2}\left[1 + \cos\left(\frac{2\pi}{p}\frac{Lx + Sy}{y+L}\right)\right] \tag{8.5}$$

基準格子を介して照射された物体を観測点から見るときの光強度 $I(x, y)$ は，式

(8.4), (8.5) の積を利用して, 次式で書ける.

$$
\begin{aligned}
I(x,y) &= TI_\mathrm{s} \\
&= \frac{1}{4} + \frac{1}{4}\cos\left(\frac{2\pi}{p}\frac{Lx}{y+L}\right) + \frac{1}{4}\cos\left(\frac{2\pi}{p}\frac{Lx+Sy}{y+L}\right) \\
&\quad + \frac{1}{8}\cos\left(\frac{2\pi}{p}\frac{2Lx+Sy}{y+L}\right) + \frac{1}{8}\cos\left(\frac{2\pi}{p}\frac{Sy}{y+L}\right)
\end{aligned} \tag{8.6}
$$

測定系で $L \gg S$ と設定しておくと, x と y の大きさが同程度のとき, 式 (8.6) で $Lx \gg Sy$ を満たす. このとき, 式 (8.6) の最終項はほかの項よりも空間で緩やかに変化し, これが**積のモアレ縞**を形成する.

式 (8.6) をよく見ると, 光強度の空間変化項は第 2〜4 項にも現れており, これらの不要な縞がモアレ縞を不鮮明にし, 測定精度を低下させる. 式 (8.6) の最終項のみが x に依存しないことに着目して, 基準格子を水平 (x) 面内で移動させて, 不要な縞を平均化させて, この影響を軽減させる方法を格子移動法という[8-2]. このとき, 式 (8.6) は次のように近似できる.

$$
I(x,y) \simeq \frac{1}{4}\left[1 + \frac{1}{2}\cos\phi(x,y)\right] \tag{8.7a}
$$

$$
\phi(x,y) = \frac{2\pi}{p}\frac{Sy}{y+L} \tag{8.7b}
$$

式 (8.7a) の第 2 項がモアレ縞となるが, これを式 (2.20a) と比較すると, モアレ縞が 2 光束干渉法における干渉縞と形式的に同じ役割を果たしていることがわかる.

(b) モアレ縞の検討

図 8.7 に示すように, 基準格子のスリットを通過する光線を, 観測点と点光源からのものに対して左から m_1, m_2 で指数づけする. このとき, モアレ縞の次数 m は式 (4.3) と同じように, $m = m_1 - m_2$ で関連づけられる (演習問題 8.2 参照).

基準格子から測った, 次数 m のモアレ縞の距離を y_m とおくと, 相似関係より $S/(L+y_m) = mp/y_m$ が成り立つ. これを解いて, y_m が次式で書ける.

$$
y_m = \frac{mpL}{S - mp} \tag{8.8}
$$

式 (8.8) は水平方向の座標 x を含んでいない. このことは, y_m が既知量の p, L, S だけで決まることを示している. モアレ縞により物体が輪切りされているので, モアレ縞等高線の解析をして, 物体の表面形状を知ることができる.

モアレ縞の間隔を Λ で表すと，これは式 (8.8) を用いて，

$$\Lambda = y_m - y_{m-1} = \frac{SpL}{(S-mp)[S-(m-1)p]} \tag{8.9}$$

で得られる．一般にピッチ p は点光源と観測点間の距離 S より十分小さい $(p \ll S)$ から，次数 m がそれほど大きくないとき，式 (8.9) の分母の各項内の第 2 項が無視できる．このとき，モアレ縞の間隔が

$$\Lambda \fallingdotseq \frac{pL}{S} \quad (\equiv \Lambda_{\mathrm{ap}}) \tag{8.10}$$

で表され，近似的に等間隔となる．ここで，p は基準格子のピッチ，L は点光源および観測点と基準格子との距離，S は点光源と観測点の間隔である．通常の干渉計測による干渉縞の間隔が光の波長オーダなのに対して，$L \gg S$ だから，モアレ縞の間隔 Λ は基準格子のピッチ p よりもはるかに大きい値となる．

> **例題 8.1** 格子照射法におけるモアレ縞の間隔 Λ を次数 $m = 1 \sim 5$ について求めよ．また，間隔を近似値 $\Lambda_{\mathrm{ap}} = pL/S$ からも求め，両者の値を比較せよ．ただし，図 8.7 で $L = 2.0\,\mathrm{m}$, $S = 10\,\mathrm{cm}$, $p = 1.0\,\mathrm{mm}$ であるとする．
>
> **解** 式 (8.9) を用いて，モアレ縞の間隔 Λ は $m = 1$ のとき 2.02 cm，$m = 2$ のとき 2.06 cm，$m = 3$ のとき 2.10 cm，$m = 4$ のとき 2.15 cm，$m = 5$ のとき 2.19 cm となる．間隔の近似値は $\Lambda_{\mathrm{ap}} = (1.0 \times 10^{-3} \cdot 2.0)/(10 \times 10^{-2})\,\mathrm{m} = 2.0\,\mathrm{cm}$ であり，$m = 5$ のときの相対誤差が約 10% となる．

8.5.2 格子投影法

格子投影法の光学系を図 8.8 に示す．この光学系では，レンズ L_1 の前方に設置した投影格子 G_1 の投影像を，レンズ L_1 を介して被測定物体の表面に作り，これを基準格子とするので，**格子投影法** (grid projection method) または投影格子法とよばれる．同様に，レンズ L_2 の前方に設置した観測格子 G_2 の像を，レンズ L_2 を介して観測すると，積のモアレ縞が形成される．この場合も式 (4.3) と同じように，モアレ縞の次数 m が投影・観測格子の指数の差で表せる．よって，格子照射法と同じように，モアレ縞を解析することによって，被測定物体の表面形状を求めることができる．

格子投影法での光学系が格子照射法と同じように，投影・観測系での格子が平行でピッチ p が等しいとする．また，レンズ L_1 と L_2 の間隔が S，投影・観測格子とレンズとの距離を L とする．投影・観測格子の格子点の水平方向位置がレンズ中心と一致している場合，次数 m のモアレ縞におけるピッチを p_m とすると，$S = mp_m$ が成

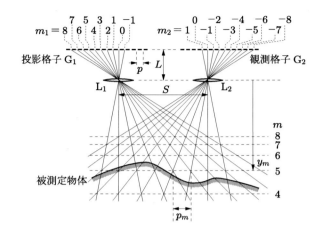

p：格子のピッチ，S：レンズ中心間の距離，L：格子とレンズの距離，L_1, L_2：レンズ
m：モアレ縞の次数，y_m：レンズから次数 m のモアレ縞までの距離
p_m：次数 m のモアレ縞のピッチ，$m = m_1 - m_2$
$m_1 (m_2)$：投影(観測)格子におけるスリットを通る光線の指数(整数)

図 8.8　格子投影法の光学系

り立つ．レンズから次数 m のモアレ縞までの距離を y_m とおくと，図 8.8 での相似関係より $p_m/y_m = p/L$ を得る．これら両式より，y_m は

$$y_m = \frac{LS}{mp} \tag{8.11}$$

で書ける（演習問題 8.3 参照）．格子投影法では，次数 m の増加とともに，モアレ縞の間隔が狭くなる．

この場合も格子照射法と同じように，投影・観測格子を平行移動させることにより，モアレ縞以外の不要な縞の影響を取り除くことができる．

8.5.3　モアレトポグラフィの特徴と応用

モアレトポグラフィは，その測定精度が干渉計測やホログラフィ計測に比べて劣るが，次のような利点をもつ．
（ⅰ）大きい形状の物体を計測できる．
（ⅱ）粗面も扱える．
（ⅲ）光源はインコヒーレント光でよい．
このような利点をもつため，工業計測にも利用されている．

格子照射法の特徴は，次のようにまとめられる．
（ⅰ）モアレ縞の間隔が $\Lambda_{ap} \fallingdotseq pL/S$（式 (8.10) 参照）で表され，基準格子のピッ

チ p よりもはるかに大きい値となるので，通常の干渉計測よりも大型物体を測定対象とできる．
(ⅱ) 光学系が簡単で，測定誤差が少なく，高感度である．
(ⅲ) 被測定物体の大きさが基準格子により制限される．
(ⅳ) モアレ縞を用いた計測では，白色光源が用いられることが多い．
(ⅴ) 式 (8.7a) からわかるように，モアレ縞と 2 光束干渉法における干渉縞が形式的に同じ役割を果たしている．

格子投影法の特徴は，次のようにまとめられる．
(ⅰ) 被測定物体の大きさを，投影・観測系の倍率を変化させることにより変えることが可能であり，被測定物体を格子照射法よりも大きくできる．
(ⅱ) 被測定物体と基準格子との距離に制約がない．
(ⅲ) 投影格子と観測格子のいずれかを移動させることにより，物体の凹凸がわかる．
(ⅳ) 投影・観測格子の向きを平行にするなど光学系の調整が大変で，測定誤差が避けられない．

モアレトポグラフィは，上記の特徴を活かして，人体とくに児童の脊椎湾曲症の検診，人体の形状計測[8-3]，IC チップの平面度測定，厚板鋼板の平坦度計測，大型物体の形状計測などに応用されている．

8.6　ホログラフィ干渉法

ホログラフィは記録・再生という 2 段階で位相情報を再生する方法であり，3 次元情報を得ることができる（6.1 節参照）．そのため，記録段階で条件を変えた物体光や時間をずらした物体光に参照光を照射して，二度露光することにより 1 枚のホログラムを作製し，再生段階で再生光をこのホログラムに照射しても干渉縞が得られる．このように二度露光する方法を**二重露光法**（double exposure holography）という．この干渉縞を解析することにより物体の形状や変位・変形に関する情報を得る方法を，**ホログラフィ干渉法**（holographic interferometry）という[8-4]．

ホログラフィ干渉法を用いると，物体の位置や形状が変化する前後の物体光を同じホログラムに記録することにより，物体の形状や変位を観測することができ，ホログラフィが工業にも利用できる技術となった．

ホログラフィ干渉法の詳しい説明や変位・変形計測は 9.3 節で述べる．本節では，等価的に個別波長よりも長い波長で形状測定ができる，二波長法と液浸法を説明する．

8.6.1 二波長法

二重露光法で,1回目と2回目の露光波長を変えてホログラムを作製する方法を**二波長法**(two-wavelength method)という[8-5].図 8.9 に示す光学系を用い,記録段階で波長 λ_1 と λ_2 の光を被測定物体に照射して,ホログラムに二重露光した情報を記録する.再生段階でこのホログラムに波長 λ_1 の光を再生光として用いると,記録・再生時の波長が異なることにより,再生像が物体の大きさに応じてずれた位置に結像する(6.1.4 項参照).このように,物体の形状に応じた干渉縞ができる.

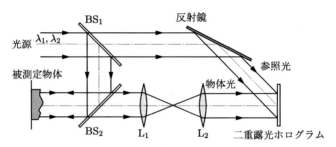

図 8.9 二波長法による形状測定

ホログラム作製時の 1 (2) 回目の露光波長を λ_1 (λ_2) とする.変位ベクトルを $\boldsymbol{\Delta d}$,光源から物体への入射方向の単位ベクトルを $\boldsymbol{s}_{\text{in}}$,物体から観測点の出射方向の単位ベクトルを $\boldsymbol{s}_{\text{sc}}$ とおく.後掲する式 (9.3) を利用して,λ_1 と λ_2 に対する変形前後の位相変化は,次式で得られる.

$$\Delta \phi_j = \frac{2\pi}{\lambda_j} (\boldsymbol{s}_{\text{sc}} - \boldsymbol{s}_{\text{in}}) \cdot \boldsymbol{\Delta d} \quad (j = 1, 2) \tag{8.12}$$

ただし,式 (8.12) における · は内積を表す.2 波長に対する位相差は,式 (8.12) を用いて,次式で書ける.

$$\phi = \Delta \phi_1 - \Delta \phi_2 = 2\pi \left(\frac{1}{\lambda_1} - \frac{1}{\lambda_2} \right) (\boldsymbol{s}_{\text{sc}} - \boldsymbol{s}_{\text{in}}) \cdot \boldsymbol{\Delta d} \tag{8.13}$$

光の入射・出射方向の単位ベクトル $\boldsymbol{s}_{\text{in}}$ と $\boldsymbol{s}_{\text{sc}}$ がなす角度を θ として,$\boldsymbol{s} = \boldsymbol{s}_{\text{sc}} - \boldsymbol{s}_{\text{in}}$ 方向に対する干渉縞の等高線の間隔を Λ とする.この Λ は,式 (8.13) における位相差が 2π 変化する場合に相当するから,$|\boldsymbol{s}_{\text{sc}} - \boldsymbol{s}_{\text{in}}| = 2\sin(\theta/2)$ を用いて,

$$\Lambda = \frac{1}{2(1/\lambda_1 - 1/\lambda_2)\sin(\theta/2)} = \frac{\lambda_1 \lambda_2}{2(\lambda_2 - \lambda_1)\sin(\theta/2)} \tag{8.14}$$

で求められる．とくに反射型で，入射光が物体に垂直入射し，垂直方向から観測する場合，等高線の間隔は次式で表せる．

$$\Lambda = \frac{\lambda_1 \lambda_2}{2|\lambda_1 - \lambda_2|} \tag{8.15}$$

式 (8.14), (8.15) は 2 波長が接近するほど，等高線間隔が長くなることを示している（演習問題 8.4 参照）．

二波長法で得られた等高線を解析することにより，物体の立体形状を求めることができる．通常の 2 光束干渉計でも形状測定ができるが，等高線の間隔は測定波長の半分であることが多い（5.3.2 項参照）．そのため，測定物体の位相変化が激しい場合，2 光束干渉計では等高線が多すぎて測定が困難であるが，二波長法では等高線間隔が広がり位相測定が容易になる．

8.6.2 液浸法（二屈折率法）

被測定面を屈折率 n の媒質（液体または気体）を満たした容器に入れると，測定波長がもとの $1/n$ になることを利用して，等価的に測定波長を変化させる方法を**二屈折率法**という．とくに液体に浸す方法を**液浸法**（immersion method）という[8-6]．

ホログラム作製時に被測定面をまず屈折率 n_1 の媒質に入れ，次に屈折率 n_2 の媒質に入れて再露光する．このように二重露光したホログラムに再生光を照射すると，2 媒質による波面が同時に回折されて，二波長法と同様にして干渉縞が発生する．干渉縞の等高線を解析することにより，物体の形状が構成できる．

この方法では，光の物体への入射方向と出射方向を逆にする（$\boldsymbol{s}_{\text{sc}} = -\boldsymbol{s}_{\text{in}}$）．入射光の波長を λ_0 とするとき，屈折率 n_1（n_2）に対する位相変化は，式 (9.3) より

$$\Delta\phi_j = \frac{2\pi}{\lambda_0} n_j (\boldsymbol{s}_{\text{sc}} - \boldsymbol{s}_{\text{in}}) \cdot \boldsymbol{\Delta d} = -\frac{4\pi}{\lambda_0} n_j \boldsymbol{s}_{\text{in}} \cdot \boldsymbol{\Delta d} \quad (j=1,2) \tag{8.16}$$

で得られる．両者に対する位相差は，

$$\phi = \Delta\phi_1 - \Delta\phi_2 = \frac{4\pi}{\lambda_0}(n_2 - n_1)\boldsymbol{s}_{\text{in}} \cdot \boldsymbol{\Delta d} \tag{8.17}$$

となる．これより，光の物体への入射方向での干渉縞における等高線の間隔 Λ は

$$\Lambda = \frac{\lambda_0}{2(n_2 - n_1)} \tag{8.18}$$

で得られる．$|n_2 - n_1| < 1$ の場合，二屈折率法で得られる等高線間隔は 2 光束干渉計よりも広くなり（演習問題 8.5 参照），二波長法と同じように，位相測定が容易に

なる．媒質の屈折率は，媒質の種類や濃度などを変えて変化させる．

8.7 オートコリメーション法

オートコリメータは被測定物体の傾きを計測する装置である（4.8 節参照）．これを計測に利用する方法をオートコリメーション法といい，形状計測にも応用される．

図 8.10 に示すように，回転鏡とポジションセンサをコリメートレンズ（焦点距離 f）の焦点位置に設置する．この場合の回転鏡とポジションセンサは，光学の機能的には図 4.8 における 2 枚のガラス板に相当する．光源からのレーザ光を回転鏡で反射させた後，半透鏡 HM, コリメートレンズを介して被測定物体に照射する．このとき，コリメートレンズ透過後の光ビームと直交する被測定物体の各面の傾き角を $\theta = 0$ とする．被測定物体の面が角度 θ だけ傾いている場合，被測定物体からの反射ビームは角度が 2θ 変化し，半透鏡で反射後，ポジションセンサ上では $2f\theta$ 変位した位置に結像する．

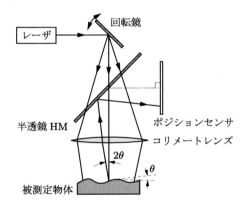

図 8.10 オートコリメーション法

回転鏡を回転させて被測定物体面を走査すると，1 次元での各面の角度分布が変位量から得られる．これらを積分することにより，被測定物体の形状が求められる．

演習問題

8.1 合焦点法として臨界角法や非点収差法がある．これらで焦点検出を行うため，2 分割・4 分割光検出器がどのように使用されているか，その構造と原理を説明せよ．

8.2 格子照射法（図 8.7 参照）において，基準格子が x 軸上にあり，原点を中心としてピッチが p であるとする．(x, y) 座標系を図 8.7 と同じにとって，次の問いに答えよ．

(1) 点光源の座標を $(x, y) = (0, -L)$，基準格子の格子点を $x = m_2 p$ (m_2：指数) として，点光源と基準格子の格子点を結ぶ直線群の式を求めよ．

(2) 観測点の座標を $(x, y) = (S, -L)$，基準格子の格子点を $x = m_1 p$ (m_1：指数) として，観測点と基準格子の格子点を結ぶ直線群の式を求めよ．

(3) 上記二つの直線群の交点の y 座標を求めよ．また，$m = m_1 - m_2$ とおいた結果が式 (8.8) に一致することを示せ．

8.3 格子投影法（図 8.8 参照）で，投影・観測格子（ピッチ p）の格子点が水平方向でレンズ中心とずれているとする．レンズ L_1 の中心を全体の原点にとり，水平方向を x 軸，垂直方向を y 軸にとり，右と下方向を正にとる．このとき，モアレ縞の位置が $y = LS/[mp - (c_1 - c_2)]$ で表されることを，次の手順に従って求めよ．ただし，c_1 と c_2 は格子点のレンズ L_1 と L_2 の中心からのずれを表す定数である．

(1) 投影格子の格子点を $(x, y) = (-m_1 p + c_1, -L)$ (m_1：指数) として，この格子点とレンズ L_1 の中心を結ぶ直線群の式を求めよ．

(2) 観測格子の格子点を $(x, y) = (S - m_2 p + c_2, -L)$ (m_2：指数) として，この格子点とレンズ L_2 の中心を結ぶ直線群の式を求めよ．

(3) 上記二つの直線群の交点の y 座標を求め，$m = m_1 - m_2$ とおいたとき，その結果が上記 y となることを示せ．

8.4 二波長法で物体に垂直入射して形状測定をする際，光源に Ar イオンレーザの 2 波長（波長 488 nm，514.5 nm）を用いるとき，等高線の間隔を求めよ．

8.5 液浸法で物体の形状測定をする際，光の物体への入射方向と出射方向を逆にする．光源に He-Ne レーザ（波長 633 nm）を用い，液体として水（$n = 1.33$）とモノブロモナフタレン（$n = 1.66$）を用いるとき，等高線の間隔を求めよ．

8.6 物体に垂直入射させる二波長法と液浸法でホログラフィ干渉計測するとき，二波長法での一つの波長 λ_1 と液浸法での波長 λ_0 を等しくし，液浸法で二つの液体での屈折率差を Δn とするとき，次の問いに答えよ．

(1) 両方法で等高線間隔を一致させるために必要な，二波長法で使用する波長 λ_2 を表す式を求めよ．

(2) $\lambda_0 = \lambda_1 = 633$nm，$\Delta n = 0.5$ とするとき，可視域で得られる波長 λ_2 を求めよ．

8.7 モアレトポグラフィと 2 光束干渉法の類似点と相違点をまとめよ．

9章 変位・変形・振動の計測

 物体の特定位置の空間変化には，変位と変形，および振動がある．これらの変位・変形・振動は基本的な測定量であり，その測定には古くから多くの光計測手法が利用されている．とくに，レーザ誕生後は，光の可干渉性，非接触性などの性質を活かして，2次元計測や高精度測定が実現されている．また，鏡面物体だけでなく粗面物体の測定もできるようになった．

 本章では，変位・変形・振動にかかわる計測方法として，ホログラフィ干渉法，スペックル干渉法，モアレ法，格子法，光ヘテロダイン干渉法などについて，測定原理，光学系，応用などを説明する．振動は変位に時間的因子が加わったものであり，変位測定法は振動計測に使えるが，変位・変形とは理論的扱いが異なるので，振動計測は最後にまとめて扱う．

9.1 変位・変形・振動の計測の概要

 物体の特定位置の時空間における変化は，変位・変形・振動に分類できる．**変位**とは，物体全体が剛体として異なる位置に移動する際に生じるもので，直線変位と角度変位に分けられる．**変形**とは，物体の一部に衝撃などの圧力が加わったとき，物体の各部分の変位量が異なるために生じるもので，変位の空間分布に相当する．**振動**は，変位が時間的に変化するものと考えることができる．振動の測定方式が異なっても，振動特性には共通する部分が多い．変位と振動特性の計測では，面内と面外を区別することが重要である．

 直線変位と変形計測で，2光束干渉法，ホログラフィ干渉法，スペックル干渉法は微小変位に使用し，モアレ法（4.2節参照）はこれらより大きい変位に使用される．これらいずれの方法も空間的振動の計測にも使える．角度変位の測定には格子法やモアレ法，オートコリメータ（4.8節参照）などが使用される．また，振動測定には光ヘテロダイン干渉法も使用される．

 これらの測定法の測定対象と特徴を表9.1に示す．粗面でも測定対象にできることが応用上重要である．以下では，表9.1に示した測定法の測定原理，測定系，応用などについて順次説明する．

表 9.1 おもな変位・変形，振動測定法

測定法		変位・変形	振動	測定対象	特　徴
ホログラフィ干渉法	二重露光法	○		粗面も可	ホログラム作製時に二度露光
	実時間法	○		粗面も可	再生段階でもとの物体と別の物体の波面間で干渉縞を生じさせる
	時間平均法		○	粗面も可	測定時間を振動周期より十分長くとる
	ストロボ法		○	粗面も可	物体の振動に同期してストロボ照明
スペックル法	干渉法	○	○	粗面	等しい傾きの2光束で物体を照明
	写真法	○		粗面	光学系が簡単
	電子式	○	○	粗面	記録媒体に電子的撮像装置を使用
モアレ法	格子投影法	○	○	粗面	格子を離れた位置から物体に投影
		角度変位			モアレ縞で変位を拡大
光ヘテロダイン干渉法		○	○	粗面も可	ドップラシフトを測定
格子法		角度変位			零位法，格子像が重なるように調整
オートコリメータ		角度変位			望遠鏡に搭載した十字線のずれを測定

○印は適用可能なことを表す

9.2　変位・変形に伴う位相変化の定式化

本節では，粗面物体が変位・変形するとき，光の照射による入・出射光間の位相変化を定式化する．光を粗面物体に照射するとき，入射光の方向を固定した状態で物体が変位・変形すると，出射（散乱）光の向きが変化する．このとき，入射光と出射（散乱）光が物体から十分離れた位置にあるとすると，入・出射光と変位・変形の間で一定の関係式が成り立つ．この関係式は，変位・変形計測だけでなく，振動計測にも利用できる．

粗面物体の変位・変形の概略を図 9.1 に示す．光源 S（波長 λ_0）から出たレーザ光

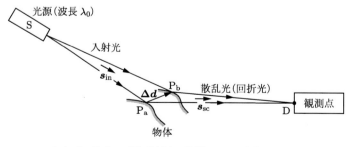

$P_a(P_b)$：物体の変位前（後）の位置，Δd：変位ベクトル
$s_{in}(s_{sc})$：光の入射（出射）方向の単位ベクトル

図 9.1　物体の変位・変形に伴う光波の伝搬方向変化

が物体の変化前の位置 P_a に届き，そこからの散乱光が観測点 D に到達するとする．同様にして，変化後には光が位置 P_b から散乱され，同じ D に到達するとする．上記のように，P_a と P_b は変位・変形前後の物体の特定位置である．光源から観測点までの光路長を，変化前後に対して φ_a，φ_b とおくと，これらは次式で表せる．

$$\varphi_a = n(\overline{SP_a} + \overline{P_aD}), \quad \varphi_b = n(\overline{SP_b} + \overline{P_bD}) \tag{9.1}$$

ただし，n は光路中の平均屈折率である．このとき，変位・変形前後の光路長差は

$$\varphi_b - \varphi_a = n\left(\overline{SP_b} - \overline{SP_a}\right) + n\left(\overline{P_bD} - \overline{P_aD}\right) \tag{9.2}$$

で得られる．

いま，光源と物体間，物体と観測点間の距離がともに十分長く，$\overline{SP_b} \parallel \overline{SP_a}$，$\overline{P_bD} \parallel \overline{P_aD}$ とみなせるとする．P_a から P_b に向かう変位ベクトルを $\boldsymbol{\Delta d}$，光源から物体への入射方向の単位ベクトルを $\boldsymbol{s}_{in}$，物体から観測点の出射方向の単位ベクトルを $\boldsymbol{s}_{sc}$ とおく．式 (9.2) に含まれる値は，ベクトルの内積を利用して，$\overline{SP_b} - \overline{SP_a} \fallingdotseq -\boldsymbol{s}_{in} \cdot \boldsymbol{\Delta d}$，$\overline{P_bD} - \overline{P_aD} \fallingdotseq \boldsymbol{s}_{sc} \cdot \boldsymbol{\Delta d}$ で近似できる．物体光の変位・変形前後における位相を ϕ_a，ϕ_b と書くと，変位・変形前後における，光源から観測点までの光波の位相差は

$$\Delta \phi \equiv \phi_b - \phi_a = \frac{2\pi}{\lambda_0}(\varphi_b - \varphi_a) \fallingdotseq \frac{2\pi}{\lambda}(\boldsymbol{s}_{sc} - \boldsymbol{s}_{in}) \cdot \boldsymbol{\Delta d} \tag{9.3}$$

で近似できる．ただし，$\boldsymbol{\Delta d}$ は変位ベクトル，λ は照射光の光路中の波長である．

式 (9.3) で，光源からの光波入射方向と，物体からの散乱光の出射方向を決めれば，$\boldsymbol{s}_{sc} - \boldsymbol{s}_{in}$ が定まる．よって，観測データから位相差 $\Delta\phi$ を求めると，物体の変位・変形の大きさと方向を $\boldsymbol{\Delta d}$ から知ることができる．このような位相差は，ホログラフィ干渉法での干渉縞や光ヘテロダイン干渉法での周波数変化を用いて計測することができる．

9.3 ホログラフィ干渉法

ホログラフィ干渉法は，8.6 節で述べたように，物体光をホログラムに二重露光して得られる干渉縞を解析することにより，物体の形状や変位・変形に関する情報を得る方法である．ホログラフィ干渉法を用いると，物体の位置や形状が変化する前後の物体光を同じホログラムに記録することにより，物体の形状や変位を観測することができるので，本節では，物体の変位・変形計測に関する説明を行う．

9.3.1 ホログラフィ干渉法の原理

6.1 節と同じ光学系で，当然のことながら，ホログラム作製時には参照光と物体光を同一光源からとる．まず，物体の変位・変形前に，物体光とともに参照光を照射してホログラムを作製する．このときの物体光の振幅を A_a，位相を ϕ_a とする．次に，同じ物体に変位・変形を与えた後の物体光を同じホログラムに照射し，変位・変形後の物体光の振幅を A_b，位相を ϕ_b とする．再生光を参照光と同じ方向から二重露光したホログラムに照射すると，変位・変形前後の二つの状態が同時に再生され，干渉縞を生じる．このような二重露光法でできる再生像を，式を用いて検討する．

6.1 節の議論を参照して，ホログラムに記録された位相情報のうち，物体光の位相情報を含む 1 次回折光のみに着目する．また，変位・変形の前後で物体の微細構造は変化せず，粗面だけが変化すると仮定する．このとき式 (6.1) を参考にして，参照光の光強度 I_R を省略すると，再生像において，変位・変形前からは波面 $A_\mathrm{a} \exp[i(\omega t + \phi_\mathrm{a})]$ が，変位・変形後からは波面 $A_\mathrm{b} \exp[i(\omega t + \phi_\mathrm{b})]$ が発生する．ただし，ω は光の角周波数である．

観測点では，物体の変位・変形前後の波面により発生した再生像により干渉縞が形成される．ここでは再生像で干渉に寄与する項のみを表示すると，光強度分布は

$$I = |A_\mathrm{a} \exp[i(\omega t + \phi_\mathrm{a})] + A_\mathrm{b} \exp[i(\omega t + \phi_\mathrm{b})]|^2$$
$$= |A_\mathrm{a}|^2 + |A_\mathrm{b}|^2 + A_\mathrm{a} A_\mathrm{b}^* \exp[i(\phi_\mathrm{a} - \phi_\mathrm{b})] + A_\mathrm{a}^* A_\mathrm{b} \exp[-i(\phi_\mathrm{a} - \phi_\mathrm{b})] \quad (9.4)$$

で書ける．振幅の変化は位相の変化に比べて干渉縞への影響が少ないので，変位・変形前後の振幅変化が微小な場合，$A_\mathrm{b} \fallingdotseq A_\mathrm{a}$ と近似できる．このとき，式 (9.4) は

$$I \fallingdotseq 2|A_\mathrm{a}|^2 (1 + \cos \Delta\phi), \quad \Delta\phi \equiv \phi_\mathrm{b} - \phi_\mathrm{a} \quad (9.5)$$

と書き直せる．

式 (9.5) に，前節で求めた物体の変位・変形前後の位相変化 $\Delta\phi \equiv \phi_\mathrm{b} - \phi_\mathrm{a}$ の式 (9.3) を代入すると，ホログラフィ干渉法において再生像で得られる光強度分布が

$$I = 2|A_\mathrm{a}|^2 \left\{ 1 + \cos\left[\frac{2\pi}{\lambda}(\boldsymbol{s}_\mathrm{sc} - \boldsymbol{s}_\mathrm{in}) \cdot \boldsymbol{\Delta d}\right] \right\} \quad (9.6)$$

で表せる．式 (9.6) での余弦関数が干渉縞を与え，この式は 2 光束干渉法での式 (5.11) に対応する．

物体の変位・変形前後の状態をホログラムに記録しておき，これに再生光を照射すると，変位前後の二つの状態が同時に再生される．もし変位・変形があれば，変位前後の光路長差により，それらの間で等厚干渉縞が生じる．このとき，変位の少ない部

分ほど干渉縞の間隔が広くなる．一方，変位・変形がない場合，変位前後の波面がまったく同一なので，式 (9.6) で余弦関数部分が定数となり，再生像全体が一様な明るさになる．

> **例題 9.1** ホログラフィ干渉法で変位を測定する場合，変位が少ないほど再生像での干渉縞の間隔が広くなることを示せ．
>
> **解** この場合の干渉縞の等位相面は式 (9.6) の第 2 項で，$(2\pi/\lambda)(s_{sc} - s_{in}) \cdot \Delta d = 2\pi m$ (m：縞次数) より $(s_{sc} - s_{in}) \cdot \Delta d = m\lambda$ で得られる．波長 λ と $s_{sc} - s_{in}$ は測定系で決まる値なので定数と考えてよい．よって，変位 Δd が少ないほど，それに対応する縞次数 m が小さく，干渉縞の間隔が広くなる．

9.3.2 二重露光法と実時間法

前項でホログラフィ干渉法の測定原理を述べたが，記録・再生段階における条件設定の違いにより，これは二重露光法と実時間法に分類できる．

二重露光法では，記録段階において，条件を変えた物体光に参照光を照射して，二度露光することにより 1 枚のホログラムを作製しておく．再生段階では再生光をこのホログラムに照射すると，2 条件で得られた波面が同時に再生され，二つの 1 次回折光の間で干渉縞を生じる．

実時間法（real time holography）では，記録段階でもとの物体から発する物体光と参照光を 1 回露光してホログラムを作製する．再生段階ではホログラムを記録段階とまったく同じ位置に設置して，別の物体光と再生光を同時にホログラムに照射して，もとの物体と別の物体の波面間で干渉縞を生じさせる方法であり，実時間測定が可能である．

二重露光法は，ホログラムをもとに戻す位置に対する厳密さに多少の余裕があるので，技術的には比較的容易であるが，時間的に変化する現象の測定には適さない．実時間法は，原理的には変形前後の実時間測定が可能であるが，再生前後の物体位置を波長オーダの精度で一致させる必要があり，技術的には難しい．しかし，感光材料としてその場で現像の可能なサーモプラスチックが開発されたことにより，ホログラムの取り外しが不要となり，実時間法が比較的容易に行えるようになった．

9.3.3 ホログラフィ干渉法の特徴と応用

ホログラフィ干渉法の特徴は以下のとおりである．
（ⅰ）二重露光ホログラムを利用すると，干渉縞を解析することにより，物体の変位

や移動方向，変形前後の大きさなどを知ることができる．また，時間変化に追随する実時間測定も可能となる．
(ii) ホログラフィ干渉法では粗面物体や反射物体からの散乱波も扱うことができ，測定対象が広がって工業製品の計測にも利用できるようになった．一方，従来の2光束干渉計では，立体の再構成が鏡面物体に制限されていた．
(iii) ホログラフィ干渉法では，前章の式 (8.15)，(8.18) に示したように，等高線間隔が光源波長 λ_0 以上となり，形状変化つまり位相変化が急激な形状測定などに適用できる．これに対して，2光束干渉計では，シアリング干渉計を除いては，干渉縞における等高線間隔は $\lambda_0/2$ または λ_0 であった (5.3.2 項，5.4.3 項参照)．

ホログラフィ干渉法は上記特徴を利用して，機械部品の変位・変形・形状測定，音響装置の振動測定，液体の屈折率分布の計測などに応用されている．ホログラフィ干渉法が個別の測定対象に適するように，物体の形状測定では二波長法，液浸法 (8.6 節参照) が，物体の変形測定では二重露光法，実時間法が，振動測定では，後述するように，時間平均法とストロボ法が利用されている．

9.4 スペックル干渉法

スペックルには，物体の変位や変形が微小なとき，一定の条件下で，像面上での各スペックルが形を変えずに，そのパターンが変位・変形に応じて移動するという性質がある (6.2.1 項参照)．この性質を利用すると，変位前後におけるスペックルを対応づけることができれば，面内の各点での変位を知ることが可能となる．スペックル法 (6.2 節参照) にホログラフィ干渉法の考え方を取り入れた，**スペックル干渉法**を用いると，粗面物体の横変位・変形・振動測定ができる[9-1]．以下では，スペックル干渉法の原理や特徴を説明する．

9.4.1 スペックル干渉法の原理

スペックルがもつ上記性質を利用する，スペックル干渉法の光学系を図 9.2 に示す．被測定物体の光軸に対して角度 θ をなす対称な2方向からレーザ光を物体に照射する．2光束から生じた散乱光を，結像レンズ L_1 を介して物体の反対側にある像面で干渉させ，スペックルパターンを観察する．この方法を**スペックル干渉法**という．カメラで撮影する場合には焦点を物体に合わせる．

物体に固定した3次元座標 (ξ, η, ζ) で ζ 軸を光軸にとり，照射光 1, 2 が ξ-ζ 面内で光軸と角度 θ をなすとする．また，像面座標を (x, y) とする．物体に横変位が生じ

134 **9章 変位・変形・振動の計測**

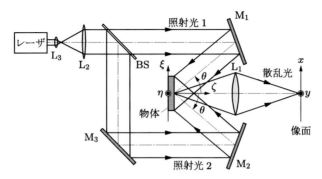

L$_1$：結像レンズ，L$_2$, L$_3$：レンズ
M$_1$ ～ M$_3$：反射鏡，BS：ビームスプリッタ

図 9.2 スペックル干渉法による横変位計測

るとき，照射の対称性により η 成分が相殺し，像面では x 軸方向の横変位成分のみが残る．物面でのこの横変位成分を $\Delta\xi$，結像系の横倍率を M とすると，像面での変位成分は $\Delta x = M\Delta\xi$ で表せる．

2光束照射で，一方のレーザ光のみを照射したときのスペックル強度分布を $I_{\rm sp}(x)$ とおく．物体の変位前の像面での光強度分布 I_1 は，波面の光軸との傾きを考慮して（3.5.2 項参照），

$$I_1 = I_{\rm sp}(x)|\exp(ikx\sin\theta)+\exp(-ikx\sin\theta)|^2$$
$$= 2I_{\rm sp}(x)[1+\cos(2kx\sin\theta)] \tag{9.7}$$

で書ける．ただし，$k=2\pi/\lambda$ は光波の波数，λ は波長である．横変位後の像面での光強度分布 I_2 でも，同じスペックル分布 $I_{\rm sp}(x)$ を用いて，

$$I_2 = I_{\rm sp}(x+\Delta x)|\exp[ik(x+\Delta x)\sin\theta]+\exp[-ik(x+\Delta x)\sin\theta]|^2$$
$$= 2I_{\rm sp}(x+\Delta x)\{1+\cos[2k(x+\Delta x)\sin\theta]\} \tag{9.8}$$

で書ける．変位量が微小なとき，$I_{\rm sp}(x+\Delta x) \fallingdotseq I_{\rm sp}(x)$ と近似できる．式 (9.7)，(9.8) で表される光強度分布を，ホログラフィ干渉法と同じように，画像記録媒体に二重露光する．

画像記録媒体に非線形効果があれば，これには単純和 I_1+I_2 だけでなく，積のモアレ縞に類似した相関干渉縞 $I_1 I_2$ が形成される．モアレ縞と同じように（8.5.1 項参照），式 (9.7)，(9.8) の余弦関数の積の部分のみを取り出すと，次式が得られる．

$$I_{\rm product} = 4I_{\rm sp}^2(x)\cos(2kx\sin\theta)\cos[2k(x+\Delta x)\sin\theta]$$

$$= 2I_{\mathrm{sp}}^2(x)\left\{\cos\left[2k(2x+\Delta x)\sin\theta\right] + \cos(2k\Delta x\sin\theta)\right\} \tag{9.9}$$

式 (9.9) における第1項は光波の高周波成分であり，通常は観測できない．第2項が相関干渉縞であり，これから物面に換算した横変位に関する等高線が，$\Delta\xi = \lambda/2M\sin\theta$ ごとに現れる（演習問題9.3参照）．物面での等高線間隔は波長の数倍程度となり，感度が結像系の横倍率 M で調整できる．

9.4.2 電子式スペックル干渉法

スペックル干渉法では，ホログラフィのように記録媒体に高解像度を必要としないため，記録媒体に CCD やビジコンなどの電子的撮像装置が用いられるようになった．スペックル干渉法で変形前後におけるスペックルパターンの重ね合わせを，電子的撮像装置を用いて行う方法を**電子式スペックル干渉法**（ESPI: electronic speckle pattern interferometry）という．

この方法は，今日では撮像装置の解像度も高くなり，ディジタル情報として記録・処理できる利点があるので，ホログラフィ干渉法と同じように，実時間法や二重露光法としても使うことができる．

9.4.3 スペックル干渉法の特徴と応用

スペックル干渉法の特徴を，ホログラフィ干渉法と対比させて次に述べる．
（ⅰ）横変位測定がホログラフィ干渉法より容易に行える．
（ⅱ）横変位量がスペックルの平均的大きさ以上になると，スペックルの形が変化してコントラストが低下するので，測定可能な変位量はスペックルの大きさで制限される．
（ⅲ）光源の可干渉性や光検出器の解像度に対する要求が，ホログラフィ干渉法ほど厳しくない．
（ⅳ）画像の質はホログラフィ干渉法より劣る．

スペックル干渉法は，面内・面外の同時変位計測が行え，半導体チップの変形測定などに利用されている．

例題 9.2 スペックル干渉法で横変位を測定したところ，スペックルの平均直径が $\eta\lambda$ （$\eta > 1$，λ：波長）であった．このとき，変位が測定可能となる，被測定物体の光軸に対するレーザ光の入射角度 θ の範囲を求めよ．また，$\eta = 5$ のとき θ の範囲を求めよ．

解 この方法で測定可能な横変位量がスペックルの直径で決まるから，像面での横変位 Δx は $\Delta x \leqq \eta\lambda$ を満たす必要がある．式 (9.9) の第2項を用いて，像面での等高線間隔は

$2(2\pi/\lambda)\Delta x \sin\theta = 2\pi$ より $\Delta x = \lambda/2\sin\theta$ となる．両 Δx の式より $\lambda/2\sin\theta \leqq \eta\lambda$ である．よって，$\sin^{-1}(1/2\eta) \leqq \theta \leqq \pi/2$ より，$\eta = 5$ のとき $5.7° \leqq \theta \leqq 90°$ と求められる．

9.5 モアレ法

　モアレ縞は，ピッチの近い周期性のある直線群や曲線群を重ね合わせたときに生じる，もとのパターンよりも緩やかな空間変化をする縞模様である（4.2節参照）．モアレ縞は，一方の格子に対して他方の格子が相対的に移動したとき，その移動量を拡大する性質がある（4.2.2項参照）．この性質を利用して，格子照射法や格子投影法（8.5節参照）と同様の光学系を用いて，モアレ縞を観測・解析することにより計測する方法を**モアレ法**とよぶ．

　変位の測定原理を以下で説明する．二つの余弦波格子があり，それらのピッチが p と $p(1-\alpha)$ でわずかに異なっているとする（$0 < \alpha \ll 1$）．いま，後者が相対的に δ だけ平行に変位したとすると，これらの格子の光強度分布は

$$I_1 = \frac{1}{2}\left[1 + \cos\left(\frac{2\pi}{p}x\right)\right], \quad I_2 = \frac{1}{2}\left\{1 + \cos\left[\frac{2\pi}{p(1-\alpha)}(x-\delta)\right]\right\} \quad (9.10)$$

で書ける．これらの余弦波格子で作られる積で，モアレ縞に直接関係する，式(9.10)の余弦関数の積の部分のみを取り出すと，次の近似式が得られる．

$$\begin{aligned} I_{\text{product}} &= \frac{1}{4}\cos\left(\frac{2\pi}{p}x\right)\cos\left[\frac{2\pi}{p(1-\alpha)}(x-\delta)\right] \\ &= \frac{1}{8}\cos\left[\frac{2\pi}{p}\frac{2-\alpha}{1-\alpha}\left(x - \frac{\delta}{2-\alpha}\right)\right] + \frac{1}{8}\cos\left[\frac{2\pi}{p}\frac{\alpha}{1-\alpha}\left(x - \frac{\delta}{\alpha}\right)\right] \\ &\fallingdotseq \frac{1}{8}\cos\left[\frac{4\pi}{p}\left(x - \frac{\delta}{2}\right)\right] + \frac{1}{8}\cos\left[\frac{2\pi}{p}\alpha\left(x - \frac{\delta}{\alpha}\right)\right] \end{aligned} \quad (9.11)$$

式(9.11)における第2項がモアレ縞に相当する．モアレ縞のピッチを p_M とすると，$2\pi/p_\text{M} = 2\pi\alpha/[p(1-\alpha)]$ で α が微小量なので，$p_\text{M} \fallingdotseq p/\alpha$ を得る．

　モアレ縞による変位の数値例を**図9.3**に示す．式(9.10)における光強度分布 I_1 と I_2 の値が一致する $x = 2$ で，モアレ縞強度がピーク値をとっている．この特性は2周波による"うなり"によく似ている（図6.6参照）．図では $\alpha = 0.05$ としているが，実用上はもっと小さい値が使用されることが多い．

　式(9.11)と図9.3から次のことがわかる．

（ⅰ）ピッチが p と $p(1-\alpha)$ の格子が平行に相対的に δ だけ変位するとき，積のモアレ縞ではモアレ縞のピッチが $p_\text{M} \fallingdotseq p/\alpha$ となって，$1/\alpha$ 倍に拡大される．

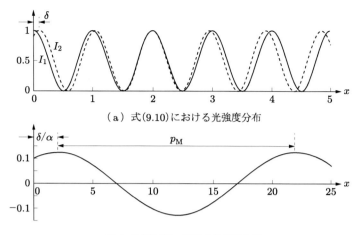

(a) 式(9.10)における光強度分布

(b) モアレ縞：式(9.11)の第2項

ピッチ $p=1$，ピッチのずれ $\alpha = 0.05$，変位 $\delta = 0.1$，p_M：モアレ縞のピッチ

図 9.3　モアレ縞による変位の数値例

（ⅱ）積のモアレ縞で格子の変位が $\delta_M = \delta/\alpha$ となり，これも $1/\alpha$ 倍に拡大される．

モアレ法は，形状測定，直線・角度変位や変形の測定に利用されている．また，物質に直交直線格子を貼り付けることにより，2次元の応力歪の測定にも応用されている．

9.6　角度変位の計測

角度変位の計測にはモアレ法（4.2 節参照）やオートコリメータ（4.8 節参照），格子法などが使用されている．モアレ法とオートコリメータを用いる方法は，それぞれ 4.2.2 項と 4.8 節の記述でそれらの内容が理解できると思われるので，ここでは割愛する．本節では，平面鏡のわずかな回転角度を直線格子の重なりを利用して検出する，**格子法**またはエンコーダ法とよばれる方法を説明する．

格子法の光学系を**図 9.4** に示す．光源 S からの光をレンズ L_1 で平行光にして直線格子 G_1 を照射し，レンズ L_3 を介して，被測定物体に取り付けられた平面鏡 M に入射させる．鏡 M からの反射光は，図で下側の光学系に入り，光検出器 D に至る．図で G_1 と G_2 はピッチが等しい直線格子で，両者は平面鏡 M に関して対称な位置に配置されている．そのため，平面鏡 M が適正な角度であれば，G_1 の像が G_2 に重なり，光検出器 D での受光量が最大となる．このときの平面鏡 M の回転角度をゼロとする．

平面鏡 M が角度 θ_M 回転すると反射光は角度 $2\theta_M$ 回転して，直線格子 G_1 の像と

138　9章　変位・変形・振動の計測

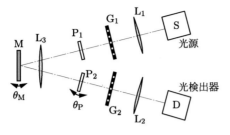

図 9.4　格子法を用いた角度計測

G_2 が相対的にずれ，光検出器 D での光量が減少する．このとき，平行平面板 P_2 を角度 θ_P だけ傾けて，光検出器 D での光量が最大化するように調整する．これは，平面鏡 M の小さい回転角度 θ_M を平行平面板 P_2 の大きい回転角度 θ_P に置換しているので，光てこ（4.4 節参照）に相当する．また，角度 θ_P から回転角 θ_M を求めるもので，光計測では数少ない零位法となっている．格子法では 10^{-10} rad という微小な回転角度が測定できるといわれている．

9.7　振動計測

　機械的振動は変位が時間的に変化するものとして捉えることができる．振動測定は，変位測定同様，レーザの出現によって発展した．その理由として，可干渉性に優れた光源を入手したことにより，ホログラフィ干渉法や光ヘテロダイン干渉法が進展し，測定対象として粗面も扱えるようになったことがある．また，ホログラフィ干渉法とモアレ法の類似性に着目して，モアレトポグラフィが現れた．
　変位測定の方法はすべて振動測定にも使える．振動の測定方式が異なっても，その振動特性には共通する部分がある．空間位相を利用した方式としては，時間平均法とストロボ法があり，ホログラフィ干渉法，スペックル干渉法，モアレトポグラフィなどに適用されている．時間的位相を利用した方式としては，ドップラ効果と光ヘテロダイン干渉法を併用した方式がある．振動の対象は，面内振動と面外振動（測定物体に垂直な方向の振動）に分けられる．本節では，前半で空間位相を利用した振動計測の方式を，後半でドップラ効果を利用した方式を説明する．
　振動計測は，音響機器の振動解析，自動車車体の振動特性解析，聴覚器官の伝音機構解析，機械計測などに応用されている．

9.7.1　時間平均法

　2 次元の面内における物体の機械的振動が定常的で正弦波で表せるとし，機械的

振動の実効的振幅を $a_v(x,y)$，周波数を f_v とおく．振動による光波の位相変化 $\Delta\phi$ は，式 (9.3) で変位ベクトルを $\Delta\boldsymbol{d} = \boldsymbol{a}_v(x,y)\sin(2\pi f_v t)$，$|\boldsymbol{a}_v(x,y)| = a_v(x,y)$ とおいて，

$$\Delta\phi = k\eta(x,y)\sin(2\pi f_v t) \tag{9.12a}$$

$$\eta(x,y) \equiv (\boldsymbol{s}_{sc} - \boldsymbol{s}_{in}) \cdot \boldsymbol{a}_v(x,y) \tag{9.12b}$$

で表せる．ここで，$k = 2\pi/\lambda$ は光路中の光の波数，λ は光路中の波長，$\boldsymbol{s}_{in}$ は光の物体への入射方向単位ベクトル，$\boldsymbol{s}_{sc}$ は光の物体からの出射方向単位ベクトルである．

振動物体から発せられる光波の複素振幅を $A_0(x,y)$ とおくと，その光波の時間的振る舞いは，次式で記述できる．

$$A(x,y,t) = A_0(x,y)\exp(i\Delta\phi) = A_0(x,y)\exp[i\xi\sin(2\pi f_v t)] \tag{9.13}$$

ここで，$\xi = k\eta(x,y) = (2\pi/\lambda)\eta(x,y)$ は時間を含まない項である．

振動の瞬時値を測定するのは困難なので，測定時間 T を物体の振動周期よりも十分長くとることにする．このとき，振動物体からの光波は，式 (9.13) を時間 T で積分した後に平均化して求められ，

$$\begin{aligned}A(x,y) &= \lim_{T\to\infty}\frac{1}{T}\int_0^T A(x,y,t)dt \\ &= \lim_{T\to\infty}\frac{A_0(x,y)}{T}\int_0^T \{\cos[\xi\sin(2\pi f_v t)] + i\sin[\xi\sin(2\pi f_v t)]\}dt\end{aligned} \tag{9.14}$$

で書ける．式 (9.14) の被積分関数の各項を ν 次ベッセル関数 J_ν で展開して積分すると，振動物体からの光波の振幅が

$$A(x,y) = A_0(x,y)J_0(\xi) = A_0(x,y)J_0\left[\frac{2\pi}{\lambda}\eta(x,y)\right] \tag{9.15}$$

で表される（付録 A.4 参照）．ちなみに，ベッセル関数 $J_0(x)$ は $J_0(0) = 1$ で，最初の零点は $j_{0,0} = 2.405$ であり，引数 x の増加とともに減衰振動する関数である．

式 (9.15) は，長時間平均での光波の振幅が，振動振幅の関数として 0 次ベッセル関数 $J_0[(2\pi/\lambda)\eta(x,y)]$ で変調され，光強度が $J_0^2[(2\pi/\lambda)\eta(x,y)]$ に比例することを表している．このように，測定時間を物体の振動周期よりも十分長くとって，振動を測定する方法を**時間平均法**（time-average method）という．

9.7.2 時間平均法による振動計測

本項では,時間平均法をホログラフィ干渉法,スペックル干渉法,モアレ法に適用した例を説明する.これらはいずれも粗面を扱うことができる.

(a) ホログラフィ干渉法

振動測定でも図 6.1 とほぼ同じ光学系を用い,物体の部分に被測定振動物体を置く.物体が振動しているとき,ホログラム上での干渉縞が時間的に振動する.ホログラムでの露光時間を振動周期よりも十分長くとると,時間平均法の条件が満たされる.

物体が定常振動しているとして,機械的振動の移動ベクトルを $\boldsymbol{a_\mathrm{v}}(x,y)$,振動周波数を f_v とすると,振動による位相差 $\Delta\phi$ は式 (9.12a) で書ける.このとき,ホログラムに記録される物体光の光強度は,式 (9.15) を利用して,次式で表せる[9-2].

$$I \propto J_0^2\left[\frac{2\pi}{\lambda}|\eta(x,y)|\right] = J_0^2\left[\frac{2\pi}{\lambda}a_\mathrm{v}(x,y)\right] \tag{9.16}$$

ただし,$\eta(x,y)$ は式 (9.12b) と同じである.とくに,入射光と振動方向が一致し,散乱光が入射光と逆向きとなるとき,光強度の節を $J_0(x)$ の最初の零点 $j_{0,0}=2.405$ で評価すると,式 (9.16) 最後の表現で,振動振幅は $a_\mathrm{v}(x,y)=(2.405/2\pi)\lambda=0.383\lambda$ から求められる.

(b) スペックル干渉法

図 9.3 と同じ光学系を用いて,レーザ光源からの光を 2 分して,光を振動物体の法線に対して角度 θ をなす 2 方向から照射する.振動物体からの光を同時に撮像装置(像面)に入射させると,スペックルパターンが観測される.

振動振幅を $a_\mathrm{v}(x,y)$,振動周波数を f_v として,これらを式 (9.12a) に代入して長時間平均をとると,光強度が次式で得られる.

$$I \propto J_0^2\left[\frac{2\pi}{\lambda}a_\mathrm{v}(x,y)\right] \tag{9.17}$$

振動振幅 $a_\mathrm{v}(x,y)$ が式 (9.17) から求められる.この方法では像質はあまりよくないが,実時間測定が容易に行える.

(c) 格子投影モアレ法

時間平均法による振動測定は,モアレトポグラフィ(格子投影法,8.5.2 項参照)と類似の光学系でできる.観測光学系を振動物体に対して垂直な方向に設置し,ピッチ p の規則格子を観測光学系と角度 θ をなす方向から振動物体に向けて投影する(図 9.5).こうして,モアレ縞による等高線を作り,物体を振幅 $a_\mathrm{v}(x,y)$ で振動させる.

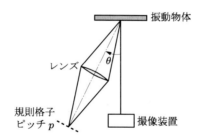

図 9.5　格子投影モアレ法の光学系

このときも，モアレ縞の蓄積時間を振動周期よりも十分に長くとると，投影された格子のコントラストが

$$V = J_0\left[\frac{2\pi}{p}a_v(x,y)\tan\theta\right] \tag{9.18}$$

に従って変化する[9-3]．この方法を**格子投影モアレ法**あるいは**投影モアレ法**とよぶ．コントラストを測定して，式 (9.18) から振動振幅 $a_v(x,y)$ が求められる．

9.7.3　ストロボ法

物体の機械的振動において，任意の二つの位相状態に同期させてストロボ照明（周期的に短時間発光する光源を用いて照明する方法）を行い，ホログラムを記録・再生して振動解析する方法を**ストロボ法**（stroboscopic method）とよぶ．照明の位相を振動振幅の正負の最大値に一致させてストロボ照明すると，これはホログラフィ干渉法の二重露光法（9.3.2 項参照）を用いた変位測定に一致する．このとき，再生像の光強度が

$$I \propto \cos^2\left[\frac{2\pi}{\lambda}a_v(x,y)\right] \tag{9.19}$$

で表せる．式 (9.19) は，時間平均法での式 (9.15) と異なり，振動振幅 $a_v(x,y)$ が大きくなっても，高いコントラストが保持されることを示している（演習問題 9.5 参照）．ただし，露光時間は振動周期に比べて十分短いことが要求される．

機械的振動の周期に近い周期でパルス照明をすると，ゆっくりと動く振動パターンが観測できる．

例題 9.3　振動振幅を，ホログラフィ干渉法に適用した時間平均法とストロボ法で測定する．このとき，時間平均法の光強度とストロボ法のコントラストが最初にゼロとなるときの振動振幅を求めよ．ただし，測定波長を $\lambda_0 = 633\,\text{nm}$ とする．

解 時間平均法では式 (9.16) で $J_0(2.405) = 0$ となることより,$(2\pi/\lambda_0)a_v = 2.405$ を解いて,振動振幅は $a_v = 2.405\lambda_0/2\pi = 0.383 \cdot 633 = 242\,\mathrm{nm}$ となる.ストロボ法では,式 (9.19) を用いて $(2\pi/\lambda_0)a_v = \pi/2$ より,振動振幅は $a_v = \lambda_0/4 = 0.25 \cdot 633 = 158\,\mathrm{nm}$ となる.

9.7.4 ドップラ効果を利用した振動計測

被測定物体が振動している場合,ある特定の周波数の光を入射させると,物体の振動によりドップラシフトを受け,反射光の周波数が変化する.この周波数変化を光ヘテロダイン干渉法で検出すると,振動測定が行える.

(a) ドップラ効果を利用した振動計測の原理

物体が時間的に変動しているとき,瞬時角周波数 $\Omega(t)$ は位相変化の時間微分で求められる.図 9.1 を参照して,物体の変位ベクトルを $\boldsymbol{\Delta d}$,物体への入射光の単位ベクトルを $\boldsymbol{s}_\mathrm{in}$,物体からの出射光の単位ベクトルを $\boldsymbol{s}_\mathrm{sc}$ とおくと,変位前後の光波の位相変化は式 (9.3) で与えられる.これらより,瞬時角周波数が次式で得られる.

$$\Omega(t) = 2\pi f_\mathrm{D}(t) = \frac{d\Delta\phi}{dt} = \frac{2\pi}{\lambda}(\boldsymbol{s}_\mathrm{sc} - \boldsymbol{s}_\mathrm{in}) \cdot \boldsymbol{v} \tag{9.20}$$

$$\boldsymbol{v} = \frac{d\boldsymbol{\Delta d}}{dt} \tag{9.21}$$

ここで,$\boldsymbol{v}$ は振動物体の速度ベクトル,λ は光路中の波長,f_D は物体の振動に伴うドップラシフトであり,次式で書ける.

$$f_\mathrm{D}(t) = \frac{1}{\lambda}(\boldsymbol{s}_\mathrm{sc} - \boldsymbol{s}_\mathrm{in}) \cdot \boldsymbol{v} \tag{9.22}$$

いま,被測定物体の面外振動が定常的で正弦波で表せるとし,振動振幅を a_v,振動周波数を f_v とする.光が被測定物体に垂直入射し,散乱光がもとの方向へ戻るとする.このとき,$\boldsymbol{\Delta d} = a_v \sin(2\pi f_v t)$,$|\boldsymbol{a}_v| = a_v$,$\boldsymbol{s}_\mathrm{sc} = -\boldsymbol{s}_\mathrm{in}$,$\boldsymbol{s}_\mathrm{in} \,/\!/\, \boldsymbol{\Delta d}$ とおける(図 9.6).これらを式 (9.22) に代入して,ドップラシフトを

$$f_\mathrm{D}(t) = \pm\frac{2}{\lambda}a_v 2\pi f_v \cos(2\pi f_v t) \tag{9.23}$$

で得る.式 (9.23) は振動振幅 a_v を振動周波数 f_v で拡大していることを意味している.これはまた,式 (6.30) と同じ $f_\mathrm{D} = 2|\boldsymbol{v}|/\lambda$ を満たしている.

(b) 光ヘテロダイン干渉法による振動計測

被測定物体の面外振動が定常的で正弦波で表せるとし,振動振幅を a_v,振動周波数

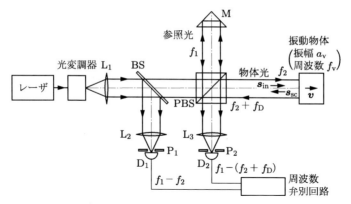

図 9.6　光ヘテロダイン干渉法による振動測定

を f_v とすると，ドップラシフト f_D が式 (9.23) で表せる．このドップラシフトを光ヘテロダイン干渉法で検出することにより，微小振動が測定できる．図 9.6 のように，基本光学系はマイケルソン干渉計（図 5.1 参照）と同じにする．

光源（波長 λ_0）から出た光を音響光学変調器などにより 2 周波とし，各周波数を f_1, f_2 とする．ビームスプリッタ BS は，周波数弁別回路の基準周波数をとるためにある．偏光ビームスプリッタ PBS からの反射光（周波数 f_1）を参照光とし，固定反射鏡のあるアームに導く．PBS の透過光（周波数 f_2）を物体光として他方のアームに導き，振動物体に垂直入射させる．速さ v の振動物体からの反射光はドップラシフトし，周波数が $f_2 + f_D$ となる．参照光と物体光を PBS で合波後，ともに光検出器 D_2 に入れ，周波数弁別回路に通してビート周波数を取り出すと，$[f_1 - (f_2 + f_D)] - (f_1 - f_2) = -f_D$ により，ドップラシフト f_D が測定できる．

振動物体の振幅 a_v は式 (9.23) を用いて求められ，この方法は微小振動振幅の測定に適している（演習問題 9.6 参照）．測定に際しては，光検出器の直前にピンホールを置いて，振動に伴う信号のみが検出されるようにする．振動振幅分布を求めるには，面内で走査する必要がある．

演習問題

9.1 空気中にある物体の変位前後の状態を，ホログラフィ干渉法の二重露光法で記録・再生するとき，次の問いに答えよ．

(1) 両段階での光源波長が等しく λ_0 とする．光の被測定物体への入・出射方向の単位ベクトル $\boldsymbol{s}_\mathrm{in}$ と $\boldsymbol{s}_\mathrm{sc}$ がなす角度を θ とする．このとき，$\boldsymbol{s} = \boldsymbol{s}_\mathrm{sc} - \boldsymbol{s}_\mathrm{in}$ 方向におけ

る干渉縞の等高線間隔 Λ を，λ_0 と θ を用いて表せ．

(2) 光源に Ar イオンレーザ（$\lambda_0 = 514.5\,\mathrm{nm}$）を用い，光の入・出射方向が直交しているとき，干渉縞の等高線間隔を求め，二波長法（演習問題 8.3）での値と比較せよ．

9.2 ホログラフィ干渉法における二重露光法と実時間法は，ともに 2 段階で位相変化を測定する方法であるが，違いが明確になるように測定法を説明し，利害得失を指摘せよ．

9.3 2 光束スペックル干渉法を用いた横変位測定において，横変位を $\Delta\xi$，光源の波長を λ，斜入射照明光が光軸となす角度を θ，結像系の横倍率を M とする．このとき，干渉縞の等高線が，横変位について物面で $\Delta\xi = \lambda/2M\sin\theta$ ごとに現れることを示せ．

9.4 振動振幅を，ホログラフィ干渉法に適用した時間平均法とストロボ法で測定する場合，両者の違いをとくに振幅が大きい場合について説明せよ．

9.5 ストロボ法を用いた振動計測で，再生像の光強度が式 (9.19) で表されている．このときのコントラストを求めよ．

9.6 He-Ne レーザ（$\lambda_0 = 633\,\mathrm{nm}$）を光源として，光ヘテロダイン干渉法を用いて空気中で面外振動測定を行った．振動周波数が $f_\mathrm{v} = 1.0\,\mathrm{kHz}$ のとき，ドップラシフトの最大周波数も $f_\mathrm{D} = 1.0\,\mathrm{kHz}$ であった．このとき，振動振幅を求めよ．

10章 速度・回転速度の計測

　物体の速度や回転速度を計測するには，光の中でもレーザが占める比重が大である．流速や風速などの速度計測にはドップラ効果による周波数偏移が利用され，光の高速性・非接触性が活かされている．移動物体の速度計測に相関法も使われる．回転速度の計測にはサニャック効果による光の伝搬速度の変化が利用され，光ファイバを用いた光ジャイロがある．

　本章では，レーザドップラ速度測定法，相関法と光ジャイロについて，その測定原理や具体的な測定系を説明する．

10.1　レーザドップラ速度測定法

　波源と観測者が相対的に移動しているとき，観測周波数が波源の速度や方向で変化する現象は，日常，緊急自動車のサイレンなどで経験しており，これはドップラ効果として知られている．レーザがもつ指向性や非接触性を利用して，レーザを離れた移動物体に照射すると，移動物体からの反射・散乱光の周波数も，音波の場合と同じように，もとの周波数から変化する．このドップラシフトを測定することにより，移動物体の速度や移動方向を計測する方法を**レーザドップラ速度測定法**といい，**LDV**と略されることもある．

　レーザドップラ法の基礎的内容は 6.5 節で説明した．本節では，レーザドップラ速度測定法の測定系や応用など，より詳しい内容を説明する．また，レーザドップラ速度測定法と同じ光学系を用いて，微小な粒子径も測定できる位相ドップラ法についても説明する．

　従来，気体や液体などの流体速度の測定にピトー管流速計（流速を圧力に変換する方式）や熱線流速計（加熱された抵抗値と流速の関係を利用する方式）などが用いられていた．これらでは，測定に用いるプローブの影響で速度が乱されるほか，低速測定が困難という欠点があったが，非接触測定が可能なレーザドップラ速度測定法が，これらの問題点を解消した．

10.1.1 速度の測定原理

レーザドップラ速度測定法の原理となる，周波数変化の説明図を図 6.8 に示した（6.5.1 項参照）．波長 λ_0，周波数 f_0，波数ベクトル $\bm{k}_{\mathrm{in}}$ の光が，速度ベクトル $\bm{v}$ の移動物体に入射し，物体からの散乱光が周波数 f_{sc}，波数ベクトル $\bm{k}_{\mathrm{sc}}$ になるとする．このとき，ドップラシフト f_{D} の一般形は，式 (6.28) を再録して

$$f_{\mathrm{D}} = f_{\mathrm{sc}} - f_0 = \frac{1}{2\pi}(\bm{k}_{\mathrm{sc}} - \bm{k}_{\mathrm{in}}) \cdot \bm{v}, \quad |\bm{k}_{\mathrm{in}}| \fallingdotseq |\bm{k}_{\mathrm{sc}}| = \frac{2\pi}{\lambda_0}n \tag{10.1}$$

で書ける．ただし，n は周囲媒質の屈折率であり，移動物体の速さ $v\,(=|\bm{v}|)$ は真空中の光速 c に比べて十分小さいと仮定している．

式 (10.1) から次のことがわかる．
（ⅰ）速度が速くなるほどドップラシフトが増加する．
（ⅱ）ドップラシフトを一定とした場合，速度が速くなるほど，測定する波長を長くする必要がある．

光の周波数は高周波のため，直接測ることができない．したがって，式 (10.1) における f_{D} も，通常の方法では直接測定できない．そこで，周波数の近接した 2 周波数を用いる光ヘテロダイン干渉法を利用して，ドップラシフトを計測する．

10.1.2 レーザドップラ速度測定法の構成

レーザドップラ速度測定法の測定系には，参照光法と差動法（自己比較法）があり，以下でこれらを説明する．

(a) 参照光法

参照光法 (reference beam method) の光学系を図 10.1 に示す．光源であるレーザからの光（周波数 f_0）を，干渉測定と同じように，2 光路に分ける．図で上側の光を参照光とし，下側の光を移動物体に照射して，移動物体からの散乱光と参照光をともに光検出器に導いて光電変換する．減光フィルタは，散乱光と参照光の強度を同程度として，鮮明度を上げるために用いる．こうして，移動物体によりドップラシフトした周波数 $(f_0 + f_{\mathrm{D}})$ と，もとの周波数 f_0 とのビート周波数 f_{D} を光ヘテロダイン検出する．このときのビート周波数は，式 (6.29) を参照して，次式で表せる．

$$|(f_0 + f_{\mathrm{D}}) - f_0| = |f_{\mathrm{D}}| = \frac{2|\bm{v}|}{\lambda}\sin\theta \tag{10.2}$$

ただし，$\bm{v}$ は移動物体の速度ベクトル，λ は測定媒質中での光の波長，θ は流体に入射する 2 光束がなす角度の半分である．

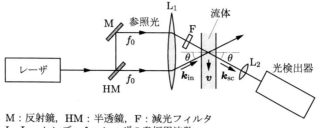

M：反射鏡，HM：半透鏡，F：減光フィルタ
L_1, L_2：レンズ，f_0：レーザの発振周波数
k_{in}：入射光の波数ベクトル，k_{sc}：散乱光の波数ベクトル
v：移動物体の速度ベクトル

図 10.1　参照光法の光学系

　参照光法では，式 (10.2) を用いて，ドップラシフトから移動物体の速さ v を非接触で測定できる．しかし，光ヘテロダイン検出では周波数の差しか検出できないので，物体の移動の向きを知ることができない．なお，測定系は図 10.1 と若干異なるが，参照光法はレーザドップラ速度測定法として最初に用いられた方式である[10-1]．

(b)　差動法（自己比較法）

　移動物体に光を異なる方向（波数ベクトルを k_{i1} と k_{i2} で表す）から入射させる 2 光束照射の光学系を**図 10.2** に示す[10-2]．2 光束は移動物体に対して対称に入射し，2 光束が移動物体上で交差するものとする．移動物体からの散乱光の方向は同一で k_{sc} で表す．両散乱光を光検出器に導いて光電変換する．このとき，式 (10.1) より，各光束での周波数変化が

$$\Delta f_1 = \frac{1}{2\pi}(k_{sc} - k_{i1}) \cdot v, \quad \Delta f_2 = \frac{1}{2\pi}(k_{sc} - k_{i2}) \cdot v \tag{10.3}$$

で書け，これらのビート周波数が次式で表せる．

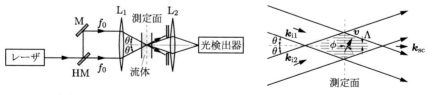

（a）光学系（前方散乱の場合）　　（b）測定体積の入射 2 ビームによる重なり

M：反射鏡，HM：半透鏡，L_1, L_2：レンズ，f_0：レーザの発振周波数
k_{i1}, k_{i2}：入射光の波数ベクトル，k_{sc}：散乱光の波数ベクトル
v：移動物体の速度ベクトル，ϕ：v と測定面のなす角度
Λ：干渉縞の間隔

図 10.2　差動法の光学系概略

$$\Delta f = |\Delta f_1 - \Delta f_2| = \frac{1}{2\pi}|(\bm{k}_{i2} - \bm{k}_{i1}) \cdot \bm{v}| = \frac{2v}{\lambda}\sin\theta\cos\phi \tag{10.4}$$

ただし，物体の移動方向 $\bm{v}$ と $|\bm{k}_{i2}-\bm{k}_{i1}|$ がなす角度を ϕ とし，$|\bm{k}_{i2}-\bm{k}_{i1}| = 2(2\pi/\lambda)\sin\theta$ を用いた．このような測定方法は**差動法**（differential method）あるいは**自己比較法**とよばれている．

差動法では，ビート周波数は入射 2 光束がなす角度のみに依存して，散乱光ベクトルの向き $\bm{k}_{sc}$ に依存しない．また，媒体の移動方向を知ることができない．

ところで，差動法における 2 光束の交差部分で，ベクトル $\bm{k}_{i2} - \bm{k}_{i1}$ で指定される方向に干渉縞ができているとみなせる．この縞の間隔を Λ で表すと，$|\bm{k}_{i2} - \bm{k}_{i1}|\Lambda = 2\pi$ が成り立つ．これより，2 光束の交差でできる干渉縞の間隔が，次式で表せる．

$$\Lambda = \frac{\lambda}{2\sin\theta} \tag{10.5}$$

移動媒体が干渉縞の間隔よりも小さい微粒子とすれば，微粒子がこの干渉縞を通過する際に明暗を繰り返す．したがって，この明暗の周波数がちょうどビート周波数に等しくなり（演習問題 10.3 参照），ドップラシフトは粒子の移動速度に比例する（式 (10.4) 参照）．なお，2 光束が交差して重なり合った領域を測定体積という．

10.1.3　周波数偏移法

参照光法や差動型法を用いると，ビート周波数から移動媒体の速さを知ることができるが，媒体の移動方向を知ることができない．媒体の移動方向を知るためには，参照光にあらかじめ周波数シフトを付与しておく**周波数偏移法**（frequency shift method）が利用される．光の周波数を偏移させるために，音響光学変調器，電気光学変調器や回転回折格子が用いられる．

音響光学変調器を用いた光学系を**図 10.3** に示す．周波数 f_0 の光波を半透鏡 HM で 2 分し，一方の光波のみを音響光学変調器に入射させる．変調器に入射した光波は，1 次回折光で回折が効率よく生じて，光波の周波数が超音波周波数 $f_{ac} = v_{ac}/\lambda_{ac}$（$v_{ac}$：音速，$\lambda_{ac}$：超音波の波長）ぶんだけシフトし（13.3.4 項参照），周波数が $f_0 + f_{ac}$ となる．この光波を移動物体に照射すると，速度ベクトル $\bm{v}$ の移動物体によって生じる各光束での周波数変化が式 (10.3) と同じ表現で表せる．よって，これらによるビート周波数は

$$\Delta f = (f_0 + f_{ac} + \Delta f_1) - (f_0 + \Delta f_2) = f_{ac} - \frac{1}{2\pi}(\bm{k}_{i1} - \bm{k}_{i2}) \cdot \bm{v} \tag{10.6}$$

で書ける．式 (10.6) を用いると，$\bm{v}$ の符号，すなわち物体の移動方向が決定できる．

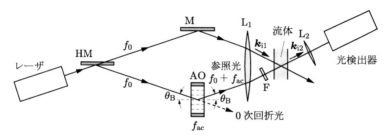

M：反射鏡，HM：半透鏡，AO：音響光学変調器，F：減光フィルタ，L_1, L_2：レンズ
f_0：レーザの発振周波数，f_{ac}：超音波周波数，θ_B：ブラッグ角
k_{i1}, k_{i2}：入射・散乱光の波数ベクトル

図 10.3　周波数偏移法の光学系

10.1.4　位相ドップラ法

レーザドップラ速度測定法と類似の光学系で，ドップラビート信号を空間的に離れた2方向から測定すると，それらの位相差から粒子径を測定できる[10-3]．この方法を**位相ドップラ法**（phase Doppler anemometer）といい，移動速度だけでなく粒子径測定にも利用されている．

図 10.4 に位相ドップラ法の測定系を示す．光源からの光（周波数 f_0）を2分岐し，差動法と同じように，これらを交差させて移動する粒子に照射する．光ビームが交差する領域では干渉縞ができているとみなせ，粒子が干渉縞を移動する速度に比例したドップラシフトを生じる．この干渉縞からの前方散乱によるドップラビート信号を2方向の光検出器 D_1，D_2 で測定すると，2方向でのビート信号に位相差 Φ が生じる．このとき，入射光の波長を λ，周囲媒質の屈折率を n とすると，粒子径 d が

$$d = \frac{\lambda}{\pi n}\frac{\Phi}{2\Gamma} \tag{10.7}$$

で求められる．ここで，Γ は光ビームの交差角や光検出器の位置などから決まる値である．実際の測定では3方向でビート信号を受光して精度を高めている．

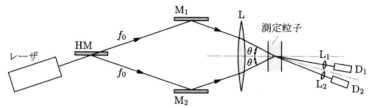

M_1, M_2：反射鏡，HM：半透鏡，D_1, D_2：光検出器
L, L_1, L_2：レンズ，f_0：レーザの発振周波数

図 10.4　位相ドップラ法の光学系

位相ドップラ法はレーザドップラ速度測定法と同じ光学系を利用するので，粒子径測定と同時に，粒子の速度分布も測定できる利点がある．

10.1.5 レーザドップラ速度測定法の特徴と応用

レーザドップラ速度測定法の特徴を次に示す．
（ⅰ）レーザの周波数が非常に高く，かつ狭スペクトルなので，低速（μm/s）から高速（km/s）まで広い速度範囲の測定ができる．
（ⅱ）非接触測定ができるので，流体（気体，液体）の速度測定に適する．
（ⅲ）光ヘテロダイン干渉法を併用してドップラシフトを測定することにより，高精度の速度測定ができる．

レーザドップラ速度測定法は，上記のような特徴をもつので，科学計測のみならず工業計測にも広く利用されている．光ファイバを用いた生体内の血流測定，高温・高速流体（例：エンジン内の火炎）の速度測定，大気の乱流測定など，適用される規模も大小様々である．また，位相ドップラ法では，粒子径測定と粒子の速度分布を同時に測定できるという特徴をもつ．同じ原理は，マイクロ波を用いたマイクロ波ドップラ速度計として，自動車速度取り締まり，スピードガン（球速測定）など，より高速の速度計測に利用されている．

10.2 相関法

相関法（correlation method）は速度の測定方法であり，2地点間の物体の移動時間から計測する．光を移動物体に照射し，透過率あるいは反射率の空間的変化から，物体の位置を検出するようにする．

透過型の例を**図 10.5**に示す．被測定物の両側に光源と二つの光検出器 D_1，D_2 を設置する．光検出器は間隔 d を隔てて配置し，その光源側の直前にはスリット状の孔をあけておき，二つの光検出器で受光する．時間 t における透過率の信号を $f(t)$，$g(t)$ で表す．被測定物が間隔 d の間を速さ v で移動するとすれば，移動に要する時間は $\tau_d = d/v$ で得られる．したがって，$g(t) = f(t - \tau_d)$ が成り立つ．

$f(t)$ と $g(t)$ のそれぞれが，異なる時間での値に規則性がまったくない不規則分布とし，その相互相関関数 $\Gamma_{fg}(\tau)$ を長時間平均で定義すると，

$$\Gamma_{fg}(\tau) = \lim_{T \to \infty} \frac{1}{T} \int_{-T/2}^{T/2} f(t)g(t+\tau)dt$$

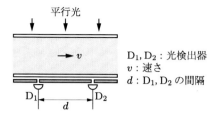

図 10.5　相関法の測定系

$$= \lim_{T \to \infty} \frac{1}{T} \int_{-T/2}^{T/2} f(t)f(t+\tau-\tau_d)dt = \Gamma_{ff}(\tau-\tau_d) \tag{10.8}$$

が得られる．$f(t)$ が不規則信号であれば，$\Gamma_{ff}(\tau)$ はデルタ関数 $\delta(\tau)$ で表せ，$\delta(0) = \infty$ を満たす．$\Gamma_{fg}(\tau) = \delta(\tau-\tau_d)$ と書けるから，相互相関関数 $\Gamma_{fg}(\tau)$ がピーク値をとる時間から τ_d を求めることができる．こうして，$v = d/\tau_d$ から物体の移動速度が算出でき，τ_d の符号から移動方向がわかる．相互相関関数から物体の移動速度を求める方法を，**相互相関法**（mutual correlation method）という．

相互相関法は，スペックル強度の相互相関にも適用でき，これから物体の移動速度が求められる．同一信号 $f(t)$ の自己相関関数の幅からも，移動速度を求められるが，相互相関法の方の精度が高い．相関法は比較的簡易な速度測定法であり，相関関数の測定には市販の相関器を使用することができる．応用例として，自動車の速度分布測定がある．

10.3　回転速度測定法：光ジャイロ

ジャイロは**ジャイロスコープ**（gyroscope）を略したもので，運動物体の慣性系に対する回転角速度を計測する装置のことである．これは航空機や船舶などに搭載され，目的地まで正確に誘導するために使用される．ジャイロとして機械式が古くからあり，これは高速で回転するコマの回転軸が一定方向に保持される性質を利用している．

光ジャイロは光を用いた回転角速度計測装置であり，構成が簡単，高感度などの特徴をもつので，機械式に代わって使用されている．本節では，その原理であるサニャック効果と光ファイバを伝送路とした光ファイバジャイロの光学系を説明する．

10.3.1　サニャック効果による回転速度の測定原理

光ジャイロによる回転角速度測定では，サニャック効果が利用されている．**サニャック効果**（Sagnac effect）とは，リング状光路が軸の周りにある角速度で回転し

ているとき,時計・反時計回りの光の間で位相差が生じる現象である.

リング状に置かれた半径 R の光路の屈折率を,簡単のため 1 とする.この光路に光源からの光を,ビームスプリッタ BS を介して入射させる(図 10.6).BS の反射光は時計回り伝搬光となり,BS の透過光は反射鏡 M と BS で反射後,反時計回り伝搬光となる.時計回り伝搬光はリングを 1 周した後,BS と M で反射され,リング外へ出る.反時計回り伝搬光はリングを 1 周後,BS で反射されリング外へ出る.

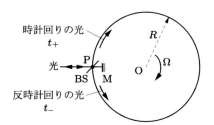

Ω:光路の回転角速度, R:光路の半径, BS:ビームスプリッタ
P:光路への入・出射光と BS の接点, M:反射鏡
t_+, t_-:時計・反時計回り伝搬光が 1 周するのに要する時間
P,M 間の距離はリング長に比べて無視できるほど微小とする.

図 10.6 サニャック効果

光学系全体が点 O を中心に時計回りに角速度 Ω で回転している場合,半径 R での回転速度が $R\Omega$ となるから,時計(反時計)回りに伝搬する光は,静止時より速く(遅く)伝搬することになる.時計・反時計回りの光がリングを 1 周するのに要する時間を,それぞれ $t_+ \cdot t_-$ で表すと,

$$2\pi R \pm R\Omega t_\pm = c t_\pm \quad (複号同順) \tag{10.9}$$

が成り立つ.ただし,複号で $+$($-$)は時計(反時計)回りの光に対する値を表し,c は真空中の光速である.式 (10.9) より,$t_\pm$ が

$$t_\pm = \frac{2\pi R}{c}\left(1 \mp \frac{R\Omega}{c}\right)^{-1} \fallingdotseq \frac{2\pi R}{c}\left(1 \pm \frac{R\Omega}{c}\right) \quad (複号同順) \tag{10.10}$$

で近似できる.最終項への変形では $c \gg R\Omega$ を用いた.

光が時計・反時計回りに半径 R のリングを 1 周するとき,角速度 Ω の影響で生じる伝搬時間差は,式 (10.10) を用いて,

$$\Delta t \equiv t_+ - t_- \fallingdotseq \frac{4\pi R^2}{c^2}\Omega = \frac{4S}{c^2}\Omega \tag{10.11}$$

で求められる.ただし,$S = \pi R^2$ はリング内面積を表す.式 (10.11) より,角速度 Ω

の影響でもたらされる光路差は,

$$\Delta L = c\Delta t = \frac{4S}{c}\Omega \tag{10.12}$$

で,位相差は

$$\Delta\phi = k\Delta L = \frac{4kS}{c}\Omega = \frac{8\pi S}{c\lambda}\Omega \tag{10.13}$$

で表される.ここで,$k = 2\pi/\lambda$ は光の波数,λ は光の波長である.

式 (10.13) より次のことがわかる.
(i) サニャック効果による角速度 Ω の測定感度は,リング内面積 S に比例して大きくなる.
(ii) 感度は光の波長 λ を短くするほど上昇する.

以上の議論では,光路の屈折率を 1 としたが,一般の屈折率 n でも,また相対論を考慮した場合でも,式 (10.11)〜(10.13) と同じ結果が得られることが確認されている[10-4].式 (10.13) は,位相差 $\Delta\phi$ を測定することにより,角速度 Ω が求められることを示している.

10.3.2 光ファイバジャイロ

サニャック効果を利用して,時計・反時計回りの光の位相差から回転角速度を求める装置を**光ジャイロ**(optical gyro)とよぶ.光ジャイロとして,三角形状光路のリングレーザジャイロや,光ファイバを光路とした**光ファイバジャイロ**などいくつかの方式がある.ここでは光ファイバジャイロを紹介する.

光ファイバジャイロを回転角速度測定に使用する場合,次のような利点が生まれる.
(i) 石英系光ファイバは低損失であり,かつ可撓性をもつ.そこで,光路を多重にして巻数 N を増加させることにより,実効的にリング内面積を増加できる.この場合,式 (10.13) の右辺に N を掛ければよい.光ファイバ全長を $L = 2\pi RN$ として,位相差が

$$\Delta\phi = \frac{8\pi SN}{c\lambda}\Omega = \frac{4\pi RL}{c\lambda}\Omega \tag{10.14}$$

で表せる.式 (10.14) は,曲げ半径 R,全長 L の光ファイバが,面積 $RL/2$ に対応することを示している.
(ii) 光ファイバは数 cm 程度の曲げ半径にしても,曲げに起因した放射損失が増加しない.そのため,リングの半径 R を小さくして,狭小空間でも使用可能となる.面積 S を小さくすると,式 (10.14) より,感度が低下するが,これは巻

数の増加で補える．

(iii) 小型・軽量であり，機械部分が不要なため耐用年数が伸びる．

　光ファイバジャイロの基本光学系は，マイケルソン干渉計の構成と類似している（図 10.7）．光路には，最低次モードのみを伝搬させる単一モード光ファイバが用いられる（11.2.2 項参照）．光ジャイロの原型では（図 (a) 参照），光源からの光をビームスプリッタ BS で 2 光束に分岐した後，それぞれを顕微鏡対物レンズで光ファイバに入射させる方法をとる．しかし，改良形では（図 (b) 参照）測定系をより安定させるため，光カップラ（13.2.1 項 (c) 参照）を用いて光を結合させるとともに，光源・光検出器と光ファイバの結合にはコネクタ付きを使用する．単一モード光ファイバ入射後の光は，時計回りと反時計回りの伝搬光となる．両光の位相差 $\Delta\phi$ を光検出器 D で測定する．

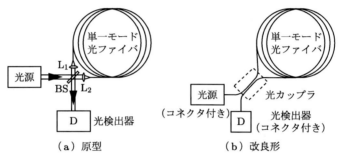

BS：ビームスプリッタ，L_1, L_2：顕微鏡対物レンズ

図 10.7　光ファイバジャイロの構成

　慣性航空用ジャイロでは 0.001〜0.01°/h の高分解能が要求され，10^{-6} rad 程度の微小位相差を検出する必要がある[10-5]．このような高感度・高安定性を達成するためには，より厳密には，時計・反時計回りの光がまったく同一の光路を伝搬することなどの条件を満たす必要がある．しかし，図 10.7(a) で光ファイバに L_2 側から入射する光は BS を 2 回透過するのに対して，L_1 側から入射する光は BS で 2 回反射しており，上記同一条件を満たしていない．微小回転に対する感度を向上させるため，位相変調法，周波数変化法，光ヘテロダイン干渉法などを用いた，より複雑な測定系が使用されている．

演習問題

10.1 野球の投手が捕手に向かって投げる球速を測定するため，スピードガンを球筋と角度 5°をなす捕手側に設置した．波源として周波数 10.5 GHz のマイクロ波を用いた場

合，ドップラシフトが 10.5 MHz であった．このときの球速を求めよ．

10.2 水中で移動するポリスチレン球に He-Ne レーザ（$\lambda_0 = 633$ nm）を照射したところ，1.0 MHz のドップラシフトが観測された．図 6.8(a) の配置で $\theta_{\rm sc} = -30°$, $\theta_{\rm in} = 45°$ であるとき，ポリスチレン球の移動速度を求めよ．ただし，水の屈折率を 1.33 とする．

10.3 レーザドップラ速度測定の差動法で，微粒子が干渉縞（間隔 Λ）を通過する際の明暗の周波数が，ちょうどビート周波数に一致していることを示せ．

10.4 光ファイバジャイロで，光源波長を $\lambda = 1.55$ μm，光ファイバの曲げ半径を $R = 3$ cm としたとき，角速度 $0.01°/\rm h$ を位相差 10^{-6} rad で測定可能とするには，光ファイバ全長 L をいくらにすればよいか．また，そのときの光ファイバの巻数はいくらになるか．

11章 光ファイバ応用計測

 光ファイバは細径で可撓性をもち,光波を導波構造中に閉じ込めることができる.また,その特性が温度や圧力などで変化するという特徴をもつことを利用した,光ファイバセンサという新しい計測手法を光計測分野にもたらしている.
 本章では,まず,光ファイバと光計測の関係を述べる.次に,光ファイバの構造や光計測に使用される各種光ファイバの特性を説明する.その後,光ファイバ特性が各種物理量などによって変化することを利用した,光ファイバ自体をセンサとした計測を説明する.最後に,光ファイバが低損失であり,光信号を長距離伝送できることを利用した,光ファイバを導光路とした計測を説明する.光ファイバジャイロは角速度測定に特化されているので,10.3節で述べた.

11.1 光ファイバ特性と光計測の関係

 光ファイバの特徴と光計測との関係を1.3.2項で示した.本節では,光ファイバの概要を説明した後,光ファイバ特性と光計測との関係を示す.
 光ファイバの特徴は,①細径・軽量,②低損失,③電磁誘導を受けにくい,④石英の高い絶縁耐力,高い耐酸性などの材料安定性,⑤可撓性,⑥長い相互作用長と高いパワ密度,などである.光ファイバをセンサに利用する場合,上記③や④が実用的には重要となる.①に関して,コア直径は 10~50 μm 程度,被覆を施した状態で直径約 1 mm である.コア径が微小なため,高い光パワ密度が実現できる.②は石英系光ファイバで顕著であり,⑤により曲げやすいので,光ファイバは長尺での使用に便利である.
 光ファイバ(optical fiber)は非常に細長い形状をし,長手方向の屈折率分布は均一となっており,光波はこの方向に伝搬する.その断面の外形は円形で,断面構造は用途により異なる(**図 11.1**).典型的な光ファイバは円筒対称であり,光波は中心部分の屈折率 n_1 が高いコアに閉じ込められて伝搬し,その周辺の屈折率 n_2 の低いクラッドがコアを支えている.
 光ファイバを導波原理で分類すると,(i)全反射と(ii)フォトニックバンドギャップがある.全反射(2.4.1項参照)は古くから利用されており,本書ではこれを従来

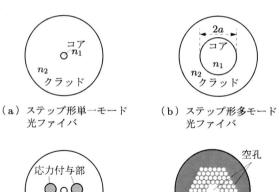

図 11.1 各種光ファイバの断面形状の概略

(a) ステップ形単一モード光ファイバ
(b) ステップ形多モード光ファイバ
(c) 偏波光ファイバ
(d) フォトニック結晶ファイバ（中空コアフォトニックバンドギャップファイバ）

n_1：コア屈折率，n_2：クラッド屈折率，a：コア半径

型光ファイバとよぶ．

全反射型を屈折率分布や構造で分類すると，①ステップ形（step-index）光ファイバ，②グレーデッド形光ファイバ，③偏波光ファイバ，などがある．ステップ形（図 (a)，(b) 参照）は光ファイバの中でも代表的なもので，屈折率がコアとクラッドの境界で階段状に変化し，各領域では一定値となっている．グレーデッド形光ファイバは，コアでの屈折率がコア中心からクラッドにかけて徐々に減少しているものであるが，現在では有用性が薄れているので，説明を割愛する．偏波光ファイバ（図 (c) 参照）は，コア形状を楕円にしたり応力分布を非対称にしたりして複屈折を誘起させたもので，直線偏光を長距離にわたって保持する機能をもつ．全反射型は光計測でもよく利用される．

フォトニックバンドギャップは，屈折率の周期構造により光波をコアに閉じ込めるもので，半導体におけるバンドギャップと類似の概念である．フォトニックバンドギャップは 1987 年に提唱された概念で[11-1]，1995 年にこれをファイバに適用したフォトニック結晶ファイバが提案された[11-2]．図 (d) に示すフォトニック結晶ファイバでは，コアが空孔となっており，屈折率の低い部分に光波が閉じ込められている点が，従来型光ファイバと大きく異なる．

光ファイバ材料としては，石英やプラスチックが用いられている．石英系光ファイバは，コアに Ge や P を添加した石英を，クラッドに石英を用いている．代表的なプ

ラスチックファイバは，コアに PMMA（ポリメチルメタクリレート）を，クラッドにフッ素ポリマを用いている．これらの光ファイバが光計測での用途により使い分けられている（11.2.2 項参照）．

光計測に着目する場合，光ファイバの特徴的な応用は，導光路とセンサの機能を同時に担える点である．また，光ファイバ材料の屈折率が波長だけでなく，温度や応力などに依存する性質を用いて，温度・応力センサなどにも利用されている．光ファイバを利用したセンサを総称して**光ファイバセンサ**（optical fiber sensor, fiber-optic sensor）とよぶ．

光ファイバをセンサとして使用する方法は，光ファイバと被測定物との関係により，次の三つに分類できる（図 11.2）．

(ⅰ) 光ファイバ自体をセンサとして使用する型
(ⅱ) 光ファイバを特定の物理量のプローブとして使用する型
(ⅲ) 光ファイバを光信号の導光路として使用する型

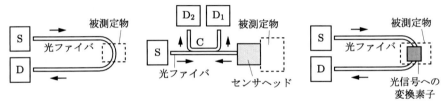

S：光源，D, D_1, D_2：光検出器，C：光カップラ

図 11.2　光ファイバセンサの分類

図 (a) は，光ファイバ特性が被測定物の物理量により変化することを利用した，光ファイバ自体をセンサとした計測である．図 (b) は，光ファイバが細径であることを利用して，光ファイバ先端を被測定物へのプローブとして用いるものである．図 (c) は，光ファイバの低損失性や可撓性を利用して，測定量から変換された光信号の単なる導光路として用いるものである．(ⅰ) に関する応用を 11.3.3 項で，(ⅱ) と (ⅲ) に関する応用を 11.4.2 項で説明する．

11.2　光ファイバの基礎

本節では，まず，光ファイバの特性を理解するうえで重要な，モードやVパラメータを説明した後，光計測で使用される各種光ファイバの特性などを説明する．

11.2.1 光ファイバ特性の記述法

光ファイバ中では構造や使用波長に依存した特定の状態だけが許容され,この状態をモードと称する.とくに,光ファイバ中を長距離にわたって安定に伝搬できるモードを導波モードまたは伝搬モードという.最低次の導波モード(HE$_{11}$モード)だけを伝搬させる光ファイバを単一モード光ファイバ,多数の導波モードが同時に伝搬するものを多モード光ファイバという.

光ファイバ特性を記述するうえで重要なパラメータとして,**Vパラメータ**または**規格化周波数**とよばれるものがある.これは,次式で定義される.

$$V = \frac{2\pi a}{\lambda_0}\sqrt{n_1^2 - n_2^2} = \frac{2\pi a n_1}{\lambda_0}\sqrt{2\Delta} \tag{11.1}$$

$$\Delta \equiv \frac{n_1^2 - n_2^2}{2n_1^2} \tag{11.2}$$

ただし,n_1はコア屈折率,n_2はクラッド屈折率,aはコア半径,λ_0は動作波長,Δはコアとクラッド間の**比屈折率差**である.Δの値は,石英系単一モード光ファイバで0.2~0.3%程度,多モード光ファイバで約1%,プラスチックファイバで数%程度である.通常使用される光ファイバでは$\Delta \ll 1$(弱導波という)とおける.

Vパラメータは光ファイバの特性を包括的に表せる重要な値であり,光ファイバの様々な特性がこれを用いて表せることが多い.光ファイバの単一モード条件は,屈折率分布で異なり,ステップ形の場合$V < 2.405$(2.405は0次ベッセル関数$J_0(x)$の最初の零点)で得られる.多モード光ファイバで伝搬可能なモード数は,ステップ形でVが十分大きいとき,$N_s \simeq V^2/2$で近似できる.

光ファイバ中のモードを特性づけるパラメータは**伝搬定数**で,通常βで表される.現実の光ファイバで成り立つ$\Delta \ll 1$の下で,伝搬定数は

$$\beta = n_2 k_0 [1 + \Delta b(V)] \tag{11.3}$$

$$b(V) = \left(\frac{w}{V}\right)^2 \tag{11.4}$$

で表せる.ここで,$k_0 = 2\pi/\lambda_0$は真空中の波数,bは規格化伝搬定数,wはクラッドの横方向規格化伝搬定数であり,$0 \leq b < 1$である.式(11.3)は,導波モードの伝搬定数βが$n_2 k_0 \leq \beta \leq n_1 k_0$を満たすことを示している.

光ファイバに入射できる光量を表す指標として開口数がある.**開口数**(NA: numerical aperture)は,光ファイバ内で臨界角θ_cをなす光線が,光ファイバ外(通常,空気中)で光軸となす角度θ_{out}を用いて,

$$NA \equiv \sin\theta_{\text{out}} = n_1 \sin\theta_c = \sqrt{n_1^2 - n_2^2} = n_1\sqrt{2\Delta} \tag{11.5}$$

で表せる．プラスチックファイバの NA は石英系ファイバよりも大きい．

例題 11.1 石英（$n_1 = 1.45$）を用いてステップ形単一モード光ファイバを実現したい．波長が $\lambda_0 = 1.55\,\mu\text{m}$，比屈折率差が $\Delta = 0.2\%$ のとき，コア直径に対する条件を求めよ．

解 単一モード条件は，V パラメータが $V < 2.405$ を満たすことである．上記値を式 (11.1) に代入すると，$2\pi a n_1\sqrt{2\Delta}/\lambda_0 < 2.405$ より，コア直径 $2a$ に対して，$2a < 2.405\lambda_0/(\pi n_1\sqrt{2\Delta}) = 2.405\cdot 1.55/(\pi\cdot 1.45\sqrt{0.004}) = 12.9\,\mu\text{m}$ が得られる．

11.2.2 光計測用の各種光ファイバの特性

光ファイバ材料として，石英やプラスチックが用いられている．また，用途によりいくつかの構造が使い分けられている．本項では，光計測で使用される各種光ファイバの特性や特徴を説明する．

(a) 石英系単一モード光ファイバ

石英系光ファイバの主成分は石英（SiO_2）であり，低損失波長域は近赤外にある．とくに波長 $1.55\,\mu\text{m}$ では $0.2\,\text{dB/km}$ 以下（1 km あたりの透過率 95.5% 以上）という極低損失値が実現されているので，長距離用途に適している．

単一モード光ファイバのコア径は微小（波長 $1.55\,\mu\text{m}$ で直径 $10\,\mu\text{m}$ 程度）であり，導波モードを一つしかもたないため，①光を安定に伝搬させることができる，②伝送帯域が広いという特徴をもつ．前者の性質により，石英系単一モード光ファイバは光計測でよく使用される．また，これは可干渉性を保持する性質があるので，干渉計測にとっても有用である．

単一モード光ファイバは，導波モードが一つということを意味しているだけであり，その構造は様々である．実際，②の特性を活かした，光通信で用いられている石英系単一モード光ファイバは，低損失と広帯域特性を同時に満たすため，ステップ形ではない特殊な屈折率分布が用いられている．

(b) 石英系多モード光ファイバ

石英系多モード光ファイバはステップ形で，コア直径は数十 μm と比較的大きい．そのため，光ファイバへの光の入射が比較的容易であり，多くの光パワを伝搬させることができるので，光計測で光ファイバを単なる導光路として使用するのに適している．伝送帯域は単一モード光ファイバに比べると狭い．

(c) プラスチックファイバ

プラスチックファイバの材料は PMMA が代表的である．これは低損失波長域を可視域にもち，損失値は石英系より約 2 桁大きい．しかし，これは低価格，大きいコア径，大きい開口数などの特徴をもつので，光計測では短尺のものに利用できる．

(d) 偏波光ファイバ

偏波光ファイバは偏波保持光ファイバや複屈折光ファイバともよばれ，直交する主軸方向の直線偏光のみが導波され，偏光が関係した光計測で必要となる．この二つの独立した状態を偏波モードとよぶ．その伝搬定数を β_1, β_2, その差を $\Delta\beta$ で表すと，屈折率と同じ次元をもつモード複屈折が

$$B \equiv \frac{|\beta_1 - \beta_2|}{k_0} = \frac{\Delta\beta}{k_0} \tag{11.6}$$

で定義される．ただし，$k_0 = 2\pi/\lambda_0$ は真空中の波数，λ_0 は真空中の波長である．

両偏波モードが光ファイバ入射端で同時に励振されたとき，光ファイバ内での光強度分布が長手方向で周期的に変化する．この光強度変化の周期をビート長といい，これは

$$L_\mathrm{B} = \frac{2\pi}{|\Delta\beta|} = \frac{\lambda_0}{B} \tag{11.7}$$

で表される．偏波の保持性能がよいのは，大きい B 値，つまり短い L_B である．

(e) フォトニック結晶ファイバ

フォトニック結晶ファイバでは，コアが石英や空孔の場合があり，クラッドに周期構造が設けられている．周期構造には，円形空孔が三角格子配列されたものや，高低屈折率の周期構造が円筒対称で配置されたものがある[11-3]．現在でも，光計測に応用できる程度の長さのものが市販されている．フォトニック結晶ファイバは，空孔に気体や液体などを封入して光ファイバセンサとして利用できる．

11.3 光ファイバ自体をセンサとした計測

光の属性として光強度，位相，周波数，偏光などがある．光ファイバは受動素子なので，光強度は損失と置き換えてもよく，また散乱や吸収により光強度が変化する．光ファイバ自体をセンサに用いる場合，測定対象である温度，圧力，ひずみ，電流などの物理量が，上記の属性を媒介として計測される必要がある．上記の光の属性のうち，センサによく利用されるのは位相，偏光面回転，光強度変化などであり，単一

モード光ファイバや偏波光ファイバがよく使用される．

光ファイバ自体をセンサに用いる場合の測定方式の概念図を**図 11.3**に示す．位相変化を測定するためには，光カップラを用いた干渉計を使用する（図(a)参照）．偏光面回転は（図(b)参照），入射した直線偏光の回転角を偏光子で測定するもので，電流測定などに用いる．光強度変化は損失変化と同等であり（図(c)参照），光強度の変化からガス濃度や圧力などを測定する．

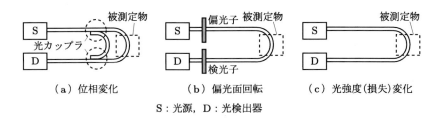

（a）位相変化　　　（b）偏光面回転　　　（c）光強度（損失）変化

S：光源，D：光検出器

図 11.3 光ファイバ自体をセンサとする各種測定方式

本節の以下では，光ファイバ自体をセンサとする場合によく利用される位相変化と，その測定に利用される干渉計，これらの具体例を説明する．

11.3.1 光ファイバにおける位相変化

位相を利用する測定法の原理は次のように示せる．媒質の屈折率を n，光の伝搬長を L とおいた場合，伝搬に伴う位相変化は，光路長 $\varphi = nL$ と真空中の波数 k_0 の積 φk_0，あるいは伝搬長 L と媒質中の波数 k $(= nk_0)$ の積 Lk で求められる．

光波が光ファイバなどの導波構造に閉じ込められている場合，厳密には，媒質中の波数 k ではなく，伝搬定数 β で特性づけられる．よって，導波構造中での位相変化は $\phi = \beta L$ で表せ，従来型光ファイバの伝搬定数 β を式(11.3)に示している．比屈折率差が $\Delta \ll 1$ で微小だから，近似的にはコアとクラッドを区別せずに，光ファイバの屈折率を n として，伝搬定数が $\beta \fallingdotseq nk_0$ で近似できる．このとき，位相変化が

$$\phi \fallingdotseq nk_0 L = \varphi k_0 \tag{11.8}$$

すなわち，近似的には，光路長 φ と真空中の波数 k_0 の積で表せる．

光ファイバの屈折率 n は波長だけでなく，温度や機械的外力など様々な物理量に依存して変化する．たとえこれらによる屈折率変化が微小であっても，伝搬長を長くとることにより，光路長の変化は検出できる程度の大きさにできる．また，伝搬長 L も圧力や歪などの物理量により変化する．このように，様々な物理量の変化が屈折率や伝搬長を通じて位相変化となって現れる．

たとえば，光路長の変化 $\Delta\varphi$，つまり屈折率 n や伝搬長 L の変化が温度変化 ΔT に起因している場合，位相変化 $\Delta\phi$ が

$$\frac{\Delta\phi}{\Delta T} = \frac{\Delta\varphi}{\Delta T}k_0 = \left(L\frac{\partial n}{\partial T} + n\frac{\partial L}{\partial T}\right)k_0 \tag{11.9}$$

で表せる．式 (11.9) で，第 1 (2) 項は屈折率変化（長さの変化）を通じた位相変化への寄与を表している．布設した光ファイバの位相変化を測定することにより，温度変化 ΔT を求めることができる（演習問題 11.1 参照）．位相変化は干渉測定により検出できる．石英ガラスの線膨張率 α は $5.5 \times 10^{-7}\,\mathrm{K}^{-1}$ 程度で空気よりも小さい．

11.3.2 干渉計による位相測定

位相測定用の干渉計として，単一モード光ファイバを溶融した光カプラ（13.2.1 項 (c) 参照）で形成された光ファイバ干渉計が用いられ（**図 11.4**），マイケルソン干渉計，マッハ-ツェンダ干渉計，ファブリ-ペロー干渉計などの構成が使用される．

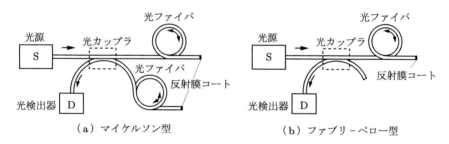

図 11.4　光ファイバ干渉計の構成
図中の矢印は光の伝搬方向

マイケルソン型では，光源 S から出たレーザ光を，光カプラを介して 2 本の光ファイバに入射させる（図 (a) 参照）．2 本の光ファイバの端面には反射膜コートが施されており，これが反射鏡の役目をする．反射光は光カプラを介して光検出器 D に導かれる．干渉計で重要な位相は温度変化に対して敏感であり，温度ドリフトがある．これらの影響を除去するため，次のような方策がとられる．
(i) 温度ドリフトは低周波成分にあるので，温度変化以外を測定する場合には，この帯域以上の高周波信号を利用する．
(ii) 光ファイバ長を制御するため，圧電（ピエゾ）素子を用いる．光ファイバ全体の温度を制御するなどが行われる．

温度変化を測定する場合には，図 (b) のように，光ファイバを 1 本にしてファブリ-ペロー型で用いる．光ファイバの端面には反射膜コートが施されている．

11.3.3 光ファイバ自体をセンサとした計測の具体例

本項では，温度，圧力，電流などの物理量が，光ファイバにおける位相変化，偏光面回転，光強度変化などによって測定できるセンサを説明する．

(a) 温度センサ

式 (11.9) に示したように，温度変化 ΔT により光ファイバの光路長が変化する．したがって，光路長の変化つまり位相変化 $\Delta \phi$ を測定することにより，温度変化 ΔT を知る温度センサが可能となる．光路長の変化を光ファイバ干渉計で測定する．石英光ファイバの屈折率の温度係数 dn/dT は 1×10^{-5}/℃ 程度である．

(b) 圧力・音響センサ

光ファイバは細径なので，圧力などの機械的外力の影響を受けやすい．これにより軸方向には長さが伸縮する．また，軸に垂直な方向には歪が生じて光弾性効果を通して屈折率が変化し，いずれにしても光路長 φ が変化する．光ファイバを圧力板に挟みこんで，光路長の変化が光ファイバ干渉計で測定されている．地震対策として，圧力センサが橋梁や建物に設置されている．

圧力による位相変化は一般に温度によるものより小さいので，測定に際しては 11.3.2 項で述べたような対策が必要である．静的な圧力測定以外に，水中の超音波を検出するハイドロホンなど，音響センサへの応用が行われている．

(c) 電流センサ

導体に電流 I を流すと，導体中心から半径 R の円周方向に磁界 $H = I/2\pi R$ を生じる（図 11.5）．磁界と光の伝搬方向が平行であるとき，光ファイバの伝搬長を L と

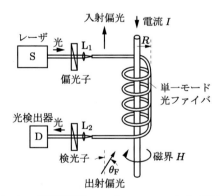

L_1, L_2：顕微鏡対物レンズ，θ_F：ファラデー回転角
R：導体中心とコイル状ファイバの中心との距離

図 11.5　ファラデー効果を利用した電流計

すれば，直線偏光面が角度

$$\theta_\mathrm{F} = V_r H L \tag{11.10}$$

だけ回転する．磁界により偏光面が回転する現象をファラデー効果，回転角 θ_F をファラデー回転角，比例定数 V_r をベルデ定数という．光ファイバが図のように N 回コイル状に巻かれているとき，$L = 2\pi R N$ となり，回転角が $\theta_\mathrm{F} = V_r I N$ とも書ける．ファラデー回転角 θ_F を測定することにより，電流値 I を求める電流計が実現できる（演習問題 11.2 参照）．

図 11.5 で，光源 S からの光を，偏光子を通して直線偏光のみを石英系単一モード光ファイバに入射させる．光ファイバの出射端では，検光子を用いてファラデー回転角を測定する．石英系光ファイバのベルデ定数は $V_r = 0.014 \sim 0.015°/\mathrm{A}$ 程度で小さいが，巻数 N を増加させることにより，ファラデー回転角を増すことができる．

この方式ではファラデー回転角を正確に測定する必要がある．測定に使用される単一モード光ファイバのコア形状が真円からずれている場合，複屈折が生じて，回転角度が式 (11.10) で予測される値よりも小さくなるので，真円度に考慮を払う必要がある．偏波保持光ファイバを利用して，回転角の直線性を向上させている例もある．

このような光ファイバを用いた電流計は，光ファイバが無誘導で雑音に強い性質に着目して，超高電圧を扱う電力分野で使用されている．

(d) 濃度センサ

濃度センサでは，吸収を示す気体や液体などの媒質とエバネッセント成分（2.4.1 項参照）との相互作用が利用され，伝搬による光強度変化を測定してセンサを構成する．従来型光ファイバでは，エバネッセント成分を利用するためにはクラッドの一部を剥ぐ作業が不可欠で，取り扱いが大変であった．これに対して，クラッドに空孔をもつフォトニック結晶ファイバでは，空孔にエバネッセント成分が漏れているので，空孔に吸収媒質を充填すると容易に相互作用が生じる（**図 11.6**）．

光ファイバに入射する光強度を I_in とすると，距離 L 伝搬後の出射端での光強度 I_out が次のように表される．

$$I_\mathrm{out} = I_\mathrm{in} \exp(-\alpha L) \tag{11.11}$$

α は吸収係数であり，濃度に比例することが多い．式 (11.11) より次式が得られる．

$$\alpha = -\frac{1}{L} \ln\left(\frac{I_\mathrm{out}}{I_\mathrm{in}}\right) \tag{11.12}$$

被測定媒質に応じた波長の吸収線を利用して光強度を測定し，$\ln(I_\mathrm{out}/I_\mathrm{in})$ と L の関

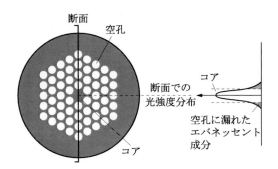

図 11.6 フォトニック結晶ファイバ（ホーリーファイバ）における
エバネッセント成分を利用した濃度センサ

係をプロットして，その傾きから吸収係数 α が求められる．

ホーリーファイバや中空コアフォトニックバンドギャップファイバを用いて，ガス濃度・液体センサなどが作製されている．中空コアフォトニックバンドギャップファイバの空孔に水素やアセチレン（C_2H_2），メタン（CH_4）などを封止した，長期安定性に優れた全光ファイバガスセルが作製されている[11-4]．

11.4　光ファイバを導光路とした計測

光源からの光を直接，被測定物体に照射できない場合の例として，狭小空間（古墳内など）や人間が立ち入れない環境（真空，放射線下など）がある．このような場合も含めて，光ファイバが細径で化学的に安定なことに着目すると，光ファイバを単に光を被測定物体近傍まで導く導光路として利用することができる．本節では，このような光ファイバを導光路とした計測として，まず計測方式を述べ，次に具体例を紹介する．

11.4.1　光ファイバを信号の導光路とした計測方式

光ファイバを光信号の導光路とした計測方式を図 11.2 に示した．図 (b) のプローブ型では，光源から出た光を光カップラ C で分岐し，一方の光を光強度変動のモニタとして光検出器 D_1 に導く．他方の光を光ファイバの測定系に入射させ，光ファイバの他端から光を被測定物体に照射して，その物体からの反射・散乱光を，再び光ファイバの他端から取り込み，光カップラ C で結合後の光を光検出器 D_2 で検出する．光ファイバとしては，単一モード・多モード光ファイバが用いられる．

図 11.2(c) の導光路型では，光ファイバを導光路として利用し，一定強度の光や光

強度変調した光を被測定物体まで導き，変換素子で測定対象を光信号に変換して伝送する．このとき，多モード光ファイバやバンドルファイバ（細い光ファイバを束ねて1本の導光路としたもの）がよく用いられ，測定系は比較的単純である．

11.4.2 光ファイバを導光路とした計測の具体例

この方式の計測でよく利用される光の属性は，光強度，偏光，周波数などであり，物理現象としては反射，透過，吸収などがある．本項ではこれらを利用したセンサを説明する．

(a) 圧力・変位測定

光をダイアフラムに照射すると，変位による反射特性の変化から圧力が測定できる．光源からの光を，光ファイバを介してダイアフラムに照射して，これからの反射光を同じ光ファイバで受光する．この場合，光ファイバの開口径が有限なので，受光量はダイアフラムの光軸方向の変位に依存する．ダイアフラムの位置が圧力で変化するとき，反射光の受光量の変化から圧力や変位が測定できる．

(b) 液位測定

光ファイバの先端にプリズムを付加し，プリズム面で全反射する光量が空気と液体とで変化することを利用して，光ファイバの透過光量の変化から液体の水位を測定する液位計がある．

図 11.7 に示すように，光ファイバの先端に 90° プリズムを付加しておく．光ファイバの他端から光を入射させて，この先端部から反射する光量を光検出器で測定す

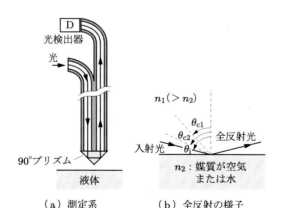

(a) 測定系　　　(b) 全反射の様子

$\theta_{c1}(\theta_{c2})$：媒質が空気(水)のときの臨界角，θ_i：光の入射角

図 11.7　全反射を利用した光ファイバでの液位計

る．光ファイバ先端部を液体に浸すと，液体の屈折率が空気よりも高いので，臨界角が変化して反射光量が変わるので，光検出器に到達する光量が変化する．

ここで，屈折率が異なる2層間での全反射を検討する（図 (b) 参照）．屈折率 n_1 側が石英光ファイバ（$n_1 = 1.45$）で，屈折率 n_2 側が空気（$n_2 = 1.0$）または液体（水では $n_2 = 1.33$）とする．光が n_1 側から n_2 側に伝搬するときの臨界角 θ_c は，式 (2.13) を用いて，前者では $\theta_{c1} = 43.6°$，後者では $\theta_{c2} = 66.5°$ となる．入射角を θ_i とすると，$\theta_i > \theta_c$ を満たす光が全反射するから，n_2 側が空気から水に変化すると，全反射する光量が減少して，光検出器 D で検出される光量も減少する．このようにして，透過光量の変化から，液体の水位が測定できる．

(c) 速度・流量測定

光ファイバが細軽という特徴を活かしたプローブ型センサとして，ファイバレーザドップラ速度計が血流測定に利用されている．これはレーザドップラ速度測定法における参照光法（10.1.2 項 (a) 参照）でも測定できるが，ここでは周波数偏移法（10.1.3 項参照）に基づく方法を紹介する．

図 11.8 で，レーザ光（周波数 f_0）を音響光学変調器（13.3.4 項参照）で周波数を f_{ac} だけシフトさせた光を参照光とする[11-5]．この光を単一モード光ファイバの一端に入射させ，これを導光路として光ファイバの他端を注射針に入れ，光ファイバからの出射光を被測定流体（血流計ならば赤血球）に照射する．被測定流体から散乱された光は，ドップラシフト f_D により周波数が $f_0 + f_D$ となる．ところで，流体の速度ベクトルを $\boldsymbol{v}$，流体中の光の波長を λ，散乱光と流れのなす角度を θ とおくと，式 (6.29) より $f_D = 2|\boldsymbol{v}|\cos\theta/\lambda$ を得る（演習問題 11.3 参照）．

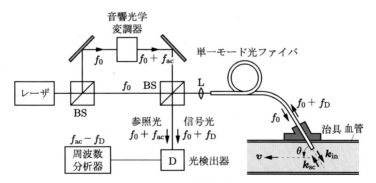

BS：ビームスプリッタ，L：顕微鏡対物レンズ
f_D：ドップラシフト，$\boldsymbol{v}$：血流の速度ベクトル
$\boldsymbol{k}_{in}$：入射光の波数ベクトル，$\boldsymbol{k}_{sc}$：散乱光の波数ベクトル

図 11.8　ファイバレーザドップラ速度計による血流測定の概略

流体からの散乱光を再び光ファイバから戻し，これを信号光とする．参照光と信号光を光検出器に導き，光ヘテロダイン検出すると，ビート信号周波数は $f_{ac} - f_D$ となり，f_{ac} ぶんシフトさせているから，流体の速度・流量だけでなく移動方向も求めることができる．光源として，He-Ne レーザや Ar イオンレーザが用いられている．

演習問題

11.1 石英系光ファイバの位相変化を利用して，波長 $\lambda_0 = 633\,\mathrm{nm}$ で温度変化の測定をするとき，次の問いに答えよ．ただし，屈折率を 1.45，屈折率の温度係数を $dn/dT = 1 \times 10^{-5}/°\mathrm{C}$，線膨張率を $\alpha = 5.5 \times 10^{-7}\,\mathrm{K^{-1}}$ とする．
(1) 屈折率の温度変化のみによる 1 m あたりの位相変化の温度係数を求めよ．
(2) 線膨張のみによる 1 m あたりの位相変化の温度係数を求めよ．
(3) 線膨張が位相変化に及ぼす影響は全体の何 % か求めよ．
(4) 光ファイバ長を 15 cm としたとき，位相変化が 5.8 rad であった．このときの温度変化を求めよ．

11.2 一定の電流が流れている導体の周囲に，石英系単一モード光ファイバをコイル状に 200 回巻いてファラデー回転角を測定したところ，回転角が 1°10′ であった．ベルデ定数を $V_r = 0.0145°/\mathrm{A}$ として電流値 I を求めよ．

11.3 光源を He-Ne レーザ（$\lambda_0 = 633\,\mathrm{nm}$）としたファイバレーザドップラ速度計を用いて血流測定を行うとき，散乱光と流れのなす角度が 34° で，ドップラシフトが 702 kHz であった．このときの血液の流速を求めよ．ただし，血液の屈折率を 1.34 とせよ．

12章 光イメージング

　本章では，光学特有の手法を用いた画像の観測方法を紹介する．光コヒーレンストモグラフィは2光束干渉を利用するもので，断層画像を得ることができる．共焦点レーザ顕微鏡は，共焦点光学系では焦点が一致した点の像だけが鮮明に検出できることを利用するもので，2・3次元での表面計測ができる．流れ場の可視化では，シュリーレン法を利用すると，眼に見えない位相の空間変化が光強度変化に変換されて視認できるようになる．これら三つの手法について，原理と特徴を説明する．

12.1 光コヒーレンストモグラフィ

　多くの干渉計測と異なり，白色干渉計（5.5節参照）の考え方を推し進め，2光束干渉計で意図的にコヒーレンスの低い光源を用いて画像化に利用するものとして，**光コヒーレンストモグラフィ**（optical coherence tomography）が1991年に提案された[12-1]．これは，略して光CTまたはOCTともよばれ，深さ方向の断層画像が得られる点に特徴がある．光CTは生体観察などの医学応用が進んでおり，この分野では光断層干渉計とよばれている．本節では，光CTの原理や特徴を説明する[12-2～12-4]．

12.1.1 光コヒーレンストモグラフィの測定原理

　光コヒーレンストモグラフィの基本構成はマイケルソン干渉計と類似している（**図12.1**）．光源には低コヒーレンスのスーパールミネッセントダイオード（SLD：13.3.1項(d)参照）や白色光などが用いられる．光源から出た光はビームスプリッタBSで分岐され，一方は反射鏡側に入射する参照光となり，手法によっては反射鏡が移動させられる．分岐された他方の光は被測定物体に照射され，物体の様々な位置から散乱される無数の光が信号光となってBS側に戻る．参照光と信号光はBSで合波された後，両者による干渉光がCCDなどの光検出器Dで観測される．

　この原理が使える被測定物体は，光を表面近傍である程度透過させる波長帯をもつ物質に限定される．光CTで使用される干渉計は，安定性を保つため，単一モード光ファイバを溶融した光カップラ（図13.3(b)参照）で形成されている．

　光CTで使用される光源は，SLDに限らず，広いスペクトル線幅$\Delta \nu$をもってい

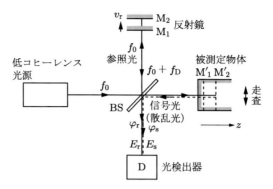

M₁, M₂：移動する反射鏡の位置，M'₁, M'₂：M₁, M₂ と光路長が等しくなる反射面
BS：ビームスプリッタ，φ_r, φ_s：参照光と信号光の光路長
$f_D = 2v_r/\lambda$：ドップラシフト，v_r：反射鏡の移動速度，λ：光路中での光の波長

図 12.1　光コヒーレンストモグラフィの光学系

る．そのため，式 (5.2) から予測できるように，可干渉距離（コヒーレンス長）l_{coh} が極度に短くなる．可干渉距離は，分岐された光が干渉するための目安になる距離だから，このとき，光検出部での光強度は，参照光と信号光の光路長が一致する位置でのみ高い値をとり，その他の位置では光強度が小さくなる（5.5 節，図 5.8 参照）．そのため，参照光での固定位置を変更して，光強度がピークをとる位置を検出することにより，被測定物体の測定位置を調整することが可能となる．

像面での参照光の電界を E_r，信号光の電界を $E_s(x,y)$，(x,y) を光軸に垂直な面内座標，参照光の光源から光検出器までの光路長を φ_r，信号光側の光路長を φ_s とおく．可干渉性を考慮した光強度分布の式 (5.4a) で，干渉項を書き出すと，

$$I_{int} = 2|E_r||E_s(x,y)|\cos 2\pi\left(\frac{\varphi_s - \varphi_r}{\lambda_0}\right)\exp\left(-\frac{|\varphi_s - \varphi_r|}{l_{coh}}\right) \quad (12.1)$$

が得られる．ただし，λ_0 は光源の中心波長である．コヒーレンス長 l_{coh} が短い場合，被測定物体で $|\varphi_s - \varphi_r| \leq l_{coh}$ 程度の狭い範囲からの散乱光だけが干渉項に寄与する．よって，光 CT では，参照光側の反射鏡の位置（図 12.1 で M₁, M₂）に応じて，光源から光検出器までの光路長にほぼ一致した，被測定物体のある断面（図で M'₁, M'₂）の画像（断層画像）が得られることになる．

12.1.2　各種の光コヒーレンストモグラフィ

光 CT で被測定物体の複数断面の断層画像を得る方法として，時間領域型，周波数領域型，周波数掃引型などが用いられている．以下では，原理的な方法である時間領域型と，市販されている周波数掃引型を説明する．

(a) 時間領域型光 CT

時間領域型光 CT は，図 12.1 における反射鏡 M の位置を機械的に走査させる方法である．参照光が反射鏡 M_1 に垂直入射して反射鏡が速度 v_r で移動する場合，参照光はドップラシフトを受けて，式 (6.30) より，周波数がもとの周波数 f_0 から $f_D = 2v_r/\lambda$（λ：光の光路中での波長）だけ変化して $f_0 + f_D$ となる．

このときの干渉項は，式 (6.23) または式 (5.10) と式 (5.4a) を参照して，前項の記号を用いると，次式で表せる．

$$I_{\text{int}} = 2|E_r||E_s(x,y)|\cos 2\pi\left(f_D t + \frac{\varphi_s - \varphi_r}{\lambda_0}\right)\exp\left(-\frac{|\varphi_s - \varphi_r|}{l_{\text{coh}}}\right) \quad (12.2)$$

式 (12.2) は式 (12.1) とほぼ同様であるが，ドップラシフトの項が付加されている．この場合，ドップラシフト f_D に合致した周波数で観測して，断層画像が得られる．

(b) 周波数掃引型光 CT

周波数掃引型光 CT では，反射鏡を走査する代わりに，光源の周波数を掃引することにより，被測定物体の深さ方向の反射光強度分布を得ることができる．これは干渉信号をフーリエ変換する必要がある．

周波数掃引型光 CT の光学系を**図 12.2** に示す．光源として，周波数を直線的に掃引するレーザを用いる．光源から測った，参照光用反射鏡 M と被測定物体端面までの光路長が一致するように位置を調整する．両者からの反射光をビームスプリッタ BS で合波した後，干渉光を光検出器 D で光電変換する．干渉光がピークをとる位置は，光源の周波数と被測定物体の内部位置に関係している．以下で，被測定物体から

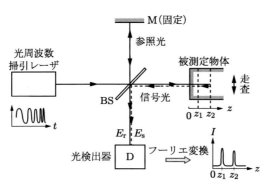

M：参照光用反射鏡，BS：ビームスプリッタ
E_r, E_s：光検出部での参照光と信号光の光電界
z：被測定物体の深さ方向距離，I：フーリエ変換後の光強度分布

図 12.2　周波数掃引型光 CT の光学系

の反射光強度分布を求めるプロセスを説明する．

ビームスプリッタ BS で合波後の光検出器 D における，参照光（添え字 r）と信号光（添え字 s）の電界を，次式で表す．

$$E_r(t) = E(t), \quad E_s(t) = \alpha E(t - \tau_j) \tag{12.3}$$

ただし，τ_j は参照光に対する被測定物体の奥行き方向からの信号光の時間遅れ，α は参照光の電界に対する振幅比率を表す．式 (12.3) 右辺で同じ関数 $E(t)$ を用いているのは，参照光と信号光が同一光源から出ているからである．光検出器での全電界は

$$E_T(t) = E_r(t) + E_s(t) \tag{12.4}$$

で書ける．光検出器での光強度は，式 (12.4) の相関関数の時間平均（$\langle\ \rangle$ で表す）をとり，式 (12.3) を用いて，次式で表せる．

$$\begin{aligned}\langle E_T(t)E_T^*(t)\rangle =& \langle|E(t)|^2\rangle + \alpha^2\langle|E(t-\tau_j)|^2\rangle \\ & + \alpha\langle E(t)E^*(t-\tau_j)\rangle + \alpha\langle E^*(t)E(t-\tau_j)\rangle\end{aligned} \tag{12.5}$$

式 (12.5) の各項にウィーナー–ヒンチンの定理を適用すると，観測部でのパワスペクトルが

$$\begin{aligned}|\tilde{E}_T(\nu)|^2 &= |\tilde{E}(\nu)|^2[1 + \alpha^2 + \alpha\exp(i2\pi\nu\tau_j) + \alpha\exp(-i2\pi\nu\tau_j)] \\ &= |\tilde{E}(\nu)|^2[1 + \alpha^2 + 2\alpha\cos(2\pi\nu\tau_j)]\end{aligned} \tag{12.6}$$

で表せる．ここで，ν は光の周波数，$\tilde{E}(\nu)$ は関数 $E(t)$ に対するフーリエ変換，$|\tilde{E}(\nu)|^2$ は光源のパワスペクトルを表す．式 (12.6) 第 2 式で $\alpha = 1$ とおくと，これは 2 光束干渉の式 (5.4a) で $I_1 = I_2 = 1$ とおき，可干渉性の効果を無視したものと一致するから，式 (12.6) はこれにパワスペクトルで重みづけしたものと考えることができる．

周波数掃引型では光源の周波数を直接掃引しているから，光検出器では式 (12.6) が得られる．したがって，これをフーリエ逆変換すると，光強度分布が

$$\begin{aligned}I_T(\tau) &= \frac{1}{2\pi}\int_{-\infty}^{\infty}|\tilde{E}_T(\nu)|^2\exp(-i2\pi\nu\tau)d\nu \\ &= (1+\alpha^2)I(\tau) + \alpha I(\tau - \tau_j) + \alpha I(\tau + \tau_j)\end{aligned} \tag{12.7}$$

で得られる．ただし，

$$I(\tau) = \frac{1}{2\pi}\int_{-\infty}^{\infty}|\tilde{E}(\nu)|^2\exp(-i2\pi\nu\tau)d\nu \tag{12.8}$$

とおいた.

式 (12.7) は,光検出器での信号をフーリエ逆変換すると,被測定物体の位置 z_j が $z_j = v\tau_j/2$ (v: 光速) より,散乱光の位置に応じた光強度分布が得られることを示している.実際には散乱光の位置が多数あるから,参照光用反射鏡を走査することなく,奥行き方向の反射光強度分布が得られる.

式 (12.8) で $|\tilde{E}(\nu)|^2$ は光源のスペクトル分布に相当するから,光源が白色光のようにスペクトル幅が十分に広ければ,$I(\tau)$ はデルタ関数とみなせる.そのとき,式 (12.7) から被測定物体の奥行き方向の散乱位置 z_j がわかる(図 12.2 参照).しかし,面内の情報を得るためには,面内で走査をする必要がある.

市販されている周波数掃引型光 CT では,中心波長 $\lambda_0 = 1.3\,\mu\mathrm{m}$,周波数掃引幅 16 kHz,波長幅 $\Delta\lambda = 100\,\mathrm{nm}$ の半導体レーザが使用されており,これは比帯域 7.7% に相当する.

図 12.3 は光 CT によるヒト指先の発汗時におけるエクリン汗腺の測定例であり [12-4],約 12 μm の空間分解能が得られている.

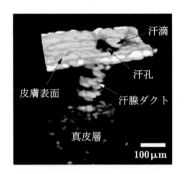

図 12.3 周波数掃引型光 CT による汗腺の 3 次元像
ヒト指先のエクリン汗腺の発汗時の断層像.250 枚から構築した像.Copyright ©2013 IEICE,春名正光,近江雅人:医療における光エレクトロニクス—光コヒーレンストモグラフィーを中心として—,電子情報通信学会誌,96 巻,6 号 (2013) 411–416 の図 4 より転載(許諾番号:15KA0063)

12.1.3 光コヒーレンストモグラフィの特徴と応用

光 CT の特徴は次のとおりである.
(i) 低コヒーレンス光源や周波数可変光源を用いており,参照光の光路長と一致した被測定物体の像のみが鮮明に得られるので,深さ方向の断層画像を得ることができる.また,断層画像から 3 次元画像を構成することができる.
(ii) 無侵襲でかつ安全な計測ができる.

(iii) 生体観察に利用する場合，生体表皮から 1～2 mm の深さで，10 μm 程度の高空間分解能を得ることができる．

光 CT は，上記の特徴を活かして，生体の表皮下の断層像を得るなど生体の内部観察により，眼科や内科を中心として医学応用が進んでいる．医療応用での光源波長は，生体組織が高い透過特性をもつ「生体の窓」とよばれる 0.7～1.3 μm が利用される．

12.2 共焦点レーザ顕微鏡

結像光学系では，物点と像点が一対一に対応し，この関係を共役とよぶ．この共役関係を縦列方向に二つ連続させた光学系を共焦点光学系（4.7 節参照）という．共焦点光学系を顕微鏡に適用すると，試料の被測定位置と焦点が合った反射光だけが検出されるようになり，深さ方向に高分解能の像を得ることができ，光学的断層像を得ることができる．このとき，光ビームを照射する位置を走査すると，2 次元あるいは 3 次元での表面計測・観測が可能となる．共焦点レーザ顕微鏡の原型は，Minsky により，レーザ誕生以前の 1957 年に特許の形で提出された[12-5]．

本節では，レーザを光源とした共焦点レーザ顕微鏡の原理や構成要素，特徴などについて説明する[12-6, 12-7]．

12.2.1 共焦点レーザ顕微鏡の原理

共焦点レーザ顕微鏡の光学系の基本構成を図 12.4 に示す．レーザ光を試料に照射し，試料からの反射光を光検出器に導く．光学系での一つ目の要点は，光源直後の第 1 ピンホール，試料表面，光検出器側の第 2 ピンホールが，それぞれ共役関係を満たすように配置する，つまり共焦点光学系を形成することである．共焦点配置にすると，試料表面からの反射・散乱光のうち，対物レンズの焦点に合致した（合焦時）被測定位置からの光だけを第 2 ピンホールで集光し，焦点以外からの不要な散乱光を除去するので，コントラストが向上する．また，光軸方向に分解能をもつことになる．このような配置を用いた顕微鏡を**共焦点レーザ顕微鏡**（confocal laser microscope）という．

2 次元の画像情報を得るには，光ビームと試料を光軸に垂直な方向で相対的に走査する必要がある．画像性能は走査精度に依存するので，高精度な走査系が要求される．走査方式として，試料走査方式とレーザ走査方式がある．試料走査方式は試料を移動させるもので，広範囲の走査が可能であり，試料表面の大きな変化を捉えるのに適している．レーザ走査方式は，ガルバノミラーなどを用いてレーザビームを走査するもので，試料の微細構造を捉えるのに適している．このように走査を行う顕微鏡をレー

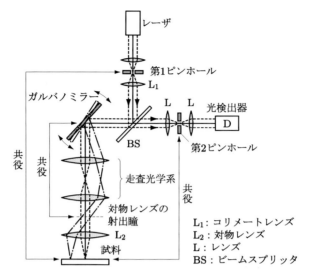

図 12.4　共焦点レーザ顕微鏡の光学系

ザ走査顕微鏡（laser scanning microscope）とよぶ．

12.2.2　共焦点レーザ顕微鏡の構成要素

共焦点レーザ顕微鏡のレーザ光源としては，空間分解能を上げるため短波長が望ましい．初期には気体レーザが使用されたが，最近では発振波長 488 nm（青緑）や 408 nm（紫）の GaN 系半導体レーザが使用されている．

光源直後の第 1 ピンホールは，レーザ光の断面分布を整形して，点光源を形成する役目をする．第 1 ピンホールを通過した光は，ビームスプリッタ，走査用偏向器（図ではガルバノミラー）と対物レンズを介して，試料表面で細いビームに絞られる．光学系での二つ目の要点は，偏向器と対物レンズの射出瞳が共役関係にあることである．この共役関係により，レーザ光の偏向器への入射位置や角度が多少ずれても，対物レンズに間違いなく入射することになる．レーザビームを高速走査するための偏向器には，ガルバノミラー，回転多面鏡（ポリゴンミラー），音響光学偏向器などが使われている．

光検出器直前の第 2 ピンホールは，対物レンズの焦点位置以外からの散乱光をカットする役割を担う．試料表面の 1 点からの反射光は，第 2 ピンホールを通過後，光検出器（光電子増倍管）で検出される．光検出器で光電変換された電気信号は AD 変換される．このディジタル信号と 2 次元走査の同期をとって画像処理を行った後，モニタ画面に顕微鏡画像を映す．

共焦点光学系を利用する場合，分解能がピンホール径で決まる．この径を小さくすることにより，コントラストがよくなり，空間分解能が向上する．しかし，ピンホール径を小さくし過ぎると，通過光量が減少してSN比の低下を招く．これらの要因を考慮して，ピンホール径は光ビームの回折限界より少し小さくしている．

共焦点光学系の特徴は，対物レンズの焦点位置だけの情報が得られることである．このことを利用して，焦点近傍で光軸方向の輝度情報を深さの関数として測定すると，輝度が最大となる深さ位置が試料表面となる．したがって，この位置から試料の高さ情報を得ることができる．つまり，対物レンズを光軸方向にも移動させることにより，3次元の画像情報を計測することが可能となる．

12.2.3 共焦点レーザ顕微鏡の特徴と応用

共焦点レーザ顕微鏡の特徴は，次のとおりである．
（ⅰ）共焦点光学系を用いているため，対物レンズの焦点位置だけの画像情報が得られる．これは深さ（光軸）方向に分解能を生じることを意味し，光学的断層像が得られる．これは従来型光学顕微鏡にはない特徴である．
（ⅱ）光源が近似的に点光源となっているので，試料の被測定部分以外からの迷光がない．そのため，従来型光学顕微鏡よりもコントラストや分解能が向上する．

共焦点レーザ顕微鏡は，表面観察装置として生命科学分野や電子部品などの工業検査で使用されている．

12.3　シュリーレン法による可視化

眼に見えないもの，たとえば位相の空間変化を可視化する方法として，シュリーレン法がある（4.10節参照）．ここでは，気体などの位相媒質を例にとって説明する．

図 12.5 に，シュリーレン法でエンジン内部の火炎を観測する光学系を示す．幅の広い平行光束を作るため，図 4.11 における凸レンズの代わりに，2 枚の凹面鏡 1 と凹面鏡 2 が使用され，これらの間に被測定物が設置されている．凹面鏡 1 の焦点にあるピンホールは，点光源を作るためにある．ナイフエッジは凹面鏡 2 の焦点付近で光軸まで挿入されており，最終像が CCD などの撮像装置で観測・記録される．可干渉性を必要としないので，光源には水銀ランプや Xe ランプなどが用いられるが，レーザも用いられる．

エンジン内部で気体の密度に勾配があれば，ナイフエッジ部を透過する光量が変化して，撮像装置で濃淡のある像として観測される．図 12.6 はこのようにして観測された像の例であり，位相媒質が可視化されている[12-8]．

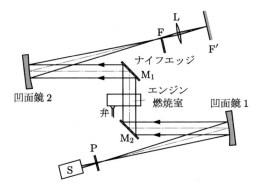

S：光源，P：ピンホール，F：凹面鏡2の焦点，F′：最終像面
L：レンズ，M_1, M_2：反射鏡

図12.5　シュリーレン法によるエンジン燃焼室の観測系

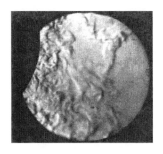

図12.6　シュリーレン法によるエンジン内部の火炎観察
吉田亮氏（東京電機大学）のご厚意により転載

　シュリーレン法による可視化は，密度変化を伴う超音速気流やガス流の可視化，シリンダ内の火炎伝播の観察，超音波の可視化，光学ガラスの脈理検査などに応用されている．

演習問題

12.1 光CTで光源波長が $\lambda_0 = 1.3\,\mu\mathrm{m}$，被測定媒質の屈折率が $n = 1.0$，スペクトル幅が $\Delta\lambda = 40\,\mathrm{nm}$ のとき，式(5.2)で等号が成り立つとして，コヒーレンス長を求めよ．

13章 光計測の周辺技術

　いままでの章では，光計測の原理や光学系，応用を中心に説明してきた．実際に計測する場合には，光源や光検出器の選択をはじめとして，光計測に固有の光学系の構成など，実験に即した技術も必要となってくる．そこで本章では，このような光計測の周辺技術を説明し，実際の実験に資することを目的とする．光学系の構成と光学素子，光源，光電変換技術の順に説明する．

13.1　光学系の構成

　光計測を行う場所は実験室や生産現場，屋外など様々であるが，ここでは実験室を想定して，光学系を組むうえでの留意点などを説明する．

　レンズや反射鏡などの各種光学素子は，通常，光学定盤とよばれる金属製の水平面をもつ装置の上に組む．このように光学系を組む作業をアライメント（alignment）という．光学系を安定に保持するためには，光学定盤が空気ばねなどの除振台の上にあるものを使用する．光学定盤には，表面に等間隔にねじ穴が設けられたものと，磁石で設置できる金属面のものがある．前者では光学素子をねじで光学定盤に固定し，後者では光学素子を取り付ける素子の下側に付いた磁石で着脱する．

　光学系を光学定盤の上に構成する場合，通常は光源から出た光軸を定盤面から一定の高さに保持して，光学系や観測系を作る．光源がほぼ直進する気体・固体レーザか，発散光である半導体レーザかによって，光学系の組み方が若干異なる．

　気体レーザなど，ほぼ直進する光を発振している場合は，この性質は真直度測定に利用できる．レーザからの出射直後に2個の虹彩絞り（中心の円形透過形状を保持したまま，透過部の径を連続的に変化させることができる光学素子）を置き，光ビーム透過部分を同じ高さに調節する．次に，2個の内の一方の虹彩絞りを光学系の最終位置に置き，光ビームが2個の虹彩絞りを同時に透過するように，レーザの仰角などを調整する．この後，レンズなどの結像光学系を除く光学素子を配置して，光ビームが最終位置の虹彩絞りを通過するように調整する．最後に，結像光学系を挿入しても，光軸の高さが一定に保たれるようにする．

　光源が半導体レーザの場合，水平・垂直方向で光の発散角度が異なる．そのため，

平行光を作るためには，水平・垂直方向で焦点距離が異なるトロイダルレンズやシリンドリカルレンズを使用する．平行光を作った後は，気体レーザの場合と同様にして光学系を組むことができる．

使用する光源が可視光でないときは，He-Neレーザ（633 nm，赤色）などの可視光を，ビームスプリッタを用いて挿入し，両光が同軸になるように設定する（**図 13.1**）．ビームスプリッタは，使用波長に対する透過率が高い値を示すものを使用する．このとき，赤外光であれば，IRフォスファ（赤外蛍光体）などで可視光に変換してビーム位置を確認する．光を同軸にした後は，可視光を頼りにして光学系を組む．結像系が入るときは，波長により焦点位置がわずかに異なることに注意を要する．

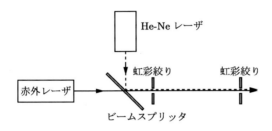

図 13.1 赤外光と可視光による光軸調整

13.2 光学系の構成要素と調整原理

本節では，光学系の構成要素としての光学素子，移動鏡の指導原理であるアッベの原理を説明する．

13.2.1 光学系の構成要素

光源から出る光波は，目的に応じて様々な形に変えられる．それには，結像，光路変更，光の分波・合波，光の分離，光ビームの入射と径変換などがある．本項では，これらの目的を達成するために用いられる光学素子に関する，実験をするうえでの留意点を示す．

(a) 結像素子

光波の結像には，レンズや球面反射鏡が用いられる（3章参照）．レンズなどの結像素子は，通常ガラス（屈折率が1.5程度）からできており，1面あたりの光強度反射率は，垂直入射時に約4%である（2.4.2項参照）．したがって，光量が重要なときは，レンズや各種光学素子の表面に反射防止膜を施して，反射を軽減することが望ましい．

(b) 光路変更

 光路の変更には，平面鏡，直角プリズム，コーナーキューブ，キャッツアイなどが用いられる．平面鏡で光が鏡の垂直面に対して角度 $\Delta\theta$ ずれて入射するとき，反射光は入射光に対して角度が $2\Delta\theta$ ずれるという欠点がある．

 ガラスからできている直角プリズムに光が垂直入射するとき，ガラスから空気側へ伝搬する光の入射角度が臨界角より大きくなるから（例題 2.3 参照），ガラス内で全反射する．このことを利用すると，図 13.2 に示すように，直角プリズムは光路の向きを $90°$ あるいは $180°$ 変えるのに使える．直角プリズムで垂直入射からずれても，入射光を逆向きに伝搬させることができるが，その機能は不十分である（演習問題 13.1 参照）．

（a）直角プリズム（$90°$ 変更）　　（b）直角プリズム（$180°$ 変更）　　（c）コーナーキューブ

図 13.2　光ビームの光路変更

 コーナーキューブ（corner cube）は，光の入射方向によらず，光を厳密に入射光と逆向きに戻すことができるもので，直交する 3 面からなる四面体のプリズムである（図 (c) 参照）．これは干渉計測用の反射鏡として不可欠である．キャッツアイは凸レンズの焦点位置に平面鏡を置いたもので，凸レンズを介して入射する光を入射角によらず，もとの方向に戻すことができる．

(c) 分波・合波

 光の分波・合波とは，光を透過光と反射光の 2 光路に分岐する作用と，2 方向から来た光を 1 光路にする作用を意味する．これを行う素子をビームスプリッタとよび，これには半透鏡，偏光ビームスプリッタなどがある．**半透鏡**（half mirror）は，透過光と反射光を 50% ずつに分岐させるもので，ガラスなどの表面に多層薄膜を蒸着することにより作製されている．半透鏡は一般に波長依存性があるので，使用波長に応じて使い分ける．ハーフプリズムは 2 個の直角プリズムの斜辺を貼り合わせたものである．**偏光ビームスプリッタ**（PBS: polarizing beam splitter）は，二つの直角プリズムの斜辺を貼り合わせ，貼り合わせ部分に塗布する多層薄膜に偏光特性をもたせたもので，入射光を，互いに直交する直線偏光として透過光と反射光に分ける作用をもつ（図 13.3(a)）．

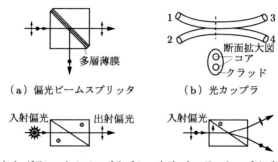

●,↕：偏光の向き， ○,↕：光学軸の向き

図 13.3　光の分波・合波に関係する光学素子

光ファイバを用いた光学系で光を分岐・合波させるものとして，光カップラ（optical coupler）がある（図 (b) 参照）．光カップラは，2 本の光ファイバを平行に並べて研磨や融着して作製されており，入・出力ポートが二つずつある．たとえば，ポート 1 から入った光はポート 3，4 から出てくる．

(d)　偏光子

偏光子（polarizer）は，様々な偏光成分を含む光から，特定方向に振動する直線偏光を取り出すもので，分波素子の一種と考えることができる．偏光子でもっとも一般的なものはグラン‐トムソンプリズムである（図 13.3(c) 参照）．このプリズムは光の入射・出射方向が一致しているので使いやすい．これは方解石などの一軸（単軸）結晶からなる 2 枚のくさび状プリズムを，光学軸を一致させて斜辺を貼り合わせたもので，常光線と異常光線に対して屈折率，したがって臨界角が異なることを利用して直線偏光を取り出す．同じ偏光子でも，これを出射側で偏光状態を調べるのに使用するときには，**検光子**（analyzer）とよぶ．

ウォラストンプリズムは，1 方向からきた光波を，互いに直交する直線偏光に分離して，空間的に異なる 2 方向に出射させるものである（図 (d) 参照）．これは，一軸結晶の光学軸を直交させたくさび状プリズムを斜辺で貼り合わせたもので，常・異常光線による屈折率の違いを利用している．

(e)　光の分離（光アイソレータ）

レーザを光源とする場合，干渉計やほかの光学系を精度よく調整すればするほど，反射鏡や被測定物体からの光ビームが光源に戻り，光源の光出力が不安定となる．これは測定精度に影響を及ぼす恐れがある．

反射光の光源への戻りを避けるため，次のいずれかの方策がとられる．

(ⅰ) レーザ直後にくさび形のガラスを設置する．
(ⅱ) レーザ直後に，偏光ビームスプリッタ（PBS）と 1/4 波長板からなる光アイソレータを設置する．PBS 透過光は直線偏光（P 波）となり，これが 1/4 波長板を透過すると円偏光となる．ほかの物体から反射した円偏光が 1/4 波長板を逆向きに透過すると，先の偏光と直交する S 波となる．つまり，1/4 波長板の往復で偏光面が 90° 回転する．そのため，この光は PBS を透過することなく反射し，もとの光路に戻らない．
(ⅲ) レーザ直後に，45° ファラデー回転子と，その前後で透過偏光面を 45° 傾けた二つの偏光子を組み合わせた光アイソレータを設置する．光がファラデー回転子を往復することにより偏光面が 90° 回転するため，入射光が遮断される．

(f) 光ビームの入射と径変換

光ファイバにレーザ光を入射させる場合，そのコア径は微小なので，顕微鏡対物レンズで光ビームを微小スポットに絞る．対物レンズは倍率が上がるほど焦点距離が短くなり，式 (2.31) から予測できるように，小さいスポットに絞ることができる．そのため，単一モード光ファイバへの入射では，多モード光ファイバの場合よりもレンズ倍率を上げて使用する．狭小空間では，光ファイバと同程度の径をもつ分布屈折率レンズを用いると便利である．

レーザは細い平行ビームの形で出射されることが多いが，光計測では幅の広い平行ビームが要求されることが多い．このような目的に，入射平行光束を幅の異なる出射平行光束に変換するビームエキスパンダが用いられる．これには，二つの凸レンズを組み合わせたもの（図 4.7(a) 参照）と，凸レンズと凹レンズを組み合わせたものがある．後者は，エキスパンダ内で結像しない構造になっており，高パワ用に利用される．ビームエキスパンダは入射の向きを変えることにより，ビーム径の拡大・縮小ができる．

13.2.2　アッベの原理

2 光束干渉計や光ヘテロダイン干渉法では，反射鏡あるいはコーナーキューブを移動させて測定を行う．反射鏡の移動を伴う測定では，測長部分と移動鏡の配置により測定誤差が大きく違う．測定誤差を小さくする指導原理として**アッベの原理**（Abbe's principle）がある．これは，被測定物体の測定位置と標準とを同一直線上にして測定すべきというものである．

光を反射鏡（図では移動台）に照射するとき，二つの光路の入射位置で測定する場合を考える（**図 13.4**）．図 (a) は光路の入射位置と駆動部（標準）との間にずれ h が

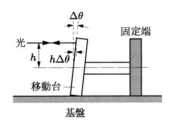 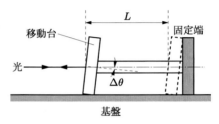

(a) 光路と駆動軸にずれがあるとき　　(b) 光路と駆動が一致しているとき

$\Delta\theta$：移動台の傾き角, h：光路と駆動軸のずれ, L：移動距離

図 13.4　アッベの原理
移動台に反射鏡が載っていると考えてよい.

ある場合で，真直度に微小な傾き角 $\Delta\theta$ があるとする．このときの測定誤差は

$$\delta_a = h \tan \Delta\theta \fallingdotseq h\Delta\theta \tag{13.1}$$

となる．一方，図 (b) は光路の入射位置と駆動部とが同一直線上にある場合で，反射鏡が距離 L 移動するときの誤差は，

$$\delta_b = L(1 - \cos \Delta\theta) \fallingdotseq \frac{L(\Delta\theta)^2}{2} \tag{13.2}$$

で表せる．

たとえば，$\Delta\theta = 0.5' = 0.0083°$, $L = 1000\,\mathrm{mm}$, $h = 20\,\mathrm{mm}$ とすると，$\delta_a = 20[8.3 \times 10^{-3}(\pi/180)]\,\mathrm{mm} = 2.9\,\mathrm{\mu m}$, $\delta_b = (1000/2)\left[8.3 \times 10^{-3}(\pi/180)\right]^2\,\mathrm{mm} = 10.5\,\mathrm{nm}$ となり，反射鏡を 1 m 移動させたとしても，図 (b) の誤差の方がはるかに小さいことが裏づけられる．

13.3　光　源

光計測では必ず光源を使用するが，用途によって光源への要求条件が異なる．本節では，光計測で使用される光源を説明した後，干渉計測に関係した可干渉距離，光ヘテロダイン干渉法に関係する 2 周波数レーザを得る方法を述べる．周波数シフタは光源ではないが，光計測では光源と密接な関係があるので，ここで説明する．

13.3.1　光源の概要

光計測で使用する光源の判断基準で重要なのは，可干渉性，光強度，連続光かパルス光かなどである．このような観点から，光源を従来型光源，レーザ，発光ダイオー

ド (LED), スーパールミネッセントダイオード (SLD) に分けて説明する.

(a) 従来型光源

光計測はレーザ誕生以前から行われていたので, このような光源を従来型とよぶことにする. ナトリウム (Na) ランプや水銀 (Hg) ランプは, コヒーレンス長が mm から cm のオーダであり, 以前は干渉用によく用いられていた. タングステンヨウ素 (W-I) ランプなどのハロゲンランプは, 黒体輻射光源として, 可視域から赤外の連続スペクトルをもつので, 分光器でスペクトル分解して用いられる.

(b) レーザ

レーザの種類として, 気体・固体・液体レーザと半導体レーザなどがある. レーザは従来型光源に比べてスペクトル幅が極端に狭く, 可干渉性に優れており, 通常, コヒーレント光とよばれる. そのため, 干渉計測や光ヘテロダイン法でよく利用される.

気体レーザは密度が低く, 原子間の相互作用が弱いので, スペクトル幅がとりわけ狭く, コヒーレンス長が長い傾向がある. その代表例はヘリウムネオン (He-Ne) レーザ (発振波長 633 nm, 1.15 μm), アルゴン (Ar) イオンレーザ (488 nm, 515 nm), 炭酸ガス (CO_2) レーザ (10.6 μm) である. He-Ne レーザ (633 nm) は光出力が小さいが, 小型, 安価なので光軸調整などで重用されている. He-Ne レーザと Ar イオンレーザは連続光で, 光計測用光源として広く使用されている. CO_2 レーザは波長が長く, 高出力が特徴で, パルス発生用にも使われている.

固体レーザは高出力のものが多く, パルス発生光源としても利用される. 例として, Nd:YAG レーザ (1.06 μm), Nd: ガラスレーザ (1.06 μm), ファイバレーザがある. これらのレーザは添加される希土類元素によって発振波長が異なる. また, 最近は半導体レーザ励起になっており, 出力安定性に優れている.

半導体レーザはレーザダイオード (LD: laser diode) ともよばれ, pn 接合を基本としたダブルヘテロ構造に順バイアスを印加して使用する. これの共振器 (光が往復する領域) の長さは数百 μm であり, 小型・軽量・低消費電力などの特徴をもつ. 半導体レーザは, 可視域用では AlGaInP, GaN, 近赤外用では AlGaAs, InGaAsP, 波長 10 μm 帯用では PbSnTe などがある. 半導体レーザの高性能化・低価格化が進んでおり, 入手しやすいので光計測に広く用いられている. 半導体レーザは一般に気体・固体レーザよりも光出力が低いが, 改善されつつある.

(c) 発光ダイオード (LED)

発光ダイオード (LED: light emitting diode) は, 構造が半導体レーザと類似で, pn 接合に順方向のバイアスをかけているが, 共振器を用いていない点が異なる. そ

のため,発光スペクトル幅は広く,可干渉性が低い.発光波長域は可視域から赤外域まで及んでおり,安価・小型・軽量・低消費電力・長寿命である.可干渉性を必要としない光計測に使用される.

(d) スーパールミネッセントダイオード (SLD)

スーパールミネッセントダイオード (SLD : super luminescent diode) は,LD の高輝度と LED の低コヒーレンス性を併せもつダイオードである.SLD は発光スペクトル幅が広く,LD がもつ干渉性雑音を低く抑えているのが特徴である.スペクトル幅は,波長 830 nm 近傍で 10 nm 程度,波長 1.5 μm 近傍で 50 nm 程度である.SLD は光コヒーレンストモグラフィや光ファイバジャイロの光源として利用されている.

13.3.2 可干渉距離 (コヒーレンス長)

干渉を利用する光計測では,大抵は可干渉距離(コヒーレンス長)の長い光源,すなわちレーザが望まれるが,用途により短い方がよいこともある.いずれにしても,可干渉性を定量的に評価する必要がある.可干渉距離 l_{coh} は光源のスペクトル周波数幅 $\Delta\nu$ や波長幅 $\Delta\lambda$ と関係しており,式 (5.2) で表される.可干渉距離を長くするためには,周波数幅の狭い光源が望ましい.

中心周波数 ν_c に比べて周波数幅 $\Delta\nu$ が極度に狭い光 ($\Delta\nu/\nu_c \ll 1$) を,準単色光という.準単色光の好例はレーザで,$\Delta\nu/\nu_c$ が $10^{-11} \sim 10^{-6}$ 程度である.周波数幅の狭い光源の具体例は,単一縦モードでかつ横モードが最低次の TEM_{00} モードで発振しているレーザである.気体レーザは,上述のように,媒質の密度が低く,媒質内での原子やイオン間での衝突などに伴う相互作用が少ないので,スペクトル周波数幅が狭い.

13.3.3 ゼーマンレーザ

光ヘテロダイン干渉法など,用途によっては,周波数が安定化し,かつ周波数の近接した 2 周波が必要とされることがある.このような場合,ゼーマンレーザが利用される.

He-Ne レーザ(波長 633 nm)の共振器方向に磁界を印加すると,ゼーマン効果により右回りと左回りの円偏光が発振する.これらの周波数はわずかに異なり,f_1,f_2(通常,$f_1 - f_2 \fallingdotseq 1.8\,\mathrm{MHz}$)となる.この右・左回り円偏光を 1/4 波長板に通すと,互いに直交する直線偏光となる.これを**ゼーマンレーザ**または**ゼーマン効果 2 周波数レーザ**といい,市販されている.

13.3.4 周波数シフタ

 光波に周波数差を与える際，ゼーマンレーザでは差が固定されているため，ほかの周波数差を用いたい場合には光源から出た光の周波数をシフトさせる必要がある．周波数のシフト量が 1 kHz 程度であれば，圧電（ピエゾ）素子で振動させた鏡からの反射光が使える．しかし，シフト量が 1 MHz 以上になれば，電気的手法を使う必要がある．

 音響光学変調器は，超音波による光波のブラッグ回折を利用したものである．光波をこの変調器に入射させる場合，超音波周波数 f_{ac} が高くなると，光波と超音波の波長が同程度となり，相互作用が生じやすくなる．このとき，超音波波面と特定の角度（ブラッグ角）θ_B をなして入射する光波は，超音波波面で鏡面反射されたように伝搬する．これをブラッグ回折という．1 次回折光は $\sin\theta_B = \lambda/2\lambda_{ac}$ (λ：光波の波長，λ_{ac}：超音波の波長) を満たし，その周波数が超音波周波数 $f_{ac} = v_{ac}/\lambda_{ac}$ (v_{ac}：音速) ぶんだけシフトする．±1 次回折光を使用すると，効率よく回折させることができる．ちなみに，直進する光は 0 次回折光とよび，周波数が変化しない．±1 次回折光の周波数シフト量が数十 MHz のものが市販されている．

13.4 光電変換技術

 光計測で求めるデータでは，直接眼で観測できる場合がある．しかし，より定量的な取り扱いをするためには，電子データの形で記録・保存するのが望ましく，電子データにすることにより各種の処理が容易に行える利点がある．その場合，測定量が光ならば光電変換をする必要がある．

 光電変換をする際，もとのデータが時系列か，空間情報かに依存して，光検出器や撮像装置が異なる．ホログラフィなどで位相情報も記録する場合には，画像記録媒体の解像度も重要となる．本節ではこれらについて説明する．

13.4.1 時系列データの光電変換

 時系列データの場合，古くは外部光電効果を利用した真空管が利用されていた．しかし現在は，大きい増倍率，低雑音，広いダイナミックレンジなどの利点をもつ光電子増倍管を除いては，半導体を利用した光検出器にとって代わられている．半導体光検出器は小型・軽量なので，光計測によく使用される．

 イオン化エネルギーよりも大きい光エネルギーを入射させると，電気伝導度が変化する現象（光伝導効果）を利用する半導体光検出器は，光導電素子とよばれる．これには，可視域用として CdS セル，近赤外用として PbS セル，波長 10 μm 近傍用とし

て CdHgTe セルなどがある.

半導体の pn 接合に逆バイアス電圧を印加し，これに入射するバンドギャップよりも大きい光エネルギーで流れる光電流を利用する光検出器は，通常フォトダイオードとよばれる．その代表例は Si セル（太陽電池）や Ge セルである．pn 接合の間に真性層を挟み，高速応答を得るものとして，Si や InGaAs などの pin フォトダイオードや，増倍作用のあるアバランシュフォトダイオードがある.

13.4.2 撮像装置

2次元の空間情報は目視もできる．干渉縞の記録には，従来は写真フィルムが利用されていた．しかし，これらの方法では，データ保存やデータ処理という点で限界がある．電子技術の進展により，2次元情報の電子データへの変換には撮像装置が使用されている．たとえば，光電検出器，CCD や CMOS などのイメージセンサがある．CCD は消費電力が大きいので，近年では，画素数が多い場合には CMOS が多用される傾向にある．撮像素子は，使用波長帯に適したものを選ぶ必要がある.

干渉縞をビジコンカメラや CCD で観測すると，光源は可視光以外でも使える．たとえば，CO_2 レーザ（波長 $10.6\,\mu m$）を用いると，大きい変形が測定可能となる．また，イメージセンサやコンピュータを併用すると，ディジタル化された空間情報に様々な処理を施すことが容易となる.

13.4.3 画像記録媒体の解像度

ホログラムのように細かい画像情報があったとしても，それを正確に記録できなければ，情報が欠損してしまう．したがって，画像記録媒体の解像度が重要となる．画像情報の記録に，現在は CCD や CMOS などの固体撮像素子が使用されるが，以前は銀塩写真フィルムが主流であった．本項では，これらの画像記録媒体および人間の眼について画素や解像度を検討する.

ディジタル画像を微小区画に分割する場合，その最小単位は画素（pixel）であり，画像の解像度は ppi（pixels per inch：1 インチ = 25.4 mm）で評価される.

ASA（ISO）100 の写真フィルムの感光粒子径は $6\sim8\,\mu m$ 程度といわれている．$7\,\mu m$ の粒子径を1画素とみなして解像度に換算すると，ppi が $25.4/(7\times 10^{-3}) = 3.63\times 10^3$ となり，これは $3.63\times 10^3/25.4 = 143$ 画素/mm に相当する．これを 35 mm フィルムの画面サイズ 36 mm × 24 mm での画素数で計算すると，$36\times 24\times (143)^2 = 1.77\times 10^7 = 1770$ 万画素となる.

最近のディジタルカメラの撮像素子では 1000 万画素以上のものが使用されており，これは銀塩写真フィルムの解像度とほぼ同等と考えられる.

ちなみに，人間の眼の解像度は，視力 1.0 が 348 ppi に対応し，上記写真フィルムの解像度の約 1/10 である．眼の分解能は明視距離（250 mm）でほぼ 0.1 mm であり（演習問題 13.2 参照），これより細かい情報，たとえば CD のトラック間隔 1.6 μm はまったく視認できない．

演習問題

13.1 空気中にある直角プリズム（屈折率 n）を図 13.2(b) のように，光路を 180° 変えるのに使用する．このとき，プリズムの斜辺に入射する光が垂直入射から角度 $\Delta\theta$ ずれるとき，出射光がプリズムの法線となす角度 $\Delta\theta'$ を求めよ．

13.2 人間の眼の解像度は，視角 60 秒を分解できる能力を視力 1.0 と定義している．視力 1.0 の人が明視距離（250 mm）で見る場合の解像度を求めよ．

付 録

A.1　2光束ホログラフィにおける再生像（散乱光）の結像位置の計算

散乱光の位相の式 (6.12c) を x と y について整理すると，次式を得る．

$$\phi_{\{{3 \atop 4}\}} = i\pi(x^2+y^2)\left(\pm\frac{1}{\lambda_1\zeta_\mathrm{w}} \mp \frac{1}{\lambda_1\zeta_1} - \frac{1}{\lambda_2\zeta_\mathrm{r}}\right)$$

$$+ i2\pi x\left[\mp\frac{\xi_\mathrm{w}}{\lambda_1\zeta_\mathrm{w}} \pm \frac{1}{\lambda_1\zeta_1}(\xi_1+\zeta_1\sin\theta) + \frac{\xi_\mathrm{r}}{\lambda_2\zeta_\mathrm{r}}\right]$$

$$+ i2\pi y\left(\mp\frac{\eta_\mathrm{w}}{\lambda_1\zeta_\mathrm{w}} \pm \frac{\eta_1}{\lambda_1\zeta_1} + \frac{\eta_\mathrm{r}}{\lambda_2\zeta_\mathrm{r}}\right)$$

$$+ i\pi\left[\pm\frac{1}{\lambda_1\zeta_\mathrm{w}}(\xi_\mathrm{w}^2+\eta_\mathrm{w}^2) \mp \frac{1}{\lambda_1\zeta_1}(\xi_1^2+\eta_1^2) - \frac{\eta_2^2}{\lambda_2\zeta_\mathrm{r}}(\xi_\mathrm{r}^2+\eta_\mathrm{r}^2)\right] \quad (\mathrm{A.1.1})$$

光軸に垂直な方向の座標が軸方向座標 ζ_w, ζ_r, ζ_1, ζ_2 に比べて小さいとき，x と y を含まない項は高次の微小量となって無視できる．

ホログラムからの散乱光 U_sc についても，位相項を x と y について整理する．式 (6.10) より

$$U_\mathrm{sc} = A_\mathrm{sc}\exp\phi_\mathrm{sc} \quad (\mathrm{A.1.2a})$$

$$\phi_\mathrm{sc} = -i\pi(x^2+y^2)\frac{1}{\lambda_2\zeta_2} + i2\pi x\frac{\xi_2}{\lambda_2\zeta_2} + i2\pi y\frac{\eta_2}{\lambda_2\zeta_2} - i\pi\frac{1}{\lambda_2\zeta_2}(\xi_2^2+\eta_2^2) \quad (\mathrm{A.1.2b})$$

が得られる．

式 (A.1.1) と式 (A.1.2b) がホログラム面での座標 (x,y) によらず一致するには，x,y の対応する係数がそれぞれ等しくなればよく，次式を得る．

$$-\frac{1}{\lambda_2\zeta_2} = \pm\frac{1}{\lambda_1\zeta_\mathrm{w}} \mp \frac{1}{\lambda_1\zeta_1} - \frac{1}{\lambda_2\zeta_\mathrm{r}} \quad (\mathrm{A.1.3a})$$

$$\frac{\xi_2}{\lambda_2\zeta_2} = \mp\frac{\xi_\mathrm{w}}{\lambda_1\zeta_\mathrm{w}} \pm \frac{1}{\lambda_1\zeta_1}(\xi_1+\zeta_1\sin\theta) + \frac{\xi_\mathrm{r}}{\lambda_2\zeta_\mathrm{r}} \quad (\mathrm{A.1.3b})$$

$$\frac{\eta_2}{\lambda_2\zeta_2} = \mp\frac{\eta_\mathrm{w}}{\lambda_1\zeta_\mathrm{w}} \pm \frac{\eta_1}{\lambda_1\zeta_1} + \frac{\eta_\mathrm{r}}{\lambda_2\zeta_\mathrm{r}} \quad (\mathrm{A.1.3c})$$

再生像（散乱光）が結像する位置は，軸方向の ζ_2 が式 (A.1.3a) より本文の式 (6.13) で，横方向の位置 ξ_2 と η_2 が式 (A.1.3b)，(A.1.3c) より本文の式 (6.14)，(6.15) で得られる．

A.2 偏光に対する干渉縞の検出と可視度

直交する2偏光をマイケルソン干渉計に入射させ，ビームスプリッタ（BS）で合波後，観測面の直前に検光子を水平方向と角度 θ をなす方向の振動成分だけを取り出すように設定し，観測面で干渉縞を検出する場合を考える．（図 6.7 参照）

光源から出た光波に操作を加え，水平（x）方向と垂直（y）方向に振動する二つの直線偏光を作る．このとき，2 直線偏光の x, y 成分を

$$u_{jx} = A_{jx}\exp[i(\omega t + \phi_{jx})], \quad u_{jy} = A_{jy}\exp[i(\omega t + \phi_{jy})] \quad (j=1,2) \tag{A.2.1}$$

とおく．ただし，A_{jx} と A_{jy} は振幅で実数，ω は角周波数，ϕ_{jx} と ϕ_{jy} は位相であり，$A_{1y} = A_{2x} = 0$ とする．これらの2偏光がマイケルソン干渉計に入射し，BS で合波されて，水平方向と角度 θ をなす検光子を通過した後の光強度分布 I_θ は，次式で表せる．

$$\begin{aligned}I_\theta &= |u_{1x}\cos\theta + u_{2y}\sin\theta|^2 \\ &= A_{1x}^2\cos^2\theta + A_{2y}^2\sin^2\theta + A_{1x}A_{2y}\cos(\phi_{1x}-\phi_{2y})\sin 2\theta\end{aligned} \tag{A.2.2}$$

2偏光が等振幅のとき，振幅を $A_{1x} = A_{2y} = A$ とおくと，I_θ は

$$I_\theta = A^2[1 + \cos(\phi_{1x}-\phi_{2y})\sin 2\theta] \tag{A.2.3}$$

と書ける．式 (A.2.3) は，$\theta = 0$ または $\pi/2$ のとき $I_\theta = A^2$ となる．つまり一方の直線偏光のみでは干渉縞が生じないことを意味している．

式 (A.2.3) の可視度を考える．$\cos(\phi_{1x}-\phi_{2y})$ の正負に応じて，式 (A.2.3) で $\theta = \pi/4$ または $-\pi/4$ のとき，$I_{\max} = A^2[1 \pm \cos(\phi_{1x}-\phi_{2y})]$，$I_{\min} = A^2[1 \mp \cos(\phi_{1x}-\phi_{2y})]$ と書ける．このとき，式 (2.21) を用いて，可視度が

$$V = |\cos(\phi_{1x}-\phi_{2y})| \tag{A.2.4}$$

で表せる．$\phi_{1x} - \phi_{2y} = m\pi$（$m$：整数）のとき可視度が $V=1$，$\phi_{1x} - \phi_{2y} = m\pi + \pi/2$ のとき可視度が $V=0$ となる．

A.3 光コムに対応する光電界の表式 (6.33a) の導出

式 (6.32) を計算すると，

$$E(t) = \exp(i2\pi f_{\text{ceo}}t)\frac{\exp(i\pi wt)-\exp(-i\pi wt)}{i2\pi t}\sum_{m=0}^{N-1}\exp(i2\pi m f_{\text{rep}}t) \tag{A.3.1}$$

を得る．m についての加算部分は等比数列であり，

$$\sum_{m=0}^{N-1}\exp(i2\pi m f_{\text{rep}}t) = \frac{1-\exp(i2\pi N f_{\text{rep}}t)}{1-\exp(i2\pi f_{\text{rep}}t)}$$

$$= \frac{\exp(i\pi N f_{\text{rep}}t)[\exp(-i\pi N f_{\text{rep}}t) - \exp(i\pi N f_{\text{rep}}t)]}{\exp(i\pi f_{\text{rep}}t)[\exp(-i\pi f_{\text{rep}}t) - \exp(i\pi f_{\text{rep}}t)]}$$

$$= \frac{\sin(\pi N f_{\text{rep}}t)}{\sin(\pi f_{\text{rep}}t)} \exp[i\pi(N-1)f_{\text{rep}}t] \tag{A.3.2}$$

となる．式 (A.3.2) を式 (A.3.1) に代入し整理して，式 (6.33a) が導かれる．

A.4　振動計測における式 (9.15) の導出

式 (9.14) の被積分関数の各項を ν 次ベッセル関数 J_ν で展開すると，

$$\cos[\xi\sin(2\pi f_{\text{v}}t)] = J_0(\xi) + 2J_2(\xi)\cos(2 \cdot 2\pi f_{\text{v}}t) + 2J_4(\xi)\cos(4 \cdot 2\pi f_{\text{v}}t) + \cdots$$

$$\sin[\xi\sin(2\pi f_{\text{v}}t)] = 2J_1(\xi)\sin(2\pi f_{\text{v}}t) + 2J_3(\xi)\sin(3 \cdot 2\pi f_{\text{v}}t) + \cdots$$

と書ける[A-1]．これらを式 (9.14) に代入すると，

$$A(x,y) = A_0(x,y) \lim_{T \to \infty} \left\{ \frac{1}{T}\left[J_0(\xi)T + \frac{2J_2(\xi)}{4\pi f_{\text{v}}}\sin(4\pi f_{\text{v}}T) + \cdots\right] \right.$$
$$\left. + i\frac{1}{T}\left[-\frac{2J_1(\xi)}{2\pi f_{\text{v}}}\cos(2\pi f_{\text{v}}T) - \frac{2J_3(\xi)}{6\pi f_{\text{v}}}\cos(6\pi f_{\text{v}}T) + \cdots\right]\right\} \tag{A.4.1}$$

を得る．式 (A.4.1) で測定時間 T を振動周期より十分長く，すなわち $T \gg 2\pi/f_{\text{v}}$ とすると，$1/f_{\text{v}}T \to 0$ とでき，実質的に $T = \infty$ として扱える．このとき，$J_0(\xi)$ 以外の積分項は 0 に収束し，

$$A(x,y) = A_0(x,y)J_0(\xi) \tag{A.4.2}$$

が導かれる．式 (A.4.2) が本文の式 (9.15) である．

演習問題解答

1章

1.1 1.2 節参照.

2章

2.1 式 (2.4) の該当する部分に $\sigma = 1/0.589\,\mu\text{m}^{-1}$, $t = 30°\text{C}$ を代入する. 変化量 Δn は $\Delta n = -\{0.932 + 0.006[(1/0.589)^2 - 3]\}(30 - 20) \times 10^{-6} = -9.313 \times 10^{-6}$, つまり屈折率が 9.313×10^{-6} だけ減少する.

2.2 光路長は $\varphi = nL$, 位相変化は $\phi = \varphi(2\pi/\lambda_0)$ で求められる.
(1) $\varphi = 1.0 \times 1.0 = 1.00\,\text{m}$, $\phi = 1.00 \cdot (2\pi/515 \times 10^{-9}) = 1.22 \times 10^7\,\text{rad}$
(2) $\varphi = 1.46 \times 0.7 = 1.022\,\text{m}$, $\phi = 1.022 \cdot (2\pi/515 \times 10^{-9}) = 1.25 \times 10^7\,\text{rad}$

2.3 空気中から入射する光線が, 屈折率 n の媒質の上面の点 S で屈折し, 底面の点 P に到達するものとする (**解図1**). 点 P の直上へ引いた線と媒質上面の交点を O, 入射光線の延長線との交点を Q とすると, $d = \text{OP}$, 見かけ上の厚さが $d' = \text{OQ}$ で表せる. 光線の入射角を θ_i, 屈折角を θ_t とおくと,

$$\text{OS} = d'\tan\theta_\text{i} = d\tan\theta_\text{t} \quad \cdots ①$$

が成立する. 一方, スネルの法則より, 次のようになる.

$$1.0 \cdot \sin\theta_\text{i} = n\sin\theta_\text{t} \quad \cdots ②$$

直上から見るので, θ_i と θ_t は微小で, $\theta_\text{i} \fallingdotseq \sin\theta_\text{i} \fallingdotseq \tan\theta_\text{i}$ と近似できる. 式①, ②より

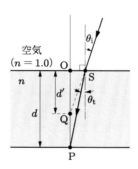

解図 1

$$d' \fallingdotseq \frac{d\theta_\mathrm{t}}{\theta_\mathrm{i}} \fallingdotseq \frac{d}{n} \quad \cdots ③$$

となり，つまり屈折率ぶんだけ薄く見える．$n=1.52$，$d=10\,\mathrm{mm}$ を式③に代入して，見かけ上の厚さは $d'=d/n=10/1.52=6.58\,\mathrm{mm}$ となる．

2.4 垂直入射の場合，薄膜の往復での光路長は $2nd$ である．使用波長を λ_0 とすると，往復伝搬での位相変化は $2nd\cdot(2\pi/\lambda_0)$ である．表面反射に比べ，裏面反射では内部反射に伴う位相変化が π あるから，表面反射光と裏面反射光の位相差は $\phi=2nd\cdot(2\pi/\lambda_0)+\pi$ となる．干渉による反射光強度が極大となるのは，位相差が $\phi=2\pi m$（m：整数）を満たすときである．これらの結果より，極大条件は $\lambda_0=2nd/(m-1/2)$ となる．与えられた数値をこの式に代入すると，$m=2$ のとき $\lambda_0=709\,\mathrm{nm}$，$m=3$ のとき $\lambda_0=426\,\mathrm{nm}$ を得る．

2.5 2.6.1 項より $D^2/\lambda=(2.0)^2/(633\times10^{-6})\,\mathrm{mm}=6.32\,\mathrm{m}$．つまり $6.32\,\mathrm{m}\ll L$ となる．

2.6 式 (2.31) を用いて，焦点距離は $f=Dr_\mathrm{s}/1.22\lambda=[5.0(1.0/2)]/(1.22\cdot0.65)=3.2\,\mathrm{mm}$ となる．

3章

3.1 空気中なので，式 (3.2)，(3.3) で $n_1=n_2=1.0$ とおける．正立像を得るためには，式 (3.3) で $M>0$ とおき，l_1 と l_2 は同符号である．定義により，物体位置は $l_1<0$ だから，像位置が $l_2<0$ となればよい．式 (3.2) より $fl_1/l_2=f+l_1$ を得る．凸レンズでは $f>0$ だから，上式の左辺が正ゆえ $0>l_1>-f$，つまり物体を前側焦点とレンズの間に置けばよい．

3.2 式 (3.2) に $n_1=1.33$，$n_2=1.0$，$l_1=-1.0\,\mathrm{m}$，$l_2=2.0\,\mathrm{m}$ を代入して $f=54.6\,\mathrm{cm}$ となる．

3.3 3.2.1 項参照．

3.4 式 (3.8) より

$$\frac{1}{l_2}=-\frac{l_1+f_2}{l_1 f_2} \quad \cdots ①$$

を得る．$l_1<0$，$f_2<0$ だから，式①より $l_2>0$，つまり虚像を得る．また，式①より

$$-\frac{l_2}{l_1}=\frac{f_2}{l_1+f_2} \quad \cdots ②$$

を得る．式 (3.9) より式②の左辺は横倍率に等しいから，$M=f_2/(f_2+l_1)$ である．これに $l_1<0$，$f_2<0$ を適用して $0<M<1$，つまり物体より小さい正立像を得る．

3.5 凹面鏡の場合，曲率半径 R（<0）であり，その焦点距離は式 (3.7) を用いて $f_2=-R/2$（>0）となる．物点の位置を l_1 とすると，結像式 (3.8) より像点位置として $l_2=(l_1R/2)/(l_1-R/2)$ を得る．球面反射鏡で実像を得るには，像が鏡の外部にできる，つまり $l_2<0$ となればよく，$l_2=(l_1R/2)/(l_1-R/2)<0$ を満たせばよい．物点の位置はつねに $l_1<0$ だから，$l_1<-|R|/2$ を得る．つまり，物点を凹面鏡の焦点より前方に置けばよい．

3.6 式 (3.1) で $R_2 = -R_1$ とおいて $f = R_1 (> 0)$ となる.つまり,レンズ前側曲面の曲率半径が焦点距離に一致する.像点位置は,レンズの結像式 (3.2) で $n_1 = n_2 = 1.0$ とおいて $l_2 = l_1 f/(l_1 + f)$ となる.無限遠物体に対する像点位置は $l_2 = f$ である.この場合の非点隔差は,子午面と球欠面に対する焦点距離の差であるから,球欠面に対する焦点距離は $(f - 0.006) = (10.0 - 0.006) = 9.994\,\mathrm{mm}$ となる.$f = R_1$ を用いて,球欠面に対する曲率半径は $9.994\,\mathrm{mm}$ である.子午面と球欠面に対する曲率半径の違いの相対値は $0.006/10.0 = 6 \times 10^{-4}$ となる.

3.7 いまの場合,物体は 2.6.3 項での開口面に相当するから,これの複素振幅透過率は $u_\mathrm{L} = \exp[i(\pi/\lambda f)(\xi^2 + \eta^2)]$ で書ける.像面の座標を (x, y, z) として,z 軸の原点を物体面にとる.上記 u_L を式 (2.28) に代入すると,物体からの回折光の複素振幅は

$$u(\mathrm{Q}) = \iint \exp\left\{i\frac{\pi}{\lambda f}(\xi^2 + \eta^2) - i\frac{\pi}{\lambda z}[(\xi - x)^2 + (\eta - y)^2]\right\} d\xi d\eta$$

で表せる.これは,$z = f$ のとき

$$u(\mathrm{Q}) = \exp\left[-i\frac{\pi}{\lambda f}(x^2 + y^2)\right] \iint \exp\left[i\frac{2\pi}{\lambda f}(\xi x + \eta y)\right] d\xi d\eta$$

と書ける.レンズが十分に大きいとすると,第 2 項は近似的にデルタ関数 $\delta(x)\delta(y)$ となる.これは,レンズへの入射平面波がレンズ透過後,レンズの後側焦点 $(z = f)$ で光軸上 $(x = 0, y = 0)$ に集束することを示している.

4 章

4.1 もとの格子のピッチを $p_2 = 1.000\,\mathrm{mm}$ とおく.モアレ縞のピッチ p_M をもとの格子の 250 倍にするためには,式 (4.10) より $1/\alpha = 250$ とすればよい.この値を式 (4.9) に代入すると,もう一つの正弦波格子のピッチは $p_1 = p_2/(1 - \alpha) = 1.004\,\mathrm{mm}$ となる.$p_1 = 1.000\,\mathrm{mm}$ とするとき,同様にして式 (4.9), (4.10) より $\alpha = 1/251$, $p_2 = 0.996\,\mathrm{mm}$ となる.

4.2 (1) 式 (4.11) 第 2 式より,倍率の厳密値は $p_\mathrm{M}/p = 1/[2\sin(\theta/2)]$ で得られる.これが 1000 になる傾き角は $2\sin(\theta/2) = 1/1000$ より $\theta = 0.0573° = 3.44'$ である.一方,近似式 (4.12) より $p_\mathrm{M}/p \fallingdotseq 1/\theta$ となる.これが 1000 になる傾き角は $\theta \fallingdotseq 1/1000\,\mathrm{rad} = (1/1000)(180/\pi) = 0.0573°$ となり,厳密値とほぼ同じである.
(2) 近似式 (4.12) 第 2 式に $p = 50\,\mathrm{\mu m}$, $p_\mathrm{M} = 54\,\mathrm{mm}$ を代入して,交差角は $\theta \fallingdotseq p/p_\mathrm{M} = 9.26 \times 10^{-4}\,\mathrm{rad} = 0.053° = 3.2'$ となる.

4.3 (1) 式 (2.13) を用いて $\theta_\mathrm{c} = \sin^{-1}(1.0/1.517) = 41.2°$ となる.
(2) 式 (3.2) に $n_1 = n_2 = 1.0$, $l_1 = -(1 + a)f$ を代入して

$$\frac{1}{l_2} = \frac{1}{f} + \frac{1}{l_1} = \frac{1}{f}\left(1 - \frac{1}{1+a}\right) = \frac{a}{f(1+a)}, \quad l_2 = \frac{f(1+a)}{a}$$

を得る．像点は対物レンズの後方 $f(1+a)/a$，つまり後側焦点より後方にできる．横倍率は式 (3.3) を用いて，$M = l_2/l_1 = -[f(1+a)/a]/[(1+a)f] = -1/a$ となる．

(3) 横倍率と角倍率が逆数関係にあるとしているから，像側での光線が光軸となす角度，つまりプリズムへの入射角を θ_1 とすると，$\theta_1 = 30/M = -a \cdot 30 \,[°]$ で得られる．プリズム内での屈折角を θ_t として，スネルの法則，式 (2.11) を用いて，$1.0\sin\theta_1 = 1.517\sin\theta_t$ より，$\theta_t = \sin^{-1}(\sin\theta_1/1.517)$ を得る．角度が微小と近似すると，$\theta_t \simeq \sin^{-1}(\theta_1/1.517) \simeq \theta_1/1.517 = -a \cdot 30/1.517 = -19.8a \,[°]$ となる．

光軸より上側の光線で，プリズムの斜辺における空気側への入射角を θ_{up} とすると，$90-\theta_{up} = 180-(90+\theta_t+45)$ より，$\theta_{up} = 90-[180-(90+\theta_t+45)] = 45+\theta_t = 45-19.8a \,[°]$ となる．

光軸より下側の同様の光線の入射角を θ_{lo} とすると，$90 - \theta_{up} = 180 - (90 - \theta_t + 45)$ より，$\theta_{lo} = 90 - [180 - (90 - \theta_t + 45)] = 45 - \theta_t = 45 + 19.8a \,[°]$ となる．つまり，光軸より下側の光線はつねにプリズムの斜辺から屈折して出ていく．

(4) 光軸より上側の光線がプリズムの斜辺で全反射するには，設問 (1) の結果を利用して，$\theta_{up} > \theta_c$ を満たせばよい．$45 - 19.8a > 41.2$ より $0 < a < 0.192$ となる．

4.4 横方向ずれ量を x，角度ずれを θ とおくと，$x = 2f\theta$ と書けるから，$\theta = x/2f = 1.2/(2 \cdot 500) = 0.0012\,\mathrm{rad} = 0.069° = 4.1'$ となる．

4.5 4.10.1 項参照．

5 章

5.1 (1) 光強度透過率が T であるとき，光強度反射率は $(1-T)$ で与えられる．光源を単位光強度とすると，一方の光路で最初透過し，反射鏡で反射後に反射するアームの観測位置での光強度は $I_1 = T(1-T)$ となり，他方のアームの観測位置での光強度は $I_2 = (1-T)T$ となる．これらを式 (5.4a) に代入すると，観測位置での光強度分布は $I = 2T(1-T)\{1 + \cos[2\pi(\varphi_1 - \varphi_2)/\lambda_0]\}$ で得られる．

(2) 光強度は，$f = T(1-T) = -(T-1/2)^2 + 1/4$ より，光強度透過率が $T = 1/2$ のとき最大となる．

(3) 干渉計における光波の分岐では，半透鏡を用いるのがよい．

5.2 (1) 式 (5.2) に $\Delta\nu$ を代入して，可干渉距離は $l_{\mathrm{coh}} = (3.0 \times 10^8)/(4\pi \cdot 10^7) = 2.39\,\mathrm{m}$ となる．

(2) 式 (5.4a) で $|\varphi_1 - \varphi_2| = 2(55.0 - 50.0)\,\mathrm{cm} = 0.10\,\mathrm{m}$ となる．これらの値を式 (5.8) に代入して，可視度が $V = \exp(-0.10/2.39) = 0.96$ と得られる．

5.3 反射鏡 M_1 側の光路の長さを L_1，反射鏡 M_2 の移動距離を ΔL とおくと，M_2 側の光路の長さが $L_2 = L_1 \pm 2\Delta L$ と書ける．ところで，式 (5.11) より干渉縞での位相項が空気中では $2\pi(\varphi_1 - \varphi_2)/\lambda_0 = 2\pi \cdot 1.0(L_1 - L_2)/\lambda_0 = 2\pi m$ (m：整数) ごとに縞が現れる．これより，$m = (L_1 - L_2)/\lambda_0 = \mp 2\Delta L/\lambda_0$ となる．各値をこれに代入して，反射鏡 M_2 の移動

距離は $|\Delta L| = m\lambda_0/2 = 25 \cdot 633/2 = 7.91 \times 10^3$ nm $= 7.91$ μm となる．

6章

6.1 (1) 式 (6.8) に $-\zeta_1 = L_\mathrm{T}$，$\zeta_\mathrm{w} = -\infty$，$\theta = 0$ を代入すると，FZP の局所的な周波数が $\Omega = 2\pi x/\lambda_0 L_\mathrm{T}$ で得られる．FZP の局所的な間隔は $\Lambda = 2\pi/\Omega = \lambda_0 L_\mathrm{T}/x$ で表せる．
(2) 設問 (1) より得られる $x = \lambda_0 L_\mathrm{T}/\Lambda$ に与えられた値を代入すると，$x = (633 \times 10^{-9} \cdot 0.05)/(7 \times 10^{-6}) = 4.5 \times 10^{-3}$ m $= 4.5$ mm となる．
(3) FZP の局所的な間隔は光軸から遠くなるほど狭くなるから，光軸から距離 4.5 mm より外側の FZP は，解像度不足で正確には記録されない．

6.2 例題 6.1 の解の途中経過より，電気的な位相変化は $\phi = 4\pi n_2 \Delta L_2/\lambda_0$ で表されるから，反射鏡の移動量は $\Delta L_2 = \phi\lambda_0/4\pi n_2$ で表せる．これに与えられた条件を代入して，$\Delta L_2 = (0.1 \cdot 633 \times 10^{-9})/(4\pi \cdot 1.0) = 5.04 \times 10^{-9}$ m $= 5.04$ nm となる．

6.3 光ヘテロダイン干渉法（6.4.1 項参照）では空間的位相を電気的位相に変換して測定しているのに対して，2 光束干渉法（5.3.1 項参照）では空間的位相を直接測定している．測定可能な位相変化を測定波長 λ_0 に対応させると，2 光束干渉法では $\lambda_0/10$ 程度，光ヘテロダイン干渉法では $\lambda_0/1000$ 程度である．

6.4 式 (6.28) で

$$\boldsymbol{k}_\mathrm{sc} \cdot \boldsymbol{v} = n\frac{2\pi}{\lambda_0}|\boldsymbol{v}|\cos(\theta_\mathrm{sc} - \theta_\mathrm{in}) = n\frac{2\pi}{\lambda_0}|\boldsymbol{v}|(\cos\theta_\mathrm{sc}\cos\theta_\mathrm{in} + \sin\theta_\mathrm{sc}\sin\theta_\mathrm{in}),$$

$$\boldsymbol{k}_\mathrm{in} \cdot \boldsymbol{v} = n\frac{2\pi}{\lambda_0}|\boldsymbol{v}|\cos\theta_\mathrm{in}$$

と変形する．これらを式 (6.28) に代入し，三角関数に関する部分で倍角・半角の公式を用いて，

$$\cos\theta_\mathrm{sc}\cos\theta_\mathrm{in} - \cos\theta_\mathrm{in} + \sin\theta_\mathrm{sc}\sin\theta_\mathrm{in}$$
$$= -2\sin^2\frac{\theta_\mathrm{sc}}{2}\cos\theta_\mathrm{in} + 2\sin\frac{\theta_\mathrm{sc}}{2}\cos\frac{\theta_\mathrm{sc}}{2}\sin\theta_\mathrm{in}$$
$$= 2\sin\frac{\theta_\mathrm{sc}}{2}\left(-\cos\theta_\mathrm{in}\sin\frac{\theta_\mathrm{sc}}{2} + \sin\theta_\mathrm{in}\cos\frac{\theta_\mathrm{sc}}{2}\right) = 2\sin\frac{\theta_\mathrm{sc}}{2}\sin\left(\theta_\mathrm{in} - \frac{\theta_\mathrm{sc}}{2}\right)$$

より，式 (6.29) が得られる．$\theta_\mathrm{sc} = \pi$ のとき $\sin(\theta_\mathrm{sc}/2) = 1$ となる．このとき，$\sin(\theta_\mathrm{in} - \theta_\mathrm{sc}/2) = \sin(\theta_\mathrm{in} - \pi/2) = -\cos\theta_\mathrm{in}$ であり，$|f_\mathrm{D}|$ が最大となる角度は $\theta_\mathrm{in} = 0$ または π，つまり，移動物体が入射光と同一直線上に移動している場合である．

6.5 式 (6.29) より $\lambda_0 = (2n/f_\mathrm{D})|\boldsymbol{v}|\sin(\theta_\mathrm{sc}/2)\sin(\theta_\mathrm{in} - \theta_\mathrm{sc}/2)$ を得る．$\theta_\mathrm{in} = \theta_\mathrm{sc} = \pi$ を代入すると，$\sin(\theta_\mathrm{sc}/2)\sin(\theta_\mathrm{in} - \theta_\mathrm{sc}/2) = 1$，$f_\mathrm{D} = 10 \times 10^6$ Hz，$n = 1.0$ となる．$v = 10$ km/s に対しては $\lambda_0 = (2/10^7) \cdot 10 \times 10^3 = 2.0 \times 10^{-3}$ m $= 2.0$ mm となる．$v = 150$ km/s に対しては $\lambda_0 = (2/10^7) \cdot 150 \times 10^3 = 3.0 \times 10^{-2}$ m $= 3.0$ cm となる．したがって，波長は 2.0 mm $\leqq \lambda_0 \leqq 3.0$ cm，つまりミリ波からマイクロ波を利用する必要が

7章

7.1 式 (7.2) の両辺を微分して，$\Delta L = (c/2n)\Delta\tau$ が得られる．$\Delta\tau$ をパルス幅と考えても差し支えない．よって，(1) $\Delta L = (3.0 \times 10^8/2 \cdot 1.0)1.0 \times 10^{-9} = 0.15\,\mathrm{m} = 15\,\mathrm{cm}$，(2) $\Delta L = 1.5 \times 10^{-3}\,\mathrm{m} = 1.5\,\mathrm{mm}$ となる．

7.2 (1) 水中を片道伝搬する時間は $(t_2 - t_1)/2$，水中での光速は c/n_w である．よって，水深はこれらの積 $d = c(t_2 - t_1)/2n_\mathrm{w}$ で表せる．光速は飛行機の速度に比べるとはるかに速いので，二つの反射パルス間で飛行機の高度がほぼ一定とみなせる．したがって，測定時の高度が変化しても水深が計測できる．
(2) 設問 (1) における水深 d の結果に $t_2 - t_1 = 1.0 \times 10^{-6}\,\mathrm{s}$，$c = 3.0 \times 10^8\,\mathrm{m/s}$，$n_\mathrm{w} = 1.33$ を代入して，$d = (3.0 \times 10^8 \cdot 1 \times 10^{-6})/(2 \cdot 1.33) = 113\,\mathrm{m}$ を得る．

7.3 (1) 式 (7.5) より，$q = 2nf_1L/c - \phi_1/2\pi = 2nf_2L/c - \phi_2/2\pi$ となる．これを解いて，$L = (c/4\pi n)(\phi_2 - \phi_1)/(f_2 - f_1)$ を得る．
(2) 各値をいまの結果に代入して，次のようになる．

$$L = \frac{[3.0 \times 10^8/(4\pi \cdot 1.0)](1.40 - 0.35)}{500.1 \times 10^6 - 500.0 \times 10^6} = 251\,\mathrm{m}$$

7.4 $L_0 = 100\,\mathrm{m}$ の場合，例題 7.3 と同様にして，式 (7.6) における値が，$f_1 = 1.0\,\mathrm{GHz}$ に対して $q_{01} = 666$，$\varepsilon_{01} = 0.667$ で，$f_2 = 1.1\,\mathrm{GHz}$ に対して $q_{02} = 733$，$\varepsilon_{02} = 0.333$ で得られる．また，位相測定値 ϕ_1, ϕ_2 に対して，$\varepsilon_1 = \phi_1/2\pi = 0.933$，$\varepsilon_2 = \phi_2/2\pi = 0.827$ より，$\varepsilon_1 - \varepsilon_{01} = 0.266$，$\varepsilon_2 - \varepsilon_{02} = 0.494$ を得る．式 (7.7) における ΔL_j のうち，第 2 項は $\lambda_1(\varepsilon_1 - \varepsilon_{01})/2n = 0.044\,\mathrm{m}$，$\lambda_2(\varepsilon_2 - \varepsilon_{02})/2n = 0.067\,\mathrm{m}$ となる．表 7.2 と同様な表を書くと，$q_1 - q_{01} = 2$ のとき $\Delta L_1 = 0.344\,\mathrm{m}$，$q_2 - q_{02} = 2$ のとき $\Delta L_2 = 0.340\,\mathrm{m}$ で両 ΔL_j がほぼ一致する．よって，式 (7.7) を用いて厳密値 $L = L_0 + \Delta L_j = 100.34\,\mathrm{m}$ を得る．

7.5 式 (7.6) で $n = 1.0$ とする．概略値 $L_0 = 200\,\mathrm{\mu m}$ に対して，$\lambda_1 = 488.0\,\mathrm{nm}$ のとき $q_{01} = 819$，$\varepsilon_{01} = 0.672$ を，$\lambda_2 = 514.5\,\mathrm{nm}$ のとき $q_{02} = 777$，$\varepsilon_{02} = 0.454$ を得る．これらより，$\lambda_1(\varepsilon_1 - \varepsilon_{01})/2 = -0.16\,\mathrm{\mu m}$，$\lambda_2(\varepsilon_2 - \varepsilon_{02})/2 = 0.06\,\mathrm{\mu m}$ となる．これらの値より**解表 1** を書くと，$q_1 - q_{01} = 3$，$q_2 - q_{02} = 2$ のとき，$\Delta L = 0.57\,\mathrm{\mu m}$ で一致する．よって，式

解表 1 多波長法における ΔL_j の計算

	$q_j - q_{0j}\ (j = 1, 2)$	0	1	2	3	4	5
	$\lambda_1(q_1 - q_{01})/2\ [\mathrm{\mu m}]$	0	0.244	0.488	0.732	0.976	1.220
488 nm	$\lambda_1(\varepsilon_1 - \varepsilon_{01})/2\ [\mathrm{\mu m}]$	−0.16	−0.16	−0.16	−0.16	−0.16	−0.16
	$\Delta L_1\ [\mathrm{\mu m}]$	−0.16	−0.08	0.33	0.57	0.82	1.06
	$\lambda_2(q_2 - q_{02})/2\ [\mathrm{\mu m}]$	0	0.257	0.514	0.772	1.029	1.286
514.5 nm	$\lambda_2(\varepsilon_2 - \varepsilon_{02})/2\ [\mathrm{\mu m}]$	0.06	0.06	0.06	0.06	0.06	0.06
	$\Delta L_2\ [\mathrm{\mu m}]$	0.06	0.32	0.57	0.83	1.09	1.35

(7.7) を用いて厳密値 $L = L_0 + \Delta L = 200.57\,\mu\text{m}$ を得る.

7.6 干渉縞計数法での式 (7.11) で $n_2 = 1.0$ とおくと,反射鏡の移動距離は $\Delta L = N\lambda_0/2n_2 = 103 \cdot 633/2 = 3.26 \times 10^4\,\text{nm} = 32.6\,\mu\text{m}$ で得られる.

7.7 $\phi = 2\pi f_\text{D}\Delta t$ に $\Delta t = \Delta L_2/v$ と式 (6.30) の $f_\text{D} = 2v/\lambda$ を代入して $\phi = 4\pi\Delta L_2/\lambda$ となる.これに $c/n = f_2\lambda$ から得られる λ をさらに代入して整理すると,$\phi = 4\pi f_2 n_2 \Delta L_2/c$ を得る.

7.8 近似式 (4.12) より,モアレ縞のピッチは $p_\text{M} \simeq p/\theta = 4.0/[(2/60) \cdot (\pi/180)] = 6.88 \times 10^3\,\mu\text{m} = 6.88\,\text{mm}$ となる.物体の長さは $4.0 \cdot 54 = 216\,\mu\text{m}$ となる.

8章

8.1 4.5 節,4.6 節参照.

8.2 求める直線群を $y = ax + b$ $(a, b:$ 定数$)$ とおく.
(1) 直線群が $(x, y) = (0, -L)$ と $(x, y) = (m_2 p, 0)$ を通る条件より,$a = L/m_2 p$, $b = -L$ を得る.よって,直線群の式は次式となる.

$$y = L\left(\frac{1}{m_2 p}x - 1\right) \quad \cdots \text{①}$$

(2) 直線群が $(x, y) = (S, -L)$ と $(x, y) = (m_1 p, 0)$ を通る条件より,$a = L/(m_1 p - S)$, $b = -am_1 p = -m_1 pL/(m_1 p - S)$ を得る.これより,直線群の式は次式となる.

$$y = \frac{L}{m_1 p - S}(x - m_1 p) \quad \cdots \text{②}$$

(3) 式①,②を x について整理して

$$x = m_2 p\left(\frac{y}{L} + 1\right) \quad \cdots \text{①}'$$

$$x = \frac{y(m_1 p - S)}{L} + m_1 p \quad \cdots \text{②}'$$

を得る.式①,②の交点の y 座標は,式 ①′ と ②′ を等値して解くことにより,$y = (m_1 - m_2)pL/[S - (m_1 - m_2)p]$ である.ここで,$m = m_1 - m_2$ とおくと,$y = mpL/(S - mp)$ となり,これは式 (8.8) に一致する.

8.3 (1) 投影格子を通過する直線群を $y = a_1 x$ とおく.これが格子点 $(x, y) = (-m_1 p + c_1, -L)$ を通る条件より $a_1 = L/(m_1 p - c_1)$ を得る.よって,直線群の式は $y = [L/(m_1 p - c_1)]x$ で書ける.
(2) 観測格子を通過する直線群を $y = a_2(x - S)$ とおく.これが格子点 $(x, y) = (S - m_2 p + c_2, -L)$ を通る条件より $a_2 = L/(m_2 p - c_2)$ を得る.よって,直線群の式は $y = [L/(m_2 p - c_2)](x - S)$ で書ける.
(3) 設問 (1), (2) の直線群の式より得られる x を等値して解くと,$y = LS/[(m_1 - m_2)p -$

8.4 式 (8.15) に $\lambda_1 = 514.5$ nm, $\lambda_2 = 488$ nm を代入すると，等高線の間隔が $\Lambda = (514.5 \cdot 488)/(2 \cdot |488 - 514.5|) = 4737.3$ nm $= 4.74$ μm となり，間隔が個々の光源波長より長くなっている．

8.5 式 (8.18) に $n_1 = 1.33$, $n_2 = 1.66$, $\lambda_0 = 633$ nm を代入すると，等高線の間隔は $\Lambda = 633/[2(1.66 - 1.33)] = 959$ nm となる．

8.6 (1) 式 (8.18) と式 (8.15) を等値して $|\lambda_2 - \lambda_0| = \Delta n \lambda_2$ を得る．これより得られる $\pm(\lambda_2 - \lambda_0) = \Delta n \lambda_2$ を解いて，$\lambda_2 = \lambda_0/(1 \mp \Delta n)$ を得る．
(2) 設問 (1) の結果に $\Delta n = 0.5$, $\lambda_0 = 633$ nm を代入すると，(1) の結果における複号の上側に対して $\lambda_2 = 1266$ nm は不可，下側に対して $\lambda_2 = 422$ nm を得て，これは適する．

8.7 8.5.3 項，4.2 節，5.2・5.3 節参照．

9 章

9.1 (1) 等高線の間隔 Λ は，変位ベクトルを $\boldsymbol{\Delta d}$ として，式 (9.3) における位相差 $\Delta \phi$ が 2π 変化する場合に相当する．よって，$(2\pi/\lambda_0)|\boldsymbol{s}_{\mathrm{sc}} - \boldsymbol{s}_{\mathrm{in}}||\boldsymbol{\Delta d}| = 2\pi$ に $|\boldsymbol{s}_{\mathrm{sc}} - \boldsymbol{s}_{\mathrm{in}}| = 2\sin(\theta/2)$, $|\boldsymbol{\Delta d}| = \Lambda$ を代入して $\Lambda = \lambda_0/2\sin(\theta/2)$ となる．
(2) 設問 (1) の結果に $\lambda_0 = 514.5$ nm, $\theta = \pi/2$ を代入して，$\Lambda = 514.5/[2\sin(\pi/4)] = 363.8$ nm を得る．この値は二波長法の結果より小さい値である（演習問題 8.3 参照）．

9.2 9.3.2 項参照．

9.3 式 (9.9) 第 2 項での位相項は $2k\Delta x \sin\theta = (4\pi/\lambda)\Delta x \sin\theta$ と書ける．像面での等高線間隔は $(4\pi/\lambda)\Delta x \sin\theta = 2\pi$ より $\Delta x = \lambda/2\sin\theta$ を得る．結像系の倍率 M を用いて，物面での等高線間隔を $\Delta \xi = \Delta x/M = \lambda/2M\sin\theta$ で得る．

9.4 9.7.2 項 (a) と 9.7.3 項参照．

9.5 コントラストは式 (2.21) で計算できる．式 (9.19) を用いた場合，光強度の最大値は $I_{\max} = 1$, 最小値は $I_{\min} = 0$ となるから，これらよりコントラストは $V = 1$ となる．

9.6 式 (9.23) を用いて，振動振幅は $a_{\mathrm{v}} = f_{\mathrm{D}} \lambda/4\pi f_{\mathrm{v}} = (1.0 \times 10^3 \cdot 633 \times 10^{-9})/(4\pi \cdot 10^3) = 5.04 \times 10^{-8}$ m $= 50.4$ nm となる．

10 章

10.1 マイクロ波の波長は $\lambda_0 = c/\nu = 3.0 \times 10^8/10.5 \times 10^9 = 2.86 \times 10^{-2}$ m である．$\theta_{\mathrm{in}} = 175°$, $\theta_{\mathrm{sc}} = 175°$, $f_{\mathrm{D}} = 10.5 \times 10^6$ Hz を，式 (6.29) より得られる $|\boldsymbol{v}|$ に代入して，

$$|\boldsymbol{v}| = \frac{10.5 \times 10^6 \cdot 2.86 \times 10^{-2}/2}{\sin(175°/2)\sin(175° - 175°/2)} = 1.50 \times 10^5 \text{ m/s}$$

となる．つまり球速は 150 km/s である．

10.2 式 (6.29) より，前問と同じ結果を利用して，速さは次のようになる．

$$|v| = \frac{(10^6 \cdot 633 \times 10^{-9})/(2 \cdot 1.33)}{\sin 15° \sin 60°} = 1.06\,\text{m/s}$$

10.3 微粒子の移動方向と干渉縞がなす角度を ϕ で表す．微粒子が単位時間に干渉縞に沿った方向で移動する距離は $v\cos\phi$ だから，単位時間に微粒子が通過する干渉縞の数，つまり周波数が $v\cos\phi/\Lambda$ となる．この周波数は，式 (10.5) を代入して $v\cos\phi/\Lambda = v\cos\phi/(\lambda/2\sin\theta) = 2v\sin\theta\cos\phi/\lambda$ で表せる．この値はビート周波数 Δf を表す式 (10.4) に一致している．

10.4 まず，角速度 $\Omega = 0.01°/\text{h}$ を rad/s 単位に変換すると，$\Omega = 0.01 \cdot (\pi/180)/(60\cdot60) = 4.85 \times 10^{-8}\,\text{rad/s}$ となる．式 (10.14) より，光ファイバ全長は $L = c\lambda\Delta\phi/4\pi R\Omega = (3.0 \times 10^8 \cdot 1.55 \times 10^{-6} \cdot 10^{-6})/(4\pi \cdot 3.0 \times 10^{-2} \cdot 4.85 \times 10^{-8}) = 2.54 \times 10^4\,\text{m} = 25.4\,\text{km}$ となる．巻数は $N = L/2\pi R = (2.54 \times 10^4)/(2\pi \cdot 3.0 \times 10^{-2}) = 1.35 \times 10^5$ となる．

11 章

11.1 (1) 式 (11.9) の右辺第 1 項より，単位距離あたりの位相変化の温度係数は次のようになる．

$$\frac{\partial n}{\partial T}k_0 = 1 \times 10^{-5}\frac{2\pi}{633 \times 10^{-9}} = 99.3\,\text{rad/°C·m}$$

(2) 式 (11.9) の右辺第 2 項より，求める解は次のようになる．

$$n\frac{\partial L}{L\,\partial T}k_0 = n\alpha k_0 = 1.45 \cdot 5.5 \times 10^{-7}\frac{2\pi}{633 \times 10^{-9}} = 7.92\,\text{rad/K·m}$$

(3) 設問 (1)，(2) より，$100 \cdot 7.9/(99.3 + 7.9) = 7.4\%$ となる．

(4) $\Delta\phi = 5.8\,\text{rad}$，$L = 0.15\,\text{m}$ を設問 (1)，(2) の結果に適用して，$\Delta T = 5.8/[(99.3 + 7.9)0.15] = 0.37°\text{C}$ となる．

11.2 11.3.3 項 (c) より，電流値は $I = \theta_\text{F}/V_r N$ で求められる．$\theta_\text{F} = 70'$，$N = 200$ を用いて，$I = (70/60)/(0.0145 \cdot 200) = 0.402\,\text{A} = 402\,\text{mA}$ となる．

11.3 式 (6.29) で $\theta_\text{sc} = \pi$，$\theta_\text{in} = \pi - \theta$ とおいて，ドップラシフト $f_\text{D} = 2n|v|\cos\theta/\lambda$ を得る．$\theta = 34°$，$f_\text{D} = 702\,\text{kHz}$，$\lambda_0 = 633\,\text{nm}$，$n = 1.34$ を代入して，$v = (7.02 \times 10^5 \cdot 633 \times 10^{-9})/(2 \cdot 1.34\cos 34°)\,\text{m/s} = 20\,\text{cm/s}$ となる．

12 章

12.1 波長 $\lambda_0 = 1.3\,\mu\text{m}$，$\Delta\lambda = 40\,\text{nm}$ を，式 (5.2) で等号を付けた結果に代入すると，$l_\text{coh} = (1.3 \times 10^{-6})^2/(4\pi \cdot 40 \times 10^{-9}) = 3.36 \times 10^{-6}\,\text{m} = 3.36\,\mu\text{m}$ となり，コヒーレンス長が短いことが確認できる．

13章

13.1 解図 2 を参照する．スネルの法則（式 (2.11)）を利用して，$1.0 \sin \Delta\theta = n \sin \theta_1$ より $\theta_1 = \sin^{-1}(\sin \Delta\theta / n)\,[°]$ である．$\theta_2 = 180 - (90 + 45 + \theta_1) = 45 - \theta_1\,[°]$, $\theta_3 = 180 - (90 + \theta_2) = 90 - \theta_2 = 45 + \theta_1\,[°]$ となる．$90 - \theta_4 = 180 - (45 + \theta_3)$ より $\theta_4 = \theta_3 - 45 = \theta_1$ となる．$1.0 \sin \Delta\theta' = n \sin \theta_4 = n \sin \theta_1$ より $\Delta\theta' = \sin^{-1}(n \sin \theta_1) = \Delta\theta$ となる．つまり，直角プリズムでは，光が三角形の面に平行な面内に入射する限り，出射光は入射光と同じ側に同一角度がずれて逆向きに伝搬する．しかし，上記平行面からずれて入射するぶんは，平面反射鏡と同じように，反射光の角度ずれが大きくなる．コーナーキューブではこのような問題点はない．

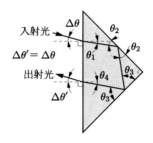

解図 2 直角プリズムに垂直入射からずれて入射する場合の出射光

13.2 解像度は $250 \cdot (1/60) \cdot (2\pi/360) = 0.073\,\text{mm}$ となる．ちなみに，視力 1.5 の場合の解像度は $0.073 \cdot (1/1.5) = 0.048\,\text{mm}$ である．

参考書および参考文献

　光計測を理解するためには，幾何光学と波動光学が基礎となる．ここでは，光計測をさらに勉強するときに役立つ参考書，本書を執筆するに際して参考にした書籍を掲載する．個別の章に関係するものは後半に示す．

光計測の参考書
- [1] 光工業計測研究専門委員会編：光応用計測の基礎，コロナ社 (1983).
- [2] 日本機械学会編：光応用機械計測技術，朝倉書店 (1985).
- [3] 根本俊雄監修：センサエレクトロニクス，コロナ社 (1986).
- [4] 大越孝敬編著：光ファイバセンサ，オーム社 (1986).
- [5] 計量管理協会，光応用計測技術調査研究委員会編：光計測のニーズとシーズ，コロナ社 (1987).
- [6] 野田健一，大越孝敬監修：応用光エレクトロニクスハンドブック，昭晃堂 (1989).
- [7] 藤村貞夫編著：光計測の基礎，森北出版 (1993).
- [8] レーザ計測ハンドブック編集委員会編：レーザ計測ハンドブック，丸善 (1993).
- [9] 田幸敏治，辻内順平，南茂夫編：光測定ハンドブック，朝倉書店 (1994).
- [10] 大澤敏彦，小保方富夫：レーザ計測，裳華房 (1994).
- [11] 谷田貝豊彦：第二版 応用光学―光計測入門，丸善出版 (2005).
- [12] 吉澤徹編著：最新光三次元計測，朝倉書店 (2006).
- [13] 日本光学測定機工業会編：光計測ポケットブック，朝倉書店 (2010).

計測一般の参考書
- [1] 谷口修：入門 工業計測，実教出版 (1976).
- [2] 南茂夫，木村一郎，荒木勉：はじめての計測工学，講談社サイエンティフィク (1999).

光学一般の参考書
- [1] M. Born and E. Wolf: *Principles of Optics*, Pergamon press (1970).
- [2] ボルン，ウォルフ（草川徹・横田英嗣訳）：光学の原理（I・II・III），東海大学出版会 (1974).
- [3] 久保田広：光学，岩波書店 (1964).
- [4] 吉原邦夫：物理光学，共立出版 (1966).
- [5] ロッシ（福田国也，中井祥夫，加藤利三訳）：光学，吉岡書店 (1967).
- [6] 久保田広：波動光学，岩波書店 (1971).
- [7] 村田和美：光学，サイエンス社 (1979).

- [8] 三宅和夫：幾何光学，共立出版 (1979).
- [9] 石黒浩三：光学，裳華房 (1982).
- [10] E. Hecht: *Optics*, Addison-Wesley Publishing (1987).
- [11] 鶴田匡夫：応用光学（I・II），培風館 (1990).
- [12] 左貝潤一：光学の基礎，コロナ社 (1997).
- [13] 光学のすすめ編集委員会編：光学のすすめ，オプトロニクス社 (1997).

2章

- [2-1] B. Edlén, "The refractive index of air," Metrologia, **2** (1966) 71–80.

5章

- [5-1] 左貝潤一：光学機器の基礎，森北出版 (2013).
- [5-2] B. S. Lee and T. C. Strand, "Profilometry with a coherence scanning microscope," Appl. Opt. **29**, no.26 (1990) 3784–3788.

6章

- [6-1] D. Gabor, "A new microscopic principle," Nature, **161** (1948) 777–778.
- [6-2] E. N. Leith and J. Upatnieks, "Reconstructed wavefronts and communication theory," J. Opt. Soc. Am. **52**, no.10 (1962) 1123–1128; *ibid*, **53** (1963) 1377.
- [6-3] K. R. Pramod, *Digital speckle pattern interferometry and related techniques*, John Wiley & Sons, Chichester (2001).
- [6-4] Y. Yeh and H. Z. Cummins, "Localized fluid flow measurements with a He-Ne laser spectrometer," Appl. Phys. Lett. **4**, no.10 (1964) 176–178.
- [6-5] L. E. Drain, *Laser Doppler Technique*, John Wiley & Sons, Chichester (1980).
- [6-6] H. -E. Albrecht, M. Borys, N. Damaschke, and C. Tropea, *Laser Doppler and phase Doppler measurement techniques*, Springer-Verlag, Berlin (2003).
- [6-7] 美濃島薫：フェムト秒レーザ光パルスの時間・周波数関係を利用した空間精密計測，電子情報通信学会誌，**86**, no.8 (2003) 632–636.
- [6-8] 美濃島薫：精密長さ計測のための光コムによる干渉計測，光学，**37**, no.10 (2008) 576–582.

7章

- [7-1] 岩田耕一：光を使った計測—長さと変位—，溶接学会誌，**63**, no.2 (1994) 87–94.
- [7-2] [6-7]と同じ
- [7-3] H. Matsumoto, "Synthetic interferometer distance-measuring system using a CO_2 laser," Appl. Opt. **25**, no.4 (1986) 493–498.
- [7-4] 松本弘一：変位・距離・速度測定用干渉計，光学，**13**, no.6 (1984) 511–519.

8章

- [8-1] D. M. Meadows, W. O. Johnson, and J. B. Allen, "Generation of surface con-

toursby moiré patterns," Appl. Opt. **9**, no.4 (1970) 942–947.
[8-2] H. Takasaki, "Moiré topography," Appl. Opt. **9**, no.6 (1970) 1467–1472.
[8-3] 吉澤徹：光によるヒトの3次元形状計測，計測と制御，**39**, no.4 (2000) 267–272.
[8-4] 岩田耕一：光を使った計測―形状と変形―，溶接学会誌，**63**, no.3 (1994) 155–161.
[8-5] A. A. Friesem and U. Levy, "Fringe formation in two-wavelength contour holography," Appl. Opt. **15**, no.12 (1976) 3009–3020.
[8-6] T. Tsuruta, N. Shiotake, J. Tsujiuchi, and K. Matsuda, "Holographic generation of contour map of diffusely reflecting surface by using immersion method," Jpn. J. Appl. Phys. **6**, no.5 (1967) 661–662.

9章
[9-1] [6-3] と同じ
[9-2] R. L. Powell and K. A. Stetson, "Interferometric vibration analysis by wavefront reconstruction," J. Opt. Soc. Am. **55**, no.12 (1965) 1593–1598.
[9-3] C. M. Vest and D. W. Sweeney, "Measurement of vibrational amplitude by modulation of projected fringes," Appl. Opt. **11**, no.2 (1972) 449–454.

10章
[10-1] [6-4] と同じ
[10-2] C. M. Penny, "Differential Doppler velocity measurements," Appl. Phys. Lett. **16**, no.4 (1970) 167–169.
[10-3] [6-5] と同じ
[10-4] E. J. Post, "Sagnac effect," Rev. Mod. Phys. **39**, no. 2 (1967) 475–493.
[10-5] 光計測の参考書 [4] と同じ

11章
[11-1] E. Yablonovitch, "Inhibited spontaneous emission in solid-state physics and electronics," Phys. Rev. Lett. **58**, no.20 (1987) 2059–2062.
[11-2] T. A. Birks, P. J. Roberts, P. St. J. Russell, D. M. Atkins, and T. J. Shepherd, "Full 2-D photonic bandgaps in silica/air structures," Electron. Lett. **31**, no.22 (1995) 1941–1943.
[11-3] 左貝潤一：フォトニック結晶ファイバ，コロナ社 (2011).
[11-4] F. Benabid, F. Couny, J. C. Knight, T. A. Birks, and P. St. J. Russell, "Compact, stable and efficient all-fibre gas cells using hollow-core photonic crystal fibres," Nature, **434** (2005) 488–491.
[11-5] H. Nishihara, J. Koyama, N. Hoki, F. Kajiya, M. Hironaga, and M. Kano, "Optical-fiber laser Doppler velocimeter for high-resolution measurement of pulsatile blood flows," App. Opt. **21**, no.10 (1982) 1785–1790.

12章

[12-1] D. Huang, E. A. Swanson, C. P. Lin, J. S. Shuman, W. G. Stinson, W. Chang, M. R. Hee, T. Flotte, K. Gregory, C. A. Puliafito, and J. G. Fujimoto, "Optical coherence tomography," Science, **254** (1991) 1178–1181.

[12-2] B. E. Bouma and G. J. Tearney ed., *Handbook of Optical Coherence Tomography*, Marcel Dekker, New York (2002).

[12-3] 春名正光：光コヒーレンストモグラフィーの進展，応用物理，**77**, no.9 (2008) 1085–1092.

[12-4] 春名正光，近江雅人：医療における光エレクトロニクス—光コヒーレンストモグラフィーを中心として—，電子情報通信学会誌，**96**, no.6 (2013) 411–416.

[12-5] M. Minsky: US Patent #3013 467 (1961).

[12-6] 藤田哲也監修，河田聡編：新しい光学顕微鏡，第1巻 レーザ顕微鏡の理論と実際，学際企画 (1995).

[12-7] 阿部勝行：総論：共焦点顕微鏡の概要，O plus E, **31**, no.6 (2009) 636–639.

[12-8] A. Yoshida and S. Kubozuka, "Structure of highly turbulent opposed jet premixed flames," Joint Int. Conf. AUS/NZ and JS/CI (1989) 163–165.

付録

[A-1] 森口繁一，宇田川銈久，一松信：特殊函数（岩波数学公式 III），岩波書店 (1960) 211.

索引

■ 英 数

±m 次回折光　23
±m 次回折波　24
0 次回折光　23, 54, 77
0 次回折波　23
−1 次回折光　54, 77
1 次回折光　54, 77
2 光束干渉計　58
2 光束ホログラフィ　77
2 光波干渉　18, 58
2 分割光検出器　49, 53, 115
4 分割光検出器　50, 114
CCD　188
CMOS　188
FZP　80
LD　185
LDV　92, 145
LED　185
OCT　170
RF コム　96
SLD　186
TF　68
TS　68
V パラメータ　159

■ あ 行

厚肉レンズ　33
アッベの結像理論　54
アッベの原理　59, 89, 108, 183
アフォーカル系　51, 68
アーム　59
アライメント　179
位 相　13
位相格子　53
位相ドップラ法　149
位相物体　53
位相変化　15, 162
位相変換作用　38

色収差　37
インコヒーレント光　62
インターフェログラム　72
薄肉レンズ　31
うなり　88
液位計　167
液浸法　125
エドレンの式　11
エバネッセント成分　16, 165
エンコーダ法　110, 137
円偏光　28
オートコリメーション法　51, 126
オートコリメータ　51
オプチメータ　49
音響光学変調器　187

■ か 行

開 口　21
開口数　159
回 折　21
回折角　24
回折限界　24, 27
回折光　21
解像度　9, 188
解像力　9
可干渉距離　61, 62
可干渉時間　60
可干渉性　60
角周波数　13
角倍率　33
可視化　53, 177
可視度　20, 62
画 素　188
合致法　104, 106
カラーシュリーレン法　56
干 渉　18
干渉計　58
　共通光路——　70

不等光路——　69
干渉計測　58
干渉計測法　65
干渉縞　20, 59, 76, 88, 131
干渉縞計数法　107, 108
干渉測定器　58
感 度　9
規格化周波数　159
基準格子　118
気体レーザ　185
キャッツアイ　181
球面波　13
球面反射鏡　35
球面レンズ　31
共焦点光学系　51, 175
共焦点法　51
共焦点レーザ顕微鏡　175
共 役　32, 51, 175
共役像　77, 79, 82
共役点　32
共役面　32
虚 像　32
キルヒホッフ近似　25
銀塩写真フィルム　188
近軸光線　34
空間周波数　22
空間的コヒーレンス　61
空間分解能　9
屈折の法則　16
屈折率　11
傾斜計測　112
形 状　112
計 測　1
結 像　32
結像作用　39
結像式
　球面反射鏡での——　36
　レンズの——　32
血流計　168

検光子　182
検出限界　8
顕微鏡対物レンズ　183
光学距離　14
光学的に共役　32
光学的フーリエ変換　22
工業での標準温度　99
工業での標準状態　11
虹彩絞り　179
格子移動法　120
光軸　31
格子照射法　118
格子投影法　121
格子投影モアレ法　141
格子法　110, 137
合焦点　38, 50
合焦点法　41, 113
合成波長法　106
光線　14
光線収差　37, 71
光速
　真空中の――　10
　媒質中の――　11
光電子増倍管　187
光導電素子　187
光波　12
光路長　14
固体レーザ　185
コーナーキューブ　181
コヒーレンス　60
コヒーレンス時間　60
コヒーレンス長　61
コヒーレント光　185
　完全な――　62
　部分的――　62
コリメータ　51
コリメート　32

■さ 行
再回折　54
最良像面　38, 50
差動法　148
サニャック効果　151
三角測量法　47
参照光法　146
シアリング干渉計　70
時間的コヒーレンス　60
時間分解能　9
時間平均法　139

時間領域型光CT　172
自己比較法　148
実時間法　132
実像　32
実体格子法　118
ジャイロスコープ　151
周縁光線　34
収差　37
周波数　12
周波数シフタ　187
周波数掃引型光CT　172
周波数偏移法　148
主点　33
主平面　33
シュリーレン法　53, 177
準単色光　186
焦点　31
焦点距離　31, 33
焦点検出法　41, 113
触針法　114
振動　128
振幅透過率　17
振幅反射率　17
水深計　101
ステレオ法　116
ストークスの関係式　18
ストロボ法　141
スネルの法則　16
スーパールミネッセントダイオード　170, 186
スペックル　84
スペックル干渉法　86, 133, 140
スペックル写真法　85
スペックルパターン　84
スペックル法　86
精度　9
石英系光ファイバ　160
節点　34
節平面　34
ゼーマン効果2周波数レーザ　186
ゼーマンレーザ　89, 108, 186
線計測　112
全反射　16, 168
鮮明度　20
相関干渉縞　135
相関法　150
相互相関法　151

像点　32
測距儀　98
測定　1
測定範囲　9
粗面　84

■た 行
ダイナミックレンジ　9
楕円偏光　28
多光波干渉　18
多波長法　106
多モード光ファイバ　159
単一モード光ファイバ　159
単色収差　37
直接像　77, 79, 82
直線格子　42, 118, 137
直線偏光　28
点計測　112
電子式スペックル干渉法　135
伝搬定数　159
電流計　165
等位相面　13
投影格子法　121
投影モアレ法　141
等厚干渉縞　65, 68, 131
等高線　65, 71, 72
ドップラ効果　90, 145
ドップラシフト　92, 142, 145
トワイマン－グリーン干渉計　67

■な 行
ナイフエッジ法　52, 116
ニアフィールド回折　21
二屈折率法　125
二重露光法　123, 131, 132
二波長法　124
ニュートンの公式　35

■は 行
ハイドロホン　164
白色干渉計　72
白色光　72, 170
波数　12
波束　60
波長　12
発光ダイオード　185
ハーフプリズム　181
波面　13

索引

波面収差　37
波面変換作用　38
波連　60
パワスペクトル　173
反射の法則　16
半透鏡　181
半導体レーザ　185
バンドルファイバ　167
光CT　170
光アイソレータ　182
光カップラ　182
光強度透過率　18
光強度反射率　18
光計測　1
光コヒーレンストモグラフィ　170
光コム　94, 104
光ジャイロ　153
光周波数コム　94
光触針法　114
光切断法　117
光断層干渉計　170
光てこ　49, 138
光パルス法　100
光ファイバ　7, 156
光ファイバジャイロ　153
光ファイバセンサ　158
光プローブ法　114
光ヘテロダイン干渉法　87, 88, 143
光変調法　102
比屈折率差　159
ピッチ　43
非点収差　38, 50
非点収差法　50, 114
ビート周波数　88

非偏光　27
ビームエキスパンダ　183
ビームスプリッタ　181
表面粗さ　112
ファイバレーザドップラ速度計　168
ファラデー回転角　165
ファラデー効果　165
フィゾー干渉計　68
フィゾーの干渉縞　65
フォトダイオード　188
フォトニック結晶ファイバ　161, 165
フォトニックバンドギャップ　157
複屈折光ファイバ　161
フーコーテスト　52
物点　32
フラウンホーファー回折　21
プラスチックファイバ　161
フーリエ変換レンズ　27
フレネル回折　22, 26
フレネルゾーンプレート　80
フレネルの公式　18
フレネルの輪帯板　80
ブロックゲージ　105
分解能　9
平面波　13
変位　128
偏位法　8
変形　128
偏光　27
偏光子　182
偏光ビームスプリッタ　181
偏波光ファイバ　161
偏波保持光ファイバ　161

望遠鏡系　51, 68
ホログラフィ　75, 77, 86
ホログラフィ干渉法　123, 130, 140
ホログラム　77

■ ま 行

マイクロ波ドップラ速度計　150
マイケルソン干渉計　58
マッハ‒ツェンダ干渉計　69
面計測　112
モアレ　42
モアレ縞　43, 44, 136
　積の──　46, 120, 121
モアレ縞等高線　120
モアレトポグラフィ　118
モアレ法　43, 86, 109, 136
モード同期レーザ　94

■ や 行

横倍率　32

■ ら 行

臨界角　16, 168
臨界角法　49, 115
零位法　8, 138
レーザ　5
レーザ走査顕微鏡　175
レーザダイオード　185
レーザドップラ速度測定法　92, 145
レーザドップラ法　92
レーザレーダ　101
ロータリエンコーダ　110

著者略歴

左貝　潤一（さかい・じゅんいち）
1973年　大阪大学大学院工学研究科修士課程修了（応用物理学専攻）
現在　　立命館大学名誉教授・工学博士

編集担当	富井　晃（森北出版）
編集責任	藤原祐介・石田昇司（森北出版）
組　版	ウルス
印　刷	ワコー
製　本	同

光計測入門　　　　　　　　　　　　　　© 左貝潤一　2016

2016年7月5日　第1版第1刷発行　　【本書の無断転載を禁ず】
2024年8月30日　第1版第2刷発行

著　者　左貝潤一
発行者　森北博巳
発行所　森北出版株式会社

　　　　東京都千代田区富士見 1-4-11（〒102-0071）
　　　　電話 03-3265-8341／FAX 03-3264-8709
　　　　http://www.morikita.co.jp/
　　　　日本書籍出版協会・自然科学書協会　会員
　　　　JCOPY ＜(社)出版者著作権管理機構　委託出版物＞

落丁・乱丁本はお取替えいたします．
Printed in Japan／ISBN978-4-627-77581-7